中国与世界丛书

丛书主编：王健

胡志勇　著

中国海洋治理研究

上海人民出版社

丛书总序

2018年6月,习近平总书记在中央外事工作会议讲话中指出:"当前中国处于近代以来最好的发展时期,世界处于百年未有之大变局,两者同步交织、相互激荡。"

中国处于近代以来最好发展时期的一个重要标志,就是中国特色社会主义建设进入了新时代,中国与世界的关系越来越紧密。首先,我国的综合国力上了一个新台阶,在全球的地位不断上升。2018年,中国的国内生产总值达到13.5万亿美元,居世界第二位,约占全球经济总量的16%。与此同时,中国还是世界第一大货物贸易国、第二大服务贸易国、近130个国家和地区的最大贸易伙伴和最大出口市场、世界第二大对外投资国。特别是中国已经成为世界经济增长的主要引擎,这些年对世界经济增长贡献率每年超过30%。2018年《全球竞争力报告》显示,中国在全球竞争力排行榜列第28位,是最具竞争力的新兴市场国家之一。其次,中国的国际话语权不断得到增强,越来越走近世界舞台中央。目前,中国在世界银行和国际货币基金组织中的投票权仅次于美国和日本,居世界第三。中国在联合国、世界贸易组织、二十国集团、金砖国家合作机制等多边机制中发挥越来越重要的作用,是亚太经合组织、亚信、东亚"10+3"等区域性国家组织或机制的重要成员,还积极创建了上海合作组织,创设了亚投行、新开发银行等国际金融机构,在一系列的重要国际活动中,中国提出了一系列新的外交理念和倡议,如全球治理观、正确义利观、发展观、安全观、合作观、全球化观、新型国际关系、人类命运共同体,并积极推动"一带一路"建设。目前,120多个国家和29个国际组织同中方签署了"一带一路"合作协议。"一带一路"倡议提出6年来,中国同共建"一带一路"国家贸易总额超过6万亿美元,中国企业对沿线国家投资超过 900 多亿美元,承包工程营业额超过 4 000 亿美元。中国同沿线国家共建的 82 个境外合作园区为当地创造近 30 万个就业岗位,给各国带去了满满的发展机遇。最后,中国承担了与自身发展阶段、应负责任相称的国际义务。中国是联合国会费第二大出资国、联合国维和行动经费第二大出资国、安理会五个常任理事国中派出维和人员最多的国家。中国派出维和人员 3.9 万余人次,参与维和任务区道路修建工程 1.3 万余千米,运输总里程 1 300 万千米,接诊病人 17 万多人次,完成武装护卫巡逻等任务 300 余次。中国积极参与反恐、打击海盗等国际合作,中国海军在亚丁湾、索马里海域护航行动常态化。中国积极推动朝鲜核问题、伊朗核问题、巴以问题、叙利亚问题、阿富汗问题等地区热点问题的解决,坚定支持《巴黎协定》。党的十八大以来,中国政府援建重大基础设施项目 300 余个,实施民生援助项目 2 000 余个,为受援国培训各类人次近 40 万名,提供紧急人道主义援助 177 批次(累计受益人口超过 500 万人)。中国解决了 13 亿多人民的温饱问题,减少了 7 亿多贫困人口,仅过去 5 年就减贫 6 800 多万人,占全球减贫人口总数的 70% 以上,率先实现贫困人口减半的联合国千年发展目标。当然,虽然取得了历史性的进步,但我国基本国情和国际地位并没有发生根本性变化。人均国内生产总值虽然超过 9 000 美元,但仅仅是美国的七分之一,欧盟的四分之一,在世界上排 72 位,人均自然资源占有量远低于世界平均水平。同时,我们还有相当数量的贫困人口,城乡、地区差距仍然很大,发展水平总体还处在从中低端向中高端过渡阶段。因此,中国既是一个世界性综合实力很强的大国,又是一个人均收入较低的世界上最大的发展中国家。

今天,中国与世界的关系早已超越了以往任何一个时代。中国深刻地影响着世界,百年未有之大变局下的世界也会更深刻地影响到中国的未来发展。如何看待世界正处于百年未有之大变局,学术界有不同的看法。我以为,要跳出百年看百年,从一个较长的历史视角来观察,或许有助于我们正确把握和认识这一判断。所谓百年未有之大变局,是因为我们正处于全球化发展调整期、世界权力结构转移期和科学革命发展孕育期这三个历史长周期的叠加期,所以矛盾深刻、形势复杂。

首先,全球化发展到今天,出现了一些严重失衡问题,亟须调整。例如,在空间发展上的不平衡。1453 年是一个人类历史上值得予以高度重视的年份。这一年,君士坦丁堡被奥斯曼土耳其帝国攻陷,拜占庭帝国覆灭。此后,奥斯曼土耳其帝国逐渐控制了欧亚地区,试图独占古代丝绸之路的商业利润。但陆路受阻,却迫使葡萄牙、西班牙等欧洲国家积极开辟新的海上贸易航道,推动了大航海时代的到来,世界开始通过海洋连为一体。据统计,全世界经济总量一大半集中在沿海岸带 300 千米之内的地区,美国、日本、欧洲等发达经济体皆是如此,中国也不例外。最近英国的中国经济史研究发现,并非中央对内地不重视,而是大航海时代开启后,东部沿海地区越来越多地卷入全球化,而内地因远离海洋而拉开了与东部的发展差距。突出的表现就在于货币白银。沿海地区获得了大多数的美洲白银,而内地则被海洋时代所抛弃。于是,沿海与内地的资本积累差距日益扩大。从 2016 年美国大选结果和美国各州收入水平相关性来看,沿海地区,特别是西太平洋沿岸地区绝大多数支持全球化,而特朗普和共和党的得票主要来自中西部内陆地区。

又如,文化交往上的不平等。在全球化过程中,很长一段时间是帝国殖民统治下的全球化,而殖民帝国统治下的文化交融不可能是平等的,还往往把宗教作为殖民扩张的工具,这就必然导致文化融合不足,冲突加剧。冷战后,这一文明或文化冲突又伴随着移民流动在全球扩展。其实,就目前全球经济发展来看,一些发达国家和地区如果要维持经济增长,需要大量移民。美国学者布赫霍尔茨提出过一个"25 年法则",即在现代工业化之后的社会,假如一个国家在连续两个 25 年(也就是两代人)的时间内,国内生产总值的平均增长率超过 2.5%,那么这个国家的生育率就会降至人口置换率的水平,即每个妇女有 2.5 个孩子。如国内生产总值连续增长三代人的时间,那么其生育率通常会降至 2.1,该国就需要通过移民来保持稳定的工作人口。但现实问题是,移民并不仅仅是一个移动的生产要素,还是一个文化载体,一旦文化交融受阻,就会造成冲突,影响社会稳定。里夫金在 15 年前就撰文指出:移民问题是对"欧洲梦"的根本检验。欧洲每年必须招募至少 100 万移民,但与此同时,移民潮又将威胁甚至压垮已经十分紧张的政府福利预算和人们自身的文化认同。

再如,受益与责任上的不对等。全球化中,受益最大的是跨国公司。它们不仅在全球配置各种资本、劳动力、技术等资源,甚至还配置了税收。例如,美国有些跨国公司直接将外国赚取的利润留在低税率国家不拿回来,或更有甚者,将美国赚取的利润"转让定价"出去放在国外,以"递延"交税。有些干脆不满足于"递延"交税,直接将总部迁出美国,迁到低税率国家,这样,跨国公司在外国的收入直接避免了在美国的纳税。2004年至2013年,47家跨国公司总部迁离美国。这就是所谓的母子倒置交易。据美国税收和经济政策研究所分析,截至2016年年底,世界500强跨国企业中,有367家在离岸避税地累计利润约2.6万亿美元,这使得美国政府每年损失1 000亿美元,相当于政府公司税收入3 000亿美元的三分之一。2.6万亿美元离岸利润里,其中四分之一是来自苹果、辉瑞、微软和通用电气这4家公司,离岸利润最高的前30家公司合计超过1.76万亿美元。而政府主要是靠税收来提供公共服务的,这样就导致了受益和责任的不对等,影响了政府促进科技、教育和公共卫生等的发展。罗德里克在《全球化的悖论》一书中就提出了"全球化不可能三角"理论,即经济全球化、民主制度与国家主权三者不可能兼容。政府是每个国家的政府,市场却是全球性的,这就是全球化的致命弱点。这一弱点,加上事实上全球资源配置中的不平衡、不充分,就产生了全球化的另一个大问题:收入差距拉大。以美国为例,美国收入排名前1%的人,其财富占比达到居民财富总额的24%。斯蒂格利茨将这种现象调侃为"百分之一有、百分之一治、百分之一享"。美国布鲁金斯学会发布的一份报告显示,近几十年来美国工人的实际工资增长几乎停滞。1973年至2016年,剔除通胀因素,美国工人实际收入年均增长0.2个百分点。报告同时指出,虽然过去50年美国经济取得长足进步,但处于中间60%的中产阶级家庭收入变化很小。这一趋势在与收入最高的20%的人口相比时更为明显:中产阶级家庭收入自1979年至2014年的真实增长(剔除通胀因素)仅28%,而同期收入最高的20%的人口的增长是95%。更为重要的是,在过去这几十年中产阶级家庭取得的收入增长,全部来自家庭中女性开始出门工作的贡献。由此可见,美国中产阶级正在逐渐贫困化,而这些失败人群成为了反全球化的主要力量。

总之,全球化发展到今天,确实存在问题和失衡,目前正进入再平衡过程。但是,全球化是人类发展的必然趋势,如何正确应对和协调,事关全球经济的稳定和繁荣。

其次,世界力量和权力格局又迎来了新一轮的权力转移期。肯尼迪《大国的兴衰》一书从战略角度,以500年的世界政治史为背景,探讨了经济与军事的关系及其对国家兴衰的影响。从中可以看出,世界权力结构大约100年出现一次更替。16世纪是葡萄牙、西班牙称雄的时代,17世纪是荷兰的黄金时代,18世纪中叶到19世纪末是由英国主宰,而19世纪末开始美国逐渐夺取全球霸主地位。正可谓"为见兴衰各有时"。当前,世界力量和权力格局的一个重要变化就是新兴市场和发展中国家的整体崛起。2018年7月,习近平主席在金砖国家工商论坛上的讲话指出:"未来10年,将是国际格局和力量对比加速演变的10年。新兴市场国家和发展中国家对世界经济增长的贡献率已经达到80%。按汇率法计算,这些国家的经济总量占世界的比重接近40%。保持现在的发展速度,10年后将接近世界总量一半。"而其中,最为突出的就是中国的崛起。2000年中国的国内生产总值只有美国的10%多一点,但是目前已经接近美国的70%。特别是中国社会主义现代化的目标越来越清晰,世界社会主义运动在中国特色社会主义的带动下开始走出低谷,中国改革开放以来的发展经验引起越来越多发展中国家的关注,这引发了美国战略界的焦虑,并开始把中国视为美国主导的世界体系的修正者和美国世界领导地位的挑战者。2017年以来,美国多份战略报告明确将中国定位为"战略竞争对手"和"修正主义者"。美国副总统彭斯、国务卿蓬佩奥先后指责中国是与美国争夺世界主导地位的"坏人"(bad actor)。《华盛顿邮报》记者金斯指出:新的对华政策融合了国家安全顾问博尔顿的鹰派观点,国防部长马蒂斯的战略定位,白宫贸易顾问纳瓦罗的经济民族主义立场,以及副总统彭斯以价值观为基础的主张。美国学者白邦瑞在《百年马拉松》一书中强调,中国有一项百年计划,就是通过取得西方技术,发展强大经济,最后取代美国成为世界超级大国。哈佛大学肯尼迪政府学院首任院长艾利森认为,在国际关系研究领域,"修昔底德陷阱"几乎已经被视为国际关系的"铁律"。从16世纪上半叶到现在的近500年间,在16组有关"崛起大国"与"守成大国"的案例中,其中有12组陷入了战争之中,只有4组成功逃脱了"修昔底德陷阱"。虽然中国一再表明,中国无意改变美国,也不想取代美国,并主动提出构建中美之间"不冲突不对抗,相互尊重,合作共赢"的新型大国关系。但是,美国从维护自身的霸权地位出发,将中国的发展壮大视为对美国的挑战和威胁。其实,在美国的"战略词典"里,哪个国家的实力全球第二,哪个国家威胁到美国地位,哪个国家就是美国最重要的对手,美国就一定要遏制这个国家,以往对苏联、日本等国的打压都是有力的例证。为此,目前,美国对中国的崛起从贸易、科技、教育、文化、军事等方面实施成体系性的总体遏制,甚至不惜与中国"脱钩",而这也使得全球安全环境发生了新的变化,即传统安全议题复归主导地位,大国地缘政治博弈加剧,民粹主义上升趋势不减,导致了世界局势更加不稳定、不确定。世界经济论坛最新的《全球风险报告》指出,93%的受访者认为大国间的政治或经济对抗将更加激烈。如何避免中美之间的结构性权力冲突,能否跨越"修昔底德陷阱",不仅关乎中美两国未来的发展,也关乎世界的和平与发展。

最后,科学革命进入了发展孕育期。当前世界正处于新一轮技术创新浪潮引发的新一轮工业革命的开端,全球各主要科技强国都在围绕争夺新一轮科技革命的优势地位进行博弈。新一轮技术革命和产业变革是互联网、大数据、云计算、人工智能与传统的物理、化学和机械等学科的相互结合,是以人工智能、机器人、新能源、新材料、量子信息、虚拟现实等为主的全新技术革命和产业革命,但必须指出,我们现在所有的科技成果都是应用科技的发展,基础理论还停留在20世纪爱因斯坦时代。20世纪初至40年代,人类基础科学理论有了重大突破,代表成果就是量子力学与相对论,这两项成就重建了现代物理学,让人类对自然与宇宙的认识上了一个台阶。在基础理论突破的基础上,带来了第二次世界大战后应用科技的爆炸式繁荣。20世纪七八十年代,美国基于对未来科技发展的乐观前景主动将自己的中低端制造业转移出去,积极推动自由贸易。但是,由于目前新的科学革命尚处于发展孕育期,美国自身处于"科技高原下的经济困境"。教育水平衰落、研发投入停滞、科学家地位下降等又导致美国暂时无力推动出现科学革命的新高峰,继续保持未来发展持续的科技红利。芯片的摩尔定律揭示,基础理论没有突破,应用科技早晚会走到尽头。特别是由于数字经济、人工智能等对于人口基数庞大、交易数据丰富、传统设备缺少的国家形成有利机遇,中国在市场规模、改造成本、应用场景等方面具备"后发优势",在互联网的相关应用(包括社交、电商、移动支付等)和在新一代信息技术上(包括人工智能、大数据、5G、云计算等)取得了显著进步,这就使得美国担心在高科技领域被中国全面超越。目前看来,在新的科学革命没有产生前,现有的科技革命竞争将在存量基础理论框架内展开,会变得越来越激烈和残酷。唯有新的科学革命产生,才有可能改变目前的争夺态势,并最终决定世界力量和权力结构。

百年未有之大变局下中国的发展必然会受到外部国际环境影响,但中国自身的发展也将最终影响并决定世界格局。为此,我们要认真汲取人类发展的有益文明成果,在坚定走中国特色社会主义道路的同时自觉纠正超越阶段的错误观念,集中精力办好自己的事情,以进一步深化改革开放不断壮大我国的综合国力,不断改善人民的生活,不断建设对资本主义具有优越性的社会主义,不断为我们赢得主动、赢得优势、赢得未来打下更加坚实的基础,塑造更加有利于我国发展的外部环境,维护、用好和延长重要战略机遇期。

上海社会科学院国际问题研究所于2015年3月经上海市机构编制委员会批准,由成立于1985年,汪道涵先生创立的上海市人民政府上海国际问题研究中心更名组建,原上海社会科学院国际关系研究所整建制并入,核定编制60人。合并更名之前,吴建民大使和上海市政协原副主席、上海社会科学院原党委书记兼院长王荣华教授曾担任中心的主席,本院著名学者王志平、潘光、黄仁伟等在中心担任过领导。上海社会科学院国际关系研究所的前身东欧中西亚研究所和亚洲太平洋研究所也都是有影响力的国际问题研究机构。作为全国首批25家高端智库试点单位之一上海社会科学院属下的国际问题研究机构,上海社会科学院国际问题研究所面对百年未有之大变局,理应坚持以习近平外交思想为指导,牢固树立正确的历史观、大局观和角色观,坚持理论联系实际,深入探寻世界转型过渡期国际形势的演变规律,准确把握历史交汇期我国外部环境的基本特征,研判分析战略机遇期内涵和条件的变化,有力推动中国与世界的良性互动和合作共赢。为此,我们与上海人民出版社合作,将本所研究人员的一些高质量成果以"中国与世界丛书"的形式集中出版,以期为实现中华民族伟大复兴创造良好外部环境提供理论基础和政策建议。

是为序。

上海社会科学院国际问题研究所所长

2019 年 6 月 16 日

目　录

第一部分　中国海洋治理研究

导　论

20世纪后期,随着全球化不断深入,全球海洋问题不断生成,国际政治体系与世界经济体系面临越来越大的"全球挑战"。全球海洋治理研究也正发展为一种当代最重要也是最难的实践之学。

第一节　问题的提出

为应对全球挑战,全球治理学科群(学科体系)在冷战结束后应运而生,吸引了各学科许多杰出学者的浓厚兴趣和持续投入。总体来看,欧洲学者对全球海洋治理的研究最早、贡献最大。另外,美国学者比利安娜·西西恩-塞恩(Biliana Cicin-Sain)和罗伯特·W.克内克特(Robert W.Knecht)认为,海洋治理表示管理海洋领域内公共与私人行为,以及管理资源与活动的各种制度的结构与构成。[1]美国学者罗伯特·弗里德海姆(Robert Friedheim)认为"全球海洋治理"在20世纪90年代才出现,它与此前的"海洋治理""海洋综合管理"没有关系。[2]此提法割裂了历史的持续性与渐进性。

特别要提到的是,联合国在全球海洋治理进程中功不可没,1982年《联合国海洋法公约》的颁布对全球海洋治理具有重要意义。1992年联合国环境与发展大会通过《二十一世纪议程》,该议程成为全球21世纪可持续发展行动计划。其中第17章专门论述了海洋、海洋保护和海洋资源的合理利用与开发问题。1993年,联合国设立了负责协调统一工作的海洋与沿海事务分委员会,并于2003年又设立了海洋与沿海区域网络,加强对联合国系统内涉海工作的合作与协调,促进全球海洋综合管理。

而且,世界大多数区域积极选择联合国环境规划署区域海洋模式作为实施沿海与海洋治理的机制。[3]该机制由全球环境基金(GEF)资助、联合国开发计划署(UNDP)、国际海事组织(IMO)作为执行机构共同推动。联合国在这种不断发展的沿海和海洋合作建设合作模式中取得了宝贵的经验。

自冷战结束以来,由于各种因素,全球海洋治理(以联合国和其他主要国际组织在全球重大挑战中的作用为标志)一直处在转型中。

美国不断强化本国的海上"硬"实力,以掌控全球海洋话语权,积极推动国家海洋科技和海洋经济事业的发展。早在20世纪60年代,美国政府就开始重视海洋问题,积极制定以部门为导向的海洋政策,通过立法保护海洋环境与海洋资源。美国提出了全新的海洋治理理念和具体明确的行动规划,将所有的海洋空间问题视为一个整体加以处理,并转为全面的海洋政策,建立并健全了真正有权威性的海洋治理与协调机制。同时,美国建立的海岸警卫队,已发展成为美国一支综合性的、强有力的海上执法力量,并成为世界各国海岸警卫队制度的摇篮。

自2009以来,英国海洋治理积极运用战略、综合和集中的制度取代分散的、官僚的海洋管理,以实现可持续发展;制定海洋规划,积极运用《海洋和海岸准入法》强化海洋管理。[4]该法对公众参与海洋事务、海洋决策和海洋管理分别做出了相应相关规定,不仅使进入开发海岸带成为可能,更降低了对生物及生态环境的影响。该法律可操作性强,已成为英国现行海洋综合开发治理的重要法规。同时,英国积极做好海洋空间规划,[5]在南部地区还专门进行了若干次试点研究,并使之成为英国海洋治理框架的一个新组成部分。英国强化海洋研究国家层面的顶层设计,[6]长期支持海洋基础研究,合理规划海洋科技研究重点,未来将重点关注海洋酸化、海洋可再生能源开发和海岸带灾害研究。

近年来,随着北极事务升温,德国出台了《德国北极政策的基本原则:利用机遇,承担责任》的政府文件来重新评估德国在北极的利益诉求和角色定位,强调依据法律规约治理北极,支持欧盟实行积极主动的北极政策。[7]

法国在海洋治理中积极探索适合本国实际的治理路径,强化了本国港口的大规模改革,加强监管,提高海港性能与效率,以恢复法国在全球海洋运输中的竞争力。[8]

目前全球海洋治理的转型更加显著。但是,全球海洋治理的未来存在着很大的不确定性,其有可能成功转型为名副其实的、包容的、均衡的、公正的、有效的全球海洋治理,即全球海洋治理进一步现代化,更有利于解决 21 世纪的全球挑战;但世界也可能进入一个严重缺少全球海洋治理的无序时期。

在过去 20 多年间,中国学术界关于全球海洋治理的研究逐步深入,推动国家对待全球海洋治理的态度与政策发生了重大的积极变化,取得了多方面的研究成果。

刘大海等探讨了国家海洋治理体系建设的构想,加快中国海洋治理现代化能力建设成为中国亟须解决的主要问题。[9]黄任望从主体、客体、方法三个方面定义了全球海洋治理,即在全球化背景下,各国政府、国际组织、非政府组织(国际间非政府组织)、企业(跨国企业)、个人等主体,为了在海洋领域应对共同的危机和追求共同的利益,通过协商和合作,制定和实施全球性或跨国性的法律、规范、原则、战略、规划、计划和政策等,并采取相应的具体措施,共同解决在利用海洋空间和对海洋资源开发利用活动中出现的各种问题。[10]崔旺来指出海洋治理具体特征体现为治理主体的多元化、治理客体的扩展、管理过程具有互动性、方式和手段多样化。[11]林拓呼吁国家应重视近海治理问题等。[12]近年来,由于国家的高度重视,中国的全球海洋治理研究进入新阶段,一系列新的全球海洋治理研究机构建立起来,各种全球治理研讨会召开,一些基于中国参与全球海洋治理的研究成果产生。这些机构在国际全球海洋治理研究中开始具有一定的话语权,为中国参加全球海洋治理提供了一些建言。

第二节 海洋治理面临的机遇与挑战

全球海洋治理的研究在中国仍然存在着诸多问题。全球海洋治理仍是尚未得到足够研究的领域。全球海洋治理的概念越来越广泛地被人们使用,但截至目前,人们对全球海洋治理的概念化和理论化研究几乎是学术空白。在中国,关于公海和极地的全球治理研究呈现出碎片化和各自为政的不利态势,缺少真正的跨学科、多学科研究。

随着全球化进程的不断深入,世界各国对全球海洋公共产品的需求日趋上升,保护海洋生态环境、促进海洋有序开发和使用、应对气候变化等全球治理议题不断推进,全球海洋治理进入长期、复杂的新阶段。随着全球海洋治理法律体系逐渐形成,世界各国围绕全球海洋治理制度性权力的争夺将更趋激烈。[13]涉海国际组织将在全球海洋治理中发挥基础性作用,能较好地兼顾公平与效率,成为全球海洋事务合作与协调的有效平台,推动全球海洋治理向前发展。国际组织权力的加强与传统国家主权的削弱,已成为全球海洋治理过程中一个突出现象。

全球海洋治理涉及地缘政治、安全、经济、生态保护等诸多领域,全球海洋治理主体呈现多元化的态势,海洋治理规则的制定与实施涉及各国中央政府、地方政府及其管理者、行业活动主体和其他利益相关者,这给国际社会有效治理海洋带来了严峻挑战。而且,海洋治理系统的复杂性也使得全球海洋治理存在多重复合博弈。[14]由于缺乏信息、治理意愿和信任,一些治理主体呈现不合作和低水平无效合作状态,已严重影响到海洋治理的供给水平与供给效率。

当前全球海洋治理体系远没有达到完善的程度,既有的规则体系的实施效果欠佳,过度捕捞、营养盐污染、溢油风险等问题并没有得到彻底有效的解决,鱼类种群持续退化、海水酸化、微塑料污染等新的环境问题,以及深海采矿、生物采探等新兴开发活动都呼吁新的治理规则和新的治理工具。新老问题的交织成为推动全球海洋治理体系变革和发展的动力。

海洋环境退化与生物多样性丧失、气候变化并列成为主要的全球性环境问题。海洋污染、富营养化、过度捕捞、海洋空间利用等高强度的开发活动引发了一系列海洋环境退化现象,包括近岸海水水质下降、近海生物多样性降低、鱼类种群衰竭等。而气候及大气系统的变化又在全球范围导致不同程度的海平面上升、海水酸度改变、海水交换减弱和低氧等问题。伴随着环境问题的突出及其在全球范围影响规模的扩大,海洋、气候变化、生物多样性等各门类环境问题之间存在越来越明显的交互影响。[15]

尽管保护海洋的意识持续加强,国际社会推进海洋治理的行动仍然面临很多困难,尤其是受到不利国际政治环境的影响。全球海洋治理不能仅局限于对海上活动的管理与控制,还需要全社会统筹考虑和妥善处置影响海洋环境的各类制约因素。如何实现分散化治理主体之间的有效沟通与合作成为全球海洋治理的又一难题。现有海洋治理模式的信息分散、缺乏共识和合作意愿低下等问题,[16]极大地限制了全球海洋治理供给水平的提升,对海洋治理的改进和发展造成消极影响。

全球海洋治理需要世界各国从改善全球海洋治理架构、减轻人类活动对海洋的压力并发展可持续的蓝色经济、加强海洋科学研究国际合作三个优先领域入手,积极应对气候变化、贫穷、粮食安全、海上犯罪活动等全球性海洋挑战,以实现科学、安全、有序和可持续地开发利用全球海洋资源。

中国的海洋治理体系还不完善,国家海洋治理能力不足,需要理顺政府各部门之间的关系,提高全民海洋意识观,研究中国的海洋安全与海洋生态保护、海洋资源利用与有效开发等之间的关系,不断学习和借鉴国外海洋治理的经验,完善中国的海洋立法,积极构建有中国特色的海洋治理体系。中国应结合国家利益,在进一步学习相关国际规则的同时,向国际社会提供更多的公共产品,[17]在全球海洋治理体系中正确定位自己,在努力参与全球海洋治理的过程中,不断提高在规则制定和议程设置方面的话语权。

因此,随着中国不断持续快速发展,特别是"一带一路"倡议和海洋强国建设的深入推进,中国参与全球海洋治理的意愿日趋上升,能力也不断提高。全球海洋治理是全球治理在海洋领域的具体表现,也是中国深度参与全球治理的重要内容与路径。中国积极参与全球海洋治理机制改革,不断扩大在涉海国际组织的参与度与影响力,不断提升深度参与全球海洋治理的各项能力,积极提出中国的主张和中国的理念,积极构建国家海洋治理体系,积极探索构建中国海洋治理体系的路径,以"开放包容、合作共赢"理念为引领,推动构建更加公正、合理和均衡的全球海洋治理体系。[18]中国提出"共商共建共享"的合作发展理念,通过优势互补,实现互利共赢。2019年4月,中国提出构建海洋命运共同体的理念,从人类命运共同体到海洋命运共同体,这些理念具有十分重要的现实意义和国际影响,为中国深度参与全球海洋治理提供了更广阔的发展空间和机遇。

中国在积极推进海洋强国建设进程中,明确了中国新海洋安全观的优先发展方向,指出向西发展是现阶段中国海洋战略目标。中国以推进"一带一路"倡议为主,积极扩大陆海贸易新通道,积极发展蓝色经济,促进海洋发展的良性循环,加大海洋生态文明建设,共同承担全球海洋治理责任,强调要积极而审慎地推进海上战略支点建设,有重点、分步骤推进。同时,中国应客观、认真地对待海上战略支点建设所面临的风险与挑战,沉着冷静地制定各项应对之策;要认真分析和研究影响中国海洋强国建设的外部因素,积极探讨美国、日本、澳大利亚和印度等域外国家海洋政策及其对中国海洋强国建设的不利影响。特别要重点研究美国强化在印太地区军事存在、推行"印太"安全体系及其地缘影响以及组建"四国联盟"的走向及其对华的影响,积极打造蓝色伙伴关系,增进全球海洋治理的平等互信;在深入探讨新兴国家海洋安全治理的环境与观念的基础上,深入分析新兴国家参与海洋问题治理的制度偏好、制度设计与实践,分析东盟提出的"印太构想"及其意义,从低政治领域入手,建立海上双、多边磋商机制,以管控域内国家的分歧并排除域外国家的干扰,积极引领中国与东盟地区海洋合作,不断推进与扩大海洋环保、科研、搜救、防灾减灾等低敏感领域的共同开发与合作,从而实现人与海洋和谐共处的可持续发展。

全球海洋治理的根本目的在于实现全球范围人类与海洋的和谐发展,促进海洋资源的可持续开发利用。国际社会必须进一步发展与深化现有的全球海洋治理模式。世界各国应加强海洋领域的务实多边合作,加强全球海洋治理和海洋管理,尽快形成全球海洋治理中的共识与行动,加快提升全球海洋治理的质量;加大对全球海洋的认知和研究力度;积极应对海洋污染,大幅度减少海洋垃圾;加大打击非法捕捞活动的力度,切实减轻人类活动对海洋的压力,进一步扩大全球海洋保护区面积,通过可持续地开发利用海洋资源,确保海洋生态系统健康发展,推动可持续的蓝色经济发展,以确保全球海洋治理目标的实现。

因此,中国应更积极地参与全球海洋治理,尤其是要积极参与以建立全球共治为主要内容的相关新秩序的制度建设,[19]而非推翻已有的国际秩序,中国强调走"共商共建共享"之路,坚持包容式发展,加强务实合作,凝聚更多的国际共识,进一步推动海洋合理保护、有序开发、科学发展。

注释

1. ［美］Biliana Cicin-Sain and Robert W.Knecht：《美国海洋政策的未来——新世纪的选择》，张耀光、韩增林译，海洋出版社 2010 年版，第 23 页。

2. Robert Friedheim，"Designing the Ocean Policy Future：An Essay on How I Am Going to Do That"，*Ocean Development and International Law*，Vol.31，2000.

3. C. Thiaeng，D. Bonga and S. R. Bernad，"The Evolving Partnership Model in Coastal and Ocean Governance in the Seas of East Asian Region—PEMSEA's Role"，*Journal of University of Science ＆ Technology*，No.4，2008.

4. G.Scarff，C.Fitzsimmons，T.Gray，"The New Mode of Marine Planning in the UK：Aspirations and Challenges"，*Marine Policy*，No.51，2015.

5. S.Fletcher，E.Mckinley，K.C.Buchan，N.Smith，K.Mchugh，"Effective Practice in Marine Spatial Planning：A Participatory Evaluation of Experience in Southern England"，*Maritime Policy*，No.1，2013.

6. 王金平、张志强、高峰、王文娟：《英国海洋科技计划重点布局及对我国的启示》，载《地球科学进展》2014 年第 7 期。

7. 吴雷钊：《试论德国北极政策的特点及对我国的启示》，载《海洋强国战略论坛》2016 年年刊。

8. Pierre Cariou，Laurent Fedi ＆ Frédéric Dagnet，"The New Governance Structure of French Seaports：an Initial Post-evaluation"，*Maritime Policy ＆ Management*，No.5，2014.

9. 刘大海、丁德文、邢文秀、刘芳明：《关于国家海洋治理体系建设的探讨》，载《海洋开发与管理》2014 年第 12 期。

10. 黄任望：《"全球海洋治理"概念初探》，载《海洋开发与管理》2014 年第 3 期。

11. 崔旺来：《政府海洋管理研究》，海洋出版社 2009 年版，第 36 页。

12. 林拓：《"十三五"规划应重视近海治理问题》，载《光明日报》2015 年 12 月 24 日。

13. 郑苗壮：《全球海洋治理的发展趋势》，载《中国海洋报》2018 年 3 月 28 日。

14. 张胜、王斯敏、焦德武：《促进全球海洋治理行动协同增效》，载《光明日报》2019 年 12 月 30 日。

15. 朱璇、贾宇：《释析全球海洋治理》，载《太平洋学报》2019 年第 1 期。

16. 同上。

17. 杨薇、孔昊：《基于全球海洋治理的我国蓝色经济发展》，载《海洋开发与管理》2019 年第 2 期。

18. 倪红梅、王建刚：《中方呼吁构建公正合理均衡的全球海洋治理体系》，新华社联合国 2017 年 6 月 7 日电。

19. 杨薇、孔昊：《基于全球海洋治理的我国蓝色经济发展》。

第一部分

中国海洋治理研究

第一章

中国国家海洋治理体系构建研究

构建中国的国家海洋治理体系是一项复杂的系统工程，是中国海洋强国建设的重要组成部分，[1] 也是对全球海洋治理体系的有益补充与完善。中国构建国家海洋治理体系面临着机遇与诸多挑战，应分阶段、有重点地推进海洋治理建设，积极打造蓝色伙伴关系、海洋命运共同体，构建和谐海洋社会成为中国海洋治理的终极发展目标。

中国自身发展的动力与全球经济发展的趋势决定了中国参与全球海洋治理成为一种必然的政策选择。[2] 中国在参与全球海洋治理的进程中应着重注意支撑动力、重点领域、基本原则等问题，并妥善处理好全球海洋治理与国家内部海洋治理的关系，为中国积极参与全球海洋治理并在其中发挥积极作用提供保障。

21 世纪成为人类全面认识、开发利用和保护海洋的新时代。近年来，中国海洋经济快速发展，海洋科技不断进步，海洋开发与保护能力显著增强，为建设海洋强国奠定了坚实基础。党的十九大报告明确要求"加快建设海洋强国"[3]，中国应努力把握海洋时代脉搏，积极参与国际涉海事务，明确着力方向，深入参与全球海洋治理。当前，公海、深海和极地是世界各国期待能够赢得竞争优势的海洋新议题和战略新疆域。中国应秉持和平、主权、普惠、共治原则，积极打造战略新疆域，主动依托海洋科学研究，积极创新海洋技术，不断提升中国在公海、深海和极地的利用能力，以科技引领海洋新议题和战略新疆域的治理话语权；积极利用联合国、国际海底管理局、北极理事会等各类国际涉海治理平台，在国家管辖范围以外区域海洋生物多样性养护和可持续利用问题上的国际协定谈判、国际海底矿产资源开发规章制定以及极地治理的进程中精心设置契合国家利益的涉海议题，积极发出中国声音，潜心打造具有中国特色的国际方案,提供中国主张和理念,不断提升中国在国际涉海领域的话语权。

同时,中国应积极主动地进一步密切与小岛屿国家之间的友好合作关系,构建基于海洋合作和面向未来的蓝色伙伴关系,以务实的姿态参与全球海洋治理。在全球海洋治理的进程中,中国应积极参与国际规则制定,运用法律手段维护中国主权、安全和发展利益。

第一节　构建国家海洋治理体系的意义与目标

海洋治理是指主权国家及非国家行为体通过具有约束力的国际规则和协商合作,共同解决全球和地区海洋问题,进而实现人海和谐以及海洋可持续利用。具体治理领域包括:科学考察、自然灾害预警与防治、海上救助、海上秩序维护、资源开发、生态环境保护、海洋权益划界问题等,治理模式包括多元参与、互相尊重、平等协商、求同存异、合作共赢。

一、国家海洋治理体系内涵

国家海洋治理体系是在中国政府领导下各部门紧密相连、相互协调的国家海洋管理体系,包括海洋政治、海洋安全、海洋生态发展、海洋资源保护与开发"四位一体"的机制。

国家海洋治理体系主要涵盖治理主体、治理功能和治理手段等方面的内容。在中国政府领导下,主要由政府、企业等构成的多元治理主体,通过法律和各种非国家强制性契约,积极推进全方位的海洋治理能力建设。

国家海洋治理能力主要是指政府运用海洋治理体系管理海洋各个领域的具体能力。海洋治理能力现代化则是把国家海洋治理体制机制转化为一种实际能力,提高海洋各领域事务的公共治理水平。通过结构性变化引发现实的功能性变化。

海洋治理体系与海洋治理能力是一个相辅相成的有机整体,缺一不可。

二、国家海洋治理体系建设的战略意义

一个良好的海洋治理体系可以有效提高海洋治理能力;而海洋治理能力的不断提高又为充分发挥国家海洋治理体系的效能提供了坚实的基础。

积极构建中国的国家海洋治理体系是对全球海洋治理体系的补充与完善,为全球海洋治理提供中国的海洋治理模式和经验,推动全球海洋治理深入发展。中国模式的海洋治理体系的好坏直接影响到全球现有的海洋治理体系的质量。

积极推进国家海洋治理体系和海洋治理能力现代化建设,正成为中国建设世界一流海洋强国的行动纲领。因此,中国应该构建科学、合理、操作性强的国家海洋治理体系,为全球海洋治理体系建设不断提出中国的主张,奉献中国的方案,做出中国应有的贡献。

中国海洋治理体系不仅将中国定位于世界海洋国家的重要一员,而且将中国发展目标与海洋治理紧密相连。将中国建设成全球海洋中心国家成为中国发展的长期目标。中国通过不断推进"一带一路"倡议,特别是建设"21世纪海上丝绸之路"将中国与世界更紧密地连接在一起,互联互通,使中国真正成为全球海洋治理的主角,提升中国在国际海洋治理事务中的地位与影响力。

中国积极打造海洋命运共同体,强调的是走一条和平的海洋强国之路。构建中国的海洋治理体系反映了中国地缘政治的转变,表明中国不再把自己局限于一个大陆国家。党的十八大首次提出了海洋强国战略目标,这是中国首次在国家战略层面就海洋与国家发展间的关系做出总体规划,4向国际社会宣示了中国走向海洋的决心和意志。自此,中国正式开启了海洋国家建设的序幕。未来一段时间,中国政府都将海洋治理体系建设纳入国家战略深度调整之中并不断完善。与之相对应的是中国政府会更多地考虑中国国家利益拓展与海洋安全、海洋权益保护等一系列问题,主动经略海洋,逐步实现中国与周边海洋国家的良性互动,主动应对海洋治理中的问题与突发事件,积极发挥中国快速发展的优势,共同构建和谐、互利共赢的海洋命运共同体。

在深刻了解和全面认识全球海洋治理与世界海洋秩序基础上,中国依据新的发展、包容性发展、可持续发展理念思考全球海洋治理的一系列具体议题,借鉴《联合国海洋法公约》及相关国家海洋治理法律经验,以海洋资源、海洋环境与海洋安全为重点不断完善中国的海洋治理法律体系,使中国的海洋治理法律更具针对性、时效性及操作性。

三、构建国家海洋治理体系的目标

在构建中国的海洋治理体系进程中,中国从积极打造蓝色伙伴关系,发展到构建人类海洋命运共同体;构建和谐海洋社会成为中国海洋治理的终极发展目标。[5] 这是一项循序渐进的、全方位的、各方参与的综合性系统工程。蓝色伙伴关系的建设意味着中国与周边海洋国家和平共处,而且,中国将积极运用本国发展模式与发展经验,带动和推动周边海洋国家共同发展。中国不仅要积极发展与世界海洋大国的友好合作关系,还要积极发展与中、小海洋国家的合作关系,共同治理海洋,发展海洋经济,构建人类海洋命运共同体,使海洋造福于全人类。

作为负责任的海洋大国,中国应主动深度参与全球海洋治理,积极参与全球海洋治理体制、机制和相关规则制定与实施进程,在区域和全球性海洋治理中不断发出中国声音,提供中国主张,贡献中国方案,积极提供中国的海洋公共产品,引领全球海洋治理进程。

(一)积极推进国家海洋政治治理体系建设

在海洋政治治理体系中,由于中国是典型的陆海复合型国家,[6] 中国应该努力在海、陆两个方面发展以保持平衡,统筹好国内、国际两个大局,坚持陆海统筹,坚持走依海富国、以海强国、人海和谐、合作共赢的发展道路,共同构建互利共赢的和谐海洋国际关系,积极发展蓝色伙伴关系,共同打造海洋命运共同体。

为此,应科学界定海洋权益。海洋权益主要包括海洋政治权益、海洋安全权益、海洋生态权益、海洋经济权益、海洋科技权益、海洋文化权益,等等。其中,海洋政治权益由海洋主权、海洋管辖权、海洋管制权等构成。

由此可见,海洋政治并不限于海洋权益一种形式,广义的海洋政治囊括了海洋领域一切政治活动,既包括了维护国家海洋权益的活动,又涵盖了海洋事务管理的行政执法活动。而且,海洋意识也不仅等同于海洋观。海洋观由海洋国土观、海洋国防观、海洋权益观三方面组成,三者缺一不可。海洋主权意识、海洋战略意识和海洋治理意识构成海洋政治意识的基础,成为中国建设海洋强国的思想基础,是中国制定海洋开发与海洋战略的重要依据。

中国提出的"一带一路"倡议正成为中国实现海洋强国目标的主要推动力。截至 2019 年 12 月,全球共有 167 个国家和国际组织与中国签订了 198 份共建"一带一路"合作文件。中国还与 44 个国家建立了双边投资合作工作组,与 7 个国家建立贸易畅通工作组,以快速解决双边经贸合作中的问题,推进与有关国家贸易投资的发展。

中国"一带一路"经贸合作成就斐然,正成为中国与"一带一路"沿途(线)国家和地区推进务实合作的一张靓丽名片。"21 世纪海上丝绸之路"建设在不断发掘各方合作潜力的基础上,积极寻求与沿途国家和地区发展战略相对接,努力使"21 世纪海上丝绸之路"成为推动全球海洋治理变革的持久动力。中国在深入推进"一带一路"倡议进程中,逐步实现在全球海洋治理方面由"跟跑者"到"伴跑者""领跑者"的历史性转型,不断提升在全球海洋治理中的话语权。

中国积极参与海洋国际秩序的构建,在吸收、借鉴世界其他国家发展海洋国际关系成功经验基础上,借鉴和运用联合国及相关国家海洋治理法律经验,健全和完善中国海洋治理的法律体系,[7]加快海洋法制建设步伐,积极推动中国的国际海洋法建设,提高海洋立法质量,使之具有针对性与前瞻性,确保海洋法律的完备性与可操作性,依法海洋治理,积极稳妥地处理好中国与其他国家涉海争议,为保障国家安全、维护海洋生态和谐、促进海洋经济增长提供坚实的法律依据,不断提升中国在全球海洋治理中的话语权。

同时,中国应改革那些不适应海洋发展要求的现有海洋体制机制、法律法规,不断完善海洋法制体系,使海洋各领域的制度和法规更加科学、合理;建立和健全海洋法律与制度体系,不断完善海洋执法与监督机制,不断提升海洋依法行政能力和水平,依法治海、依法护海。

此外,中国应积极构建和谐友好的海洋蓝色国际关系,推动海洋外交多元化,以海会友,以海结伙伴,以海兴世界,打造人类海洋命运共同体;在积极加强与发达海洋国家关系基础上,以大国方式主动参与国际海洋治理,有效化解美国的战略图谋;加强与印度、澳大利亚等印太地区枢纽国家的政治、军事关系,缓和和减弱这些支点国家对中国的不利影响,积极拓展中国在印太地区及其枢纽节点的军事存在,打破西方国家对中国的地缘战略制衡态势;积极应对美国在印太地区的布局,加强海洋合作伙伴关系,特别是主动加强与中国周边国家的合作关系,深入推进中国"一带一路"建设,共享中国发展成果,增加周边海洋国家对中国的"向心力"与安全感,通过和平、发展、合作、共赢方式,扎实推进中国海洋强国建设。

(二)分阶段推进海洋安全治理建设

在海洋安全治理体系中,就国内而言,中国不断发展中国的海上力量,以海上力量建设为重点,加快实现其武器装备的现代化,建设一支强大的攻防兼备的海军;将中国海警建设成为一支现代化的快速高效、行动有力、保障到位的海上综合执法力量,加强海洋商船队、海洋渔船队、海洋科研船队力量建设,促进军警结合、军民兼容的现代化海上军事力量建设,维护国家海洋权益,维护海上安全与治安秩序。

就全球而言,中国积极推进海洋治理体系建设,应坚持"一轴两翼"是中国新海洋安全观的核心,将"西翼"作为中国新海洋安全观的近期优先发展方向,循序渐进,逐步打通中国通向印度洋的战略出海口,最终实现中国在印度洋和太平洋地区的有效联通,从而有力保障中国海上航道安全,为中国海洋强国建设创造有利条件。

构建中国的海洋治理体系应分步实施,有序推进,积极谋划。中国海洋治理体系构建应明确各阶段的目标和任务,有所侧重。构建中国海洋治理体系分为近期、中期和远期三个阶段。其近期目标是:以印度洋为中心,分阶段、有重点地逐步推进,由易到难,积极布局海上战略支点国家和地区,稳步推进中国的海上战略支点建设。

经略印度洋是中国海洋安全治理的重点。[8]印度洋是中国突破美国太平洋岛链的理想选择,是中国建设蓝水海军的重要平台,现阶段中国海洋战略应以印度洋战略为重点,具体包括:印度洋资源开发、印度洋通道安全的有利条件与制约因素研究、中国在印度洋面临的机遇与挑战研究等。中国应加强在印度洋地区活动的力度,构建以中印合作为基础的新的印度洋安全战略;不断拓展和建设中国在印度洋的海上战略支点;加强与印度洋国家的合作,最终在印度洋建立新的安全框架和多边安全合作与协调体制。中国实施新海洋安全观可综合运用政治、经济、安全、外交与文化等手段,在中国"一带一路"倡议基础上,加强陆地基础设施建设,打通中国通往太平洋和印度洋的陆上和海上通道,形成与周边国家共同发展的良好态势,积极寻找中国新的战略出海口,有效合理、稳妥推进中国海上战略支点建设,不断扩大中国海上战略纵深与发展空间,有效提升中国的战略威慑力,从根本上改善和提高中国的战略环境,[9]提升中国海上力量的战略机动能力,为中国海洋强国建设营造良好的外部环境,保护中国海上通道安全。

2018 年 1 月 26 日,中国国务院新闻办公室发表《中国的北极政策》白皮书,第一次全面准确地阐述了中国的北极政策目标和基本原则、中国参与北极事务的主要政策主张,这是构建中国海洋治理体系、积极参与全球海洋治理进程中的重要一环。中国作为北极事务的重要利益攸关方,[10]积极依托北极航道的开发利用,带动沿途地区社会经济发展,积极参与治理北极事务,维护和促进北极的和平稳定和可持续发展。而《联合国海洋法公约》等一系列公约为处理北极问题提供了基本法律框架和法律依据,也为中国积极参与北极事务、开辟北极航道提供了有利条件。

我们应构建有中国特色的海洋治理体系,使中国成为全球海洋治理的积极参与者和贡献者,主动发挥好中国负责任大国的主要作用,勇于提出中国的方案和中国主张,不断提高中国在全球海洋治理中的话语权;在海洋治理进程中不断完善中国的海洋法律法规,积极推动中国走向陆海统筹的海洋大国,促进中国蓝色经济可持续发展,积极构建共存、共有、共享、共赢的新型海洋命运共同体。

（三）积极推进国家海洋发展治理体系建设

党的十九大明确提出"坚持陆海统筹，加快建设海洋强国"[11]。中国在新一轮发展中，紧紧围绕海洋治理，不断推动改革和完善海洋管理体制机制，积极履行海洋管理职责，在围填海管控、海洋督察、促进海洋经济发展、海洋生态环境保护和海洋防灾减灾等诸多领域取得了显著成绩。[12]各地坚持海洋资源开发利用与保护并举，加强海洋资源节约集约利用，严控围填海活动。随着国家和地方层面海洋管理机构改革逐步完成，我们需要进一步理顺相关部门间的协调机制，不断夯实海洋管理法制基础，进一步加强海洋治理的综合协调，努力促进海洋经济高质量发展，积极推进海洋强国建设。

近年来，围绕着国家总体规划的涉海部署，国家海洋部门陆续出台了海洋资源、海洋经济、海洋科技、海洋生态环境保护及海洋防灾减灾等一系列专项规划，[13]这些涉海专项规划明确了本领域发展的目标与任务，以支撑和满足国家发展的重大需求，形成国家空间规划体系。

海洋生态发展治理与海洋资源保护相辅相成。随着中国海洋强国建设的全面推进，海洋生态文明建设作为生态文明建设的重要组成部分已经上升为国家战略。绿色发展强调转变传统海洋经济发展方式，注重海洋环境保护和生态环境修复治理，[14]成为实现经济、社会、资源、环境协调发展的新型发展模式。具体包括以下做法。

第一，中国积极构建并不断完善海洋经济治理体系，按照政府调控市场、市场引导企业的规则，充分发挥市场在配置海陆资源中的决定性作用，实现海陆资源合理配置和海陆一体化发展；[15]不断优化海洋产业结构，积极提高海洋经济增长质量，培育壮大海洋战略性新兴产业，努力提高海洋产业对经济增长的贡献率，使海洋产业成为国民经济的支柱产业；按照社会主体配置社会资源的逻辑深化海洋社会体制改革，进一步加快实施海洋经济转型升级，有序推进海洋产业现代化发展，积极推动可持续发展的蓝色经济；充分利用海洋资源，积极发展海洋旅游经济、邮轮经济，不断推动海洋经济向质量效益型转变，使海洋经济成为新的经济增长点，各地区共享海洋发展成果。

中国海洋经济正在经历从高速发展到高质量发展的转变，海洋经济转型升级持续稳定。[16]中国涉海企业在优化结构、增强动力、化解矛盾、补齐短板等方面取得一定突破,海洋产业新动能培育取得积极进展。但海洋经济发展也存在着一些问题,面临诸多挑战。海洋经济空间布局有待优化,陆海统筹发展水平整体较低,产业布局、基础设施建设、资源配置等协调不够;海洋资源环境约束加剧,滨海湿地减少较快,海洋环境有待治理和提升;近海资源破坏和海洋污染严重,局部海域出现较严重的污染。大规模围海造田等严重破坏了海洋生态环境,近海生态环境大面积受损,严重影响了海洋生态系统。近海海域资源匮乏枯竭,各大渔场生态环境退化严重,海水污染严重影响了中国海盐质量。海洋药用生物资源环境恶化不利于中国海洋生物制药领域的可持续发展。这些问题严重制约了中国海洋经济的可持续发展。

目前,中国的海洋科技创新能力不高,海洋基础研究较为薄弱,海洋产业科研经费投入不足。整体而言,中国海洋经济自主研发能力较为薄弱,关键核心技术和共性技术自给率低,海洋科技成果转化率偏低,海洋科技无法实现合理、有效的整合,科技力量无法集中。与世界上其他主要国家相比,中国海洋产业的科研力量只属于中等偏上层次。

实际上,中国海洋开发方式粗放、科技创新不足、协调和公共服务能力不足等已经影响到中国海洋经济高质量可持续发展。中国科技创新不足严重制约中国海洋经济高质量发展。[17]海洋产业关键技术存在着自给率低、国产化水平低的问题。而且,产学研合作机制不畅,成果转化率低。中央和地方政府部门相关配套政策不完善也导致了创新动力不足,企业研发进度缓慢。因此,中央和地方政府应加大鼓励自主创业、健康发展的力度,加快与海洋经济发展密切相关的基础领域研究,努力缩小其在深水、绿色、安全、药物等海洋高技术领域的研究水平与世界其他先进国家的差距。

同时,中国海洋经济仍以传统产业为主的粗放开发方式也阻碍了海洋经济高质量发展。海洋产业结构与布局是海洋经济地理学研究的核心领域与主体内容。中国在海洋产业结构与布局方面尚未形成完整有效的科学体系。地方涉海部门协调与公共服务能力不足也严重制约了中国海洋经济高质量发展。目前我们没有科学、合理地将陆海空间功能布局、基础设施建设、资源配置等统筹协调好,土地和海域使用政策衔接不畅。区域间海洋经济发展产业链、资金链、技术链缺乏全国的统筹协调；中央和地方在海洋资源资产价值评估、海洋产权交易、海洋数据服务、企业信息对接平台等领域行政效率不高，难以推动海洋经济持续快速通畅发展。

因此，针对中国海洋经济高质量发展后劲不足等挑战，中国积极探索统筹陆海资源配置、产业布局、生态环境保护的有效路径；积极将海洋经济融入国家发展战略之中，不断拓展优化海洋经济空间布局；进一步加快新旧动能转化，积极推动海洋经济实现高质量快速发展；积极扶持和推动海洋生物医药、海水淡化与综合利用、海洋可再生能源、海洋高端装备、海洋信息服务等战略性新兴产业稳定快速发展，努力实现海洋传统产业绿色转型升级，打造一批具有国际竞争力的优势产品，积极推动海洋产业成为中国新一轮发展与全球价值链的引擎。[18]

一般而言，发达的海洋经济是建设海洋强国的重要基础。中国把海洋作为高质量发展的战略要地，培育壮大海洋战略性新兴产业，重点支持海洋电子信息、海洋生物、海水淡化、海上风电、深海矿产、海洋工程装备、海洋公共服务等产业，推动海洋经济高质量发展，全面建设海洋强国；应以海洋金融等高端服务业为核心，积极推动海洋高端工程装备产业、海洋电子信息产业、海洋生物医药及制品产业、海洋新能源产业、海洋金融业、航运物流等产业全面发展；提升海洋经济核心竞争力和影响力。扎实推进产业强海、生态护海、科学管海，推动海洋经济高质量发展，发展智慧海洋建设，致力打通海洋信息的"大动脉"。

中国应提升海域海岛综合管理能力，推动海洋空间资源科学利用；提升海洋渔业转型能力建设，进一步加快渔业转型升级步伐；推动渔业养殖从浅海向深海、从近岸向离岸、从单一向多元、从传统向现代转变；加快推动"海洋牧场"建设，使海洋渔业从"猎捕型"向"农牧型"转变，研发建造一系列半潜式、自升式海洋牧场多功能管理平台以及深远海智能网箱、管桩大围网等离岸海工装备。

建设海洋强国，应积极稳妥地做大做强海洋经济。[19]在海洋经济转型升级取得明显效果的基础上，中国应不断加快海工装备、海洋电力等新兴产业发展，加快海洋渔业、船舶制造等传统产业的技术升级与改造，加大对海洋服务业支持力度，促进海洋休闲旅游、涉海金融等新兴产业发展;不断提升环渤海经济圈、长三角、珠三角等区域海洋经济优势,加快全国海洋经济高质量发展,使海洋成为陆海内外联动、东西双向互济开放格局的"催化剂"。

发展海洋经济对中国积极参与全球海洋治理具有十分重要的意义。[20]发展海洋经济在中国参与全球海洋治理的过程中发挥重要的引领和推动作用。蓝色经济理念以可持续性和包容性发展为目标,有利于中国建设人类命运共同体,也体现了中国对全球海洋治理的思考与贡献。蓝色经济理念具有综合性,涵盖对海洋生态环境保护、粮食安全和海洋经济发展等领域的深刻思考。发展海洋经济可以推动世界经济的新增长和可持续发展,有利于实现联合国2030可持续发展目标,其中包括促进持久、包容和可持续的经济增长,保护和可持续利用海洋和海洋资源以促进可持续发展。[21]中国在全球海洋治理的框架下积极推动蓝色经济发展,不断强化海洋信息共享与合作交流,加快制定合作规则,统筹并充分发挥现有双、多边国际海洋合作机制,不断拓展与世界各国和地区在蓝色经济领域的合作渠道,积极搭建由政府、科研机构、涉海企业、社会组织和公众共同参与的蓝色经济多元化合作平台和网络,并使之机制化和常态化,促进蓝色经济深入合作。

发展蓝色经济和推动蓝色经济合作,体现了中国对现有国际体系和国际秩序认同、融入、维护和建设的基本态度,有助于中国合作性参与全球海洋治理,不断推动全球海洋治理体系的改革与完善,彰显负责任大国的责任与担当。

第二,积极推进海洋社会综合治理建设,加快形成中国的海洋社会治理体系;积极推进海洋文化治理体系,按照建设海洋文化核心价值体系、推进海洋文化创新、发展文化产业、增强文化推广的逻辑深化海洋文化体制改革,[22]做好海洋文化遗产和海洋历史遗迹等保护工作,使海洋文化更好地适应中国海洋治理建设,不断丰富中国海洋"软实力",为中国海洋强国建设服务。

根据党的十九大"陆海统筹"的战略部署,中国不断优化海洋管理的顶层设计,健全和完善海洋政策体系,不断深化海洋管理政策;进一步强化跨区涉海资源合作,积极落实海洋生态修复工作,加强海洋环境保护。

近年来,中国在海洋权益维护与争端解决方面取得积极成就,并在海洋资源管理、海洋生态文明建设、南极活动管理、海洋依法行政等领域法律法规的完善和制度建设方面取得了重大进展。海事司法工作和海洋法律监督工作成效显著,为维护国家权益、建设海洋强国提供了有效保障。

未来,中国海洋综合治理任重而道远。国家海洋立法主要集中在国家海洋权益维护、海洋生态环境保护、海上交通安全等领域。国家应加快海洋立法工作,使国家经济活动严格按照海洋法律法规执行,以保护和促进海洋经济可持续发展,朝着"科学立法、严格执法、公正司法、全民守法"的方向不断推进海洋法律体系建设。[23]

中国是维护区域和平与稳定、推动地区国家合作与发展的坚定力量。中国一贯坚持以和平方式解决与邻国海洋争端,坚持通过和平谈判和对话协商妥善解决与邻国的领土主权和海洋划界争端。[24]在争端解决前,中国始终以审慎的态度管控分歧,避免冲突升级,倡导各国搁置争议、共同开发,以务实合作促和解,以互利共赢实现周边海域的繁荣与稳定。

2018年,中国周边海洋形势整体上向好发展。中国应进一步扩大和加强与周边国家的多层次、多领域交流、磋商与务实合作,为双边关系和地区稳定做出不懈努力。中国关于钓鱼岛及其附属岛屿、南海诸岛等群岛的领土主权和海洋权益主张建立在充分的历史和法律依据上,符合包括《联合国海洋法公约》在内的一般国际法。中国周边的黄海、东海和南海均为闭海或半闭海,与有关邻国的管辖海域主张重叠形成划界问题。中国一贯主张与直接当事国通过谈判协商解决有关领土与海洋纠纷。在中国与相关国家的共同努力下,海洋争端得到有效管控,海上形势继续保持稳定并向好的方面发展,双边或地区性的磋商、交流与合作不断取得新成果。中国将继续采取有效的政策措施,有效应对来自各方面的挑战,[25]持续推动地区合作深入开展,进一步维护周边海上安全秩序。

切实维护国家主权、安全、发展利益;进一步加强维权执法,不断维护国家海洋权益和海洋安全;[26]通过加强对话磋商、深化互利合作、灵活运用规则,开展法理维权,正确引导舆论,实施有效管控,妥善应对和化解周边各种海上风险和复杂局面,为我国经济社会发展赢得和平稳定环境;积极实施海洋"走出去"战略,不断拓展新空间,加强双、多边海洋合作,有效维护中国海外利益和海洋合法权益。

第三,保护海洋生态环境,综合统筹和逐步解决中国海洋资源分配不合理等问题,不断提高海洋资源开发能力,有序扩大海洋开发领域,推动海洋可再生能源合理开发与有效利用,进一步推动海洋开发方式向循环利用型转变;加强海洋产业规划与指导,重点发展海洋科学技术,进一步促进海洋科技与海洋生态有机结合,积极推动海洋科技向创新引领型转变;进一步发展深海工程与装备技术,积极推动中国的深海科学研究,努力提高深海科研成果的质量。

近年来,近海过度捕捞导致生态系统退化,生物资源衰退;一些地区近岸粗放式用海也造成自然岸线减少,海洋空间资源趋紧。沿海产业低质同构现象仍普遍存在,大部分沿海地区产业规划布局相似,大量以消耗海洋资源环境为代价建设的产业新城、产业园区处于低效运行甚至荒弃状态。用海矛盾突出增加了海洋生态安全风险,[27]中国海洋生态安全风险也随之日趋上升。

近年来,中国着力优化海洋空间配置,提高海洋综合管理能力;着力保护海洋环境,深入推进海洋生态文明建设;提升海洋综合协调服务能力,促进海洋经济健康发展;以打造世界一流海洋港口为目标,大力推动港口向集约化、协同化转变;创新海岸带资源智慧管理服务,建设海岸带生态物联网,推进海岸带自然资源数字化建设;开发面向海岸带资源管理的动态监督、分析评估等智能辅助决策系统,建设符合"数字政府"建设规划要求的系统。

中国应进一步促进海洋产业低碳发展,鼓励发展低耗能、低排放的海洋服务业和高技术产业,加快淘汰落后、过剩产能;鼓励清洁能源发展,因地制宜发展海岛太阳能、海上风能、潮汐能、波浪能等可再生能源。

2018 年以来,中国海洋生态环境状况稳中向好。海水环境质量总体有所改善,沉积物质量状况总体良好,监测的典型海洋生态系统健康状况和海洋保护区保护对象基本保持稳定,海洋功能区环境状况基本满足使用要求,为今后的海洋生态保护与有序利用奠定了良好基础。[28]

中国应继续树立依法用海、生态用海、规划用海理念,坚持"点上开发、面上保护"为特征的集中集约用海,不断提升海洋生态环境保护能力,推进海洋生态文明建设;推进海洋生态整治修复,在湿地、海湾、海岛、河口等重要生境,开展生态修复和生物多样性保护;实施"南红北柳"湿地修复工程,积极构筑沿海地区生态安全屏障;实施"生态岛礁"修复工程,选取典型海岛开展植被、岸线、沙滩及周边海域等修复,恢复受损海岛地貌和生态系统;进一步保护海洋生态环境,做到有序开发海洋,科学管理海洋;深化海洋生态文明体制机制改革,将生态管贯穿于海洋工作全过程。落实海洋主体功能区制度,加快建立海岸线保护与利用、围填海管控、海域和无居民海岛有偿使用等机制,不断强化海洋空间规划约束和资源集约节约利用,不断完善"生态＋海洋管理"新模式;积极推动湾长制,提高海洋资源环境承载能力监测预警等改革试点质量,统筹实施蓝色海湾、生态岛礁等大工程,[29] 不断提高海洋生态环境治理效果。

近年来,中国海洋资源可持续利用水平稳步提升,海洋资源利用质量和效益不断提高。海洋渔业资源保护力度加强,近海渔业捕捞产量稳定,海水养殖规模不断提升,保障国民粮食安全能力加强。海洋油气开发技术水平显著提高,深水油气勘探能力取得突破。海洋能开发水平不断提高,潮流能、波浪能发电技术和独立式岛屿供电系统应用得到进一步重视,海上风电成为风电发展新方向。海水利用规模稳步上升,海水直接利用解决沿海地区火电、钢铁等高耗水工业用水需求,海水淡化利用为海岛地区提供淡水供应。[30]

中国应不断提高海洋资源利用效率,推动海洋观测与监测服务;有效开展海洋灾害调查、海洋灾害风险评估与区划、重点防御区划定试点和隐患排查等工作;进一步加强海洋生态资源调查、海洋观测预报、海洋环境监测质量控制和信息产品开发,逐步构建海洋环境实时在线观测监测网络体系;加密海洋观测点并形成科普中心;进一步加强海洋预报观测队伍建设,着重构建基层海洋生态资源调查、海洋观测预报、海洋环境监测及评价体系。

随着海洋管理水平的提升和海洋资源利用行业的健康发展,海洋作为一种重要的资源,展现出更为广阔的支撑国家和区域发展的巨大潜力,或为中国新一轮社会经济发展的"助推剂"。

提高海洋防灾减灾能力,加强海洋灾害和海洋气象灾害的监测预报,逐步完善海洋预警报产品发布系统;加强海洋气象综合保障,不断健全和完善海洋气象综合观测、预报预警和公共服务系统,进一步提高海洋气象防灾减灾能力;提升灾害信息服务水平,深化灾害应急联动协作机制;建立专业应急救援队伍,发展应对灾害的救援产品与特种装备,研究制定海洋应急处置管理办法。

近年来,中国海洋防灾减灾综合体系建设进一步推进,并取得积极效果,同时也在积极探索新的途径、模式和机制,为海洋防灾减灾工作提供全面保障和支撑。国家体制改革对海洋防灾减灾工作提出了新的要求,带来重要契机,未来海洋防灾减灾工作将从顶层设计、能力建设、减灾区划、决策支持、技术创新和国际合作等多个方面,更好地服务自然资源治理体系,为海洋生态文明建设和海洋经济发展提供更为坚实的体制保障。[31]

应对气候变化是人类共同的事业。中国应携手其他发展中国家,积极推动建立全球应对气候变化机制,充分考虑发展中国家的发展需要,以统筹兼顾的方式把应对气候变化行动与社会和经济发展协调起来;坚持预防优先,减缓与适应并重,为推动建立公平有效的全球应对气候变化机制、实现更高水平全球可持续发展、构建合作共赢的国际关系做出应有的贡献。[32]

第四,进一步加强对海洋开发活动、海洋生态环境和海洋经济社会的监测监管,实现政府对海洋的有效治理;推动海洋生态文明治理,按照绿色、低碳、集约节约的发展理念深化加快建设海洋生态文明体系,加大海域资源和生态环境保护力度,[33]不断完善海洋生态监测体系,积极转变用海方式,加强用海管理,绿色发展,减少海洋开发活动对生态环境的破坏,不断优化海洋空间利用布局,以最小的海域空间资源和海洋生态环境损耗推动海洋事业的可持续发展。

第五,不断完善和提升海洋公共服务功能,加快海洋公共服务体系建设,构建精细化、数字化的立体服务网络;不断提高海洋观测监测、海洋预报、预报应急、防灾减灾、海上船舶安全保障等方面的服务保障能力;为远海作业渔船安装渔船监控终端,提供小区域、精细化预报服务,提高渔船风险规避能力;继续推进涉海部门机构改革,进一步理顺涉海事务管理和业务归口工作,进一步加大增强海洋环境保护、海洋污染治理、海洋防灾减灾、海上船舶安全保障等方面的公共服务与社会保障能力;加快海上公共服务平台建设,实时监控和发布海洋环境监测信息,提供海洋环境质量公报等公益服务,提高海洋灾害风险管理决策能力。

第二节　构建中国国家海洋治理体系的路径

中国是主要的发展中国家,在构建国际海洋治理体系时特别体现海洋发展和海洋治理的协调。中国应借鉴联合国及世界其他海洋国家、地区组织的海洋治理模式与实践,积极建构中国的国家海洋治理体系,构筑中国的海洋"可持续发展"新理论,走出一条中国特色的海洋治理模式与路径。

一、积极构建和谐友好的海洋国际关系

海洋合作伙伴关系是建立在相互尊重、相互负责基础上的交流协作机制,对于实现海洋可持续发展目标至关重要。海洋合作伙伴关系的发展将影响到整个人类社会的共同利益。因此,中国应以"维护海洋和谐、服务全人类利益"为宗旨,依据战略管理相关理论,并结合海洋合作伙伴关系的发展历程,积极构建海洋合作伙伴关系理论;积极探讨海洋合作伙伴关系的内涵(定义和特征);在深入分析未来海洋合作发展态势的基础上,从地缘政治理论、地缘经济理论、竞争战略理论和国家安全理论等方面着手,深入探讨构建海洋合作伙伴关系的必要性,以构建完善的海洋合作伙伴关系理论体系。

构建"蓝色伙伴关系"是中国参与全球海洋治理的现实倡议,[34] 应紧密围绕国际政治、经济、军事、科技、文化的动态变化,重点关注海洋合作伙伴关系的现实发展及其演变趋势;积极构建更加全面、可持续、包容和互利的海洋合作伙伴关系,主动创立并积极深度参与国际海洋事务,提供海洋管理政策法律规划和标准的交流平台等合作机制。

中国提出并积极构建蓝色伙伴关系,[35] 以"一带一路"建设为牵引,中国的海上朋友圈越来越大;积极承担大国责任,在应对气候变化、保

护海洋生态环境、推动海上互联互通等领域与其他国家开展务实合作，不断提供海洋公共产品，为全球海洋治理贡献中国智慧、中国方案。

中国倡导在多边框架下解决全球性海洋问题，积极参与国际海洋治理，共守国际海洋秩序；全方位开展国际海洋合作，积极探索极地、公海和国际海底资源的开发利用，积极参与构建公平合理的国际海洋秩序，共同打击海盗、走私、海上恐怖主义等非传统安全活动，实现海上危机管控常态化、机制化。

构建海洋伙伴关系重点围绕海洋经济发展、海洋科技创新、海洋能源开发利用、海洋生态保护、海洋可持续渔业、海洋垃圾和酸化治理、海洋防灾减灾、海岛保护与管理、南北极科考等开展合作。中国要关注与之相关的重大国际议程的磋商进程，在全球、地区、国家层面，以及科研机构之间，搭建常态化合作平台，推进务实合作，构建新型海洋合作伙伴关系体系，积极打造海洋命运共同体。

同时，中国应积极探讨海洋治理法律体系完善问题，理顺现有海洋法律关系，健全和完善与建设海洋强国配套的法律体系；借鉴中国周边的日本、越南等国相继出台的综合性海洋基本立法，明确海洋基本政策，统领国家海洋事务；在积极维护国家海洋权益基础上，不断完善海洋治理法律体系，推动海洋维权向统筹兼顾型转变。

2018 年以来，国际社会在不同领域推进海洋法治建设，促进海洋可持续发展。国际社会继续在诸多领域采取措施，努力保护和保全海洋环境及其生物资源，妥善应对海洋发展面临的各种压力。

中国作为负责任的海洋大国，一贯支持保护和可持续利用国家管辖范围以外区域海洋生物多样性（BBNJ），并成为维护《联合国海洋法公约》原则和精神的中坚力量，[36]在政府间大会谈判过程中继续发挥建设者的积极作用，不仅要维护各国之间的共同利益，而且还要维护国际社会和全人类的整体利益，致力于实现互利共赢的目标，积极构建海洋命运共同体，务实推进制定相关国际文件。

极地是战略新疆域之一，是全球海洋治理的重要组成部分。中国将加快推进极地强国建设，提供中国的方案，为人类和平利用极地做出更大贡献。

中国应积极借鉴《联合国海洋法公约》及相关国家海洋治理法律经

验,不断强化海洋综合管理,以海洋资源、海洋环境与海洋安全为重点不断健全和完善中国的海洋治理法律体系,使中国的海洋治理法律更具针对性、有效性、便民性,切实帮助民众在处置海洋事务中了解和掌握海洋法律制度;不断创新中国在海洋治理进程中的法律体系研究,强化涉海法律的制定与补充、完善,弥补中国在国家海洋治理法律领域的不足,积极推进中国的海洋法治建设,为国家依法治海提供法律依据。

二、不断推动和完善海洋经济发展体系

海洋经济是中国国民经济的重要支撑,是拉动国民经济的增长极,是对外开放的重要载体,是国家经济安全的重要保障,[37]未来发展空间巨大。

海洋是高质量发展战略要地,促进海洋经济高质量发展,符合中国经济社会发展规律和世界经济发展潮流。

因此,中国应积极以发展海洋经济为核心,着力推动海洋经济向质量效益型转变。[38]海洋经济对国民经济的贡献是海洋强国的核心指标,发展海洋经济是海洋强国建设的一项重要任务,能否促进海洋经济的发展是评价海洋强国建设成功与否的基本标准,具体包括以下做法。

不断提高海洋资源开发能力,将海洋开发方式从粗放式向高效、低碳、安全方向发展;切实转变海洋经济增长方式,加快海洋产业升级换代,使海洋开发范围从近海、浅海逐步向远海、深海拓展;实现海洋经济可持续发展。

加强海洋经济发展整体规划,认真制定中长期海洋经济发展基本原则、指导方针与战略目标,积极推行可持续的海洋经济发展政策,聚集海洋经济的重点发展领域,进一步优化海洋开发的空间布局。

深入贯彻创新发展理念,积极打造海洋经济发展新引擎,提高海洋经济发展质量和效益;深入实施海洋科技创新驱动发展战略,力争在安全、绿色、深水等海洋高技术重点领域取得突破,着力解决中国海洋事业发展快而不优的问题。[39]深入贯彻协调发展理念,促进海洋事业全面协调可持续发展,正确处理好海洋资源保护与海洋资源有序开发的矛盾,在保护海洋资源前提下,统筹谋划全国海洋发展空间布局,正确处

理国际与国内、海洋与陆地、港口与腹地、海洋开发与保护的关系,积极解决中国海洋事业发展不平衡等现实问题;以绿色发展为主线,积极推进以生态系统为基础的海洋综合管理,推动海洋生态文明建设,以维护海洋生态健康为基础,着力推动海洋开发方式向循环利用型转变;积极探索低碳循环的海洋经济发展模式与政策制度,深入推动中国海洋经济向质量效益型转变。

积极实施"陆海统筹"规划部署,加快推进海洋强国建设,陆海并重,科学定位陆海功能,合理规划海洋空间格局,加强陆海开发与保护的统一规划与协调,科学规划海洋发展方向与海洋政策制定和制度安排,积极发展海洋经济,保护海洋生态,不断提高海洋科技水平;健全海洋空间开发格局,不断完善主体功能区配套政策,深入实施海洋主体功能区战略,健全不同海洋主体功能区差异化协同发展长效机制,推动主体功能区战略在市、县层面精准落地;[40]在海洋经济调控与指导方面,高度重视市场配置资源的决定性作用,充分发挥海洋对经济社会发展和国防建设双向支撑作用,统筹蓝色经济发展与海洋国防建设需求,加快军民融合发展,有效提高军民融合水平。

不断增强创新驱动发展新动力,坚持科技兴海,优化发展,以海洋创新驱动海洋经济发展,推动海洋经济结构转型升级,优化海洋产业结构和产业布局,构建具有国际竞争力的现代海洋产业发展新体系。

坚持"陆海统筹"、联动发展,牢固确立陆海整体筹划的全局性与系统性思维,统筹陆海开发强度与利用时序,通盘考虑陆海动态调整,统筹陆海安全与发展战略重心,整体筹划陆海双向战略资源,统筹近岸开发与远海空间拓展,统筹以陆海为基点的多维发展空间,逐步形成陆海融合的新优势,确保"陆海统筹"的整体性与稳健性,积极构建陆海协调融合发展的新态势,加快陆海一体化融合发展,积极培育高质量的开放型海洋经济发展新优势。

合理布局全国性渔业养殖与研究中心,积极建设若干个国家级远洋渔业基地,高质量发展远洋渔业,积极发挥远洋渔业产业集聚效应和辐射效应,加快现代渔业产业转型升级和创新发展,加快发展海洋设备制造、海洋船舶、海洋生物医药、海洋新材料制造、海洋化工、海洋交通运输等重点海洋产业,形成合力,优化产业配置,使中下游海洋产业与海洋高科技产业优化配置,做大做强海洋特色产业。

牢固确立科学技术创新是海洋事业发展第一推动力的理念,积极发挥海洋科技创新的核心与支柱作用,积极依靠创新来支撑海洋民生与生态底线,积极推动海洋科技持续深入发展;以深海、大洋创新体系为依托,以生态化科技创新为方向,以提升自主创新能力为主线,以提升核心竞争力为目的,不断提升海洋科技自主创新与成果转化能力,深入推动海洋科技向创新引领型转变;不断提高海洋科技水平,积极打造军地联合攻关的核心科技体系;积极推进海洋领域基础性、前瞻性、关键性和战略性技术研发,进一步提升和拓展走向深、远海的能力。

以海洋科技发展为动力,着力推动海洋科技向创新引领型转变。[41]建设海洋强国离不开科技的引领和支撑,要坚持科技引领,创新发展,以海洋科技创新破解海洋发展瓶颈。积极改革和完善海洋科研管理体制,进一步推动海洋科研机构与智库的建设和发展。

聚焦增强海洋创新链、补齐海洋产业链,推动海洋产业园区化集聚发展,建设一批国家级海洋经济功能区;积极培育壮大中小涉海企业,实施科技企业培育行动,积极推进海洋成果转化;建设若干个国家级海洋创新平台和国家海洋实验室,加快海洋综合科考船队建设,稳步推进"海洋牧场"建设。

加快建设现代海洋产业体系,聚焦海工装备、海洋信息技术、海洋生物医药和功能食品、海洋新能源等领域,加快高端要素向海洋产业领域集聚,不断完善顺畅的要素协同机制,[42]构建有利于海洋产业发展的政策环境;推动海洋产业重大技术突破,积极探索以企业主导、院校协作、多元投资、军民融合、成果分享的新模式,逐步设立若干国家级海洋产业技术创新中心,集中力量攻克关键核心技术;打造一批海洋产业创新发展示范区,通过政策叠加,深入推动海洋产业创新发展与集聚发展;不断完善产业发展生态,合理布局一批国家海洋生物产业服务平台和海洋药源生物种质资源库等。

积极推动海洋经济转型,应重点探讨海洋经济理论框架、海洋经济发展政策与保障体系、海洋经济结构、海洋产业发展与海洋产业布局、海洋资源可持续利用等内容,提高海洋资源开发能力,推动中国海洋经济向质量效益型转变。

积极借鉴世界发达海洋国家海洋经济治理的成功经验与模式,更好地推动中国海洋经济转型升级。

三、加快构建海洋生态保护与灾害防治体系

党的十八大以来,党中央、国务院十分重视海洋科学和海洋技术的发展,积极将海洋科学技术与全球海洋治理相结合,以实现自然科学、工程技术与社会科学的结合;并综合利用多源数据融合、数值模拟和统计分析等方法,客观评估气候变化对海洋生态系统的影响,积极利用现场观测资料和卫星遥感数据,深入探讨气候变化对海洋环境与生态变化的联系;分析气候变化对海洋产业经济的潜在影响;在科学层面上主动加强应对气候变化背景下海洋防灾减灾的工作,积极实施跨学科的交叉合作研究,在分析海洋生态系统、渔业资源和社会经济发展等对气候变化尤其是极端事件的关键风险和脆弱性基础上,积极提出海洋防灾减灾及适应性对策措施。

近年来,中国积极实施"科技兴海",不断创新海洋科技。"蛟龙"号潜水器达到世界应用型载人潜水器最高水平,与"海龙"号和"潜龙"号潜水器组成的"三龙"深海装备体系基本形成。海水淡化技术、波浪能和潮流能发电、系列海洋卫星等跻身国际领先或先进行列。南海神狐海域天然气水合物试采成功,标志着中国成为世界上第一个成功试采海域天然气水合物的国家。[43]

在国家创新驱动战略和"科技兴海"战略的指引下,中国海洋科技在深水、绿色、安全的海洋高技术领域取得可喜成就,在推动海洋经济转型升级过程中急需的核心技术和关键共性技术方面取得了一定进展。中国已基本实现浅水油气装备的自主设计建造,部分海洋工程船舶已形成品牌,深海装备制造取得突破性进展,部分装备已处于国际领先水平。以"蛟龙"号、"海龙"号、"潜龙"号等"三龙体系"为代表的高新深海装备投入使用,[44]并成功发射多颗海洋遥感卫星,标志着中国载人深潜进入国际先进行列,中国深海调查能力也成为世界最先进的国家之一。而且,中国还成功进行了南极、北极的科学考察及大洋科学考察,并获得了极地大洋海域大量的地质、生物、深海水体样品,数据资料

和高清海底视频资料,为今后海洋研究创造了有利条件。2019 年 11 月,中国第 36 次南极考察首次实现了"双龙探极"。首航南极的"雪龙 2"号破冰船破冰能力强,在中山站附近陆缘冰区破陆缘冰约 10 海里。破冰作业顺利推进,为"雪龙"号破冰船大规模卸货创造了有利条件。2019 年 11 月,作为目前国内最大、最先进的远海渔业捕捞加工船,由中国自主建造的"深蓝"号远洋渔船加入海洋试点国家实验室深远海科考船队。"深蓝"号每年可在南大洋及周边海域连续作业 8—10 个月,不仅提升了中国包括南大洋在内的渔业资源开发利用的能力,还将填补科考船队在南大洋海域长时序科考方面的空白。另外,"海洋石油 982"半潜式钻井平台成功下水,标志着中国已具备深水钻井高端装备规模化、全系列作业的能力。海洋科技领域创新性的成果已有效拓展了中国蓝色经济发展的空间,在创新引领海洋事业科学发展中取得了重要进展。45

四、加强海洋资源利用与保护体系

海洋生态保护与海洋环境治理是一个有机的整体,保护海洋生态环境,推动海洋开发方式向循环利用型转变。

在推进海洋生态文明建设进程中,中国应积极将生态理念用于海洋环境保护,加强全球生态环境保护,积极开展全球海洋生态价值评估,构建适用于海洋开发利用的海洋环境治理模式,不断丰富和完善海洋生态文明制度,有效保护海洋生态环境。加强海洋综合管理,积极打造海洋生物多样性保护网络,不断提升海洋生态系统稳定性和生态服务功能,积极营造人与海洋和谐共处的生态环境。促进人与海洋和谐共生。坚持开发和保护并举,加大海洋环境整治力度、从根本上预防和解决海洋环境污染和生态破坏问题。

积极发展海洋科学技术,深入推动海洋科技向创新引领型转变。积极做好海洋科技创新总体规划,力争在深水、绿色、安全的海洋高技术领域取得实质性突破。积极探索全球海洋环境生态治理的数字化模式,通过建模,基于全球视域下按生态特征进行分区,并进行海洋生态价值评估,实现数字化治理;基于生态损害评估,建立多元化补偿机制定量方法,深入研究海洋生态文明绩效考核指标与考核办法。基于危化品等突发事件和环境灾害的总量控制,积极探讨危化品等突发事件以及构建环境污染的生态环境指标体系和调控技术,打造示范区精细化、数字化的海洋环境保护决策平台,建成海洋生态治理示范区,早日建成海洋环境生态治理多源数据库。

海洋环境监测已成为认知海洋环境现状、保障海洋生态文明建设和海洋经济绿色发展的重要技术手段。建设海洋生态文明示范区和海洋生态红线区两大海洋生态文明建设载体,46注重海洋资源保护;做好海洋环境与海洋资源数字化治理模型与评估数据库建设。

第三节　构建中国国家海洋治理体系的机遇与挑战

中国提出建设海洋强国以来,积极深度参与全球海洋治理,在推动"一带一路"倡议不断深入的同时,积极向沿线国家提供涉海公共产品,有效维护和拓展了国家海洋权益。

共建"一带一路"顺应了全球治理体系变革的内在要求,彰显了同舟共济、权责共担的命运共同体意识,为完善全球治理体系变革提供了新思路、新方案。以共建"一带一路"为实践平台推动构建人类命运共同体,更符合沿线国家的迫切需求。作为"一带一路"建设的重要组成部分,"21世纪海上丝绸之路"建设在蓝色经济合作、海洋环境保护和防灾减灾、海洋文化交流、区域海洋安全机制构建等方面取得了重要的成果,47为中国与沿线国家推进"一带一路"建设做出了重要的贡献。随着中国与海上丝绸之路沿线国家的合作正在向更广泛、更深入、更全面的方向发展,海洋领域的合作将会发挥越来越重要的作用。

一、构建中国海洋治理体系面临诸多机遇

中国是一个陆海兼备的发展中大国,加快建设海洋强国是全面建设社会主义现代化强国的重要组成部分,也为构建中国特色海洋体系提供了新的历史机遇,更为建设海洋强国指明了发展方向。在"陆海统筹"国家大战略基础上,中国积极推动海洋经济高质量发展,切实保护

海洋生态与海洋环境,实现人与海洋和谐共处,争取早日实现海洋强国建设目标。

中国海洋发展的周边环境仍将是机遇与挑战并存。随着综合国力的增长和海洋事业的不断发展,在中国积极推动和周边国家的共同努力下,中国海洋发展的周边环境保稳定、谋合作、促发展的意愿持续上升,形势总体稳定向好,有利于中国海洋事业的发展和海洋强国建设。

构建中国的国家海洋治理体系,有助于提高中国在全球海洋治理中的话语权,更有助于构建海洋命运共同体,使海洋造福于全人类。

中国在参与全球海洋治理的进程中,形成主权、安全、发展利益相统一的海洋利益观,积极发展与周边国家的海洋合作,不断寻求和扩大各国海洋共同利益,促进全球海洋共同发展。

党的十九大提出"坚持陆海统筹,加快建设海洋强国",海洋生物多样性养护、海洋生态环境保护、海洋科技发展,以及国际海事与安全等各个领域,需要国际社会采取协调一致的行动。中国积极参加全球海洋治理,在维护海上航行自由、保障海上通道安全、应对气候变化和海洋污染等领域,积极承担与中国国力相适应的大国责任。

中国积极推行和平合作的海洋发展观,[48]通过和平、发展、合作、共赢方式,扎实推进海洋强国建设,[49]将海洋打造成中国与世界交流合作的大平台。

中国的海洋发展,也承载着全球海洋共同发展的愿景。"21世纪海上丝绸之路"是海洋共同发展的具体实践和重大举措,[50]沿线国家和地区与中国在经济、资源和能源等诸多领域形成互补,成为中国海洋经济"走出去"的重点方向。中国秉持"共建共享共赢"的海洋安全观,坚持互信、互利、平等、协作的新安全观,深度参与全球海洋治理。

建设海洋强国是中国社会主义事业的重要组成部分,应打破传统的海洋发展理念,以"四个转变"[51]为方向,有效处理好各类矛盾关系,推动海洋领域军民融合,运用法律规则,维护中国海洋权益。

二、构建中国海洋治理体系面临严峻挑战

党的十九大报告提出"坚持陆海统筹,加快建设海洋强国"。建设

海洋强国已成为新时代中国特色社会主义事业的重要组成部分。但我国在建设海洋强国进程中,既面临诸多机遇,又面临来自国内外的诸多挑战,迫切需要我们统筹好国内与国际两个大局,积极构建国家海洋治理体系,不断推动"海洋强国"建设走向深入。

21世纪海洋安全和海洋和平面临着巨大挑战,[52]实现海洋安全与海洋和平并非易事,传统的国际海洋冲突、地缘战略竞争(如印度对中国在印度洋的存在持有的敌视性态度和战略,"21世纪海上丝绸之路"遭遇的地缘政治挑战等)阻碍全球海洋治理。化解海洋冲突、避免海洋战争是全球海洋治理的迫切任务。在构建中国海洋治理体系的同时,我们应积极探讨和研究建立21世纪海洋国家国际协调(尤其是大国关于海洋问题的多边协调)机制的可能性。

当前全球海洋问题频发,海洋面临诸多潜在风险,海洋治理面临重大挑战。[53]海洋渔业资源过度捕捞、海洋环境污染、海水酸化与温室气体排放、海洋垃圾和微塑料等问题,亟须国际社会共同应对。推动全球海洋治理是国际社会共同解决日益突出的海洋问题、实现海洋可持续发展目标的客观要求。各方需要共同努力,促进海洋法和国际渔业制度的发展,防治海洋污染和保护生态环境,平衡处理海洋保护与可持续利用,共同建设人类美好蓝色家园。

中国参与全球海洋治理面临着国内外一系列深刻挑战。中国目前海洋治理形势相当严峻。在传统安全方面,世界海洋仍然受到地缘政治(地缘战略)的支配。各种海上国际冲突影响着海洋和平与发展。世界主要海洋大国出于本国战略利益考量,加大对中国海上崛起的遏制。这无疑增加了中国海洋发展的难度和不确定性。

中国越是走向海洋强国,海洋发展在中国发展中占据的重要性越是上升,中国越要更加重视维护自身的海洋权益,中国可能与世界的关系,尤其是与其他海洋国家之间的关系可能愈发紧张,中国对全球海洋问题的影响也会越大。在这种情况下,参与全球海洋治理是解决中国成为全球海洋国家面临问题的一个最好(中国与世界"双赢")的方法。

构建中国特色的海洋治理体系,要把握好全球海洋形势特点、变化,特别是要正确把握美国"印太"战略及其走向,及时掌握其新的动向;正确认识当前世界的海洋治理趋势,尽早提出符合中国国情的新海洋观,塑造中国的海洋治理话语权,分区域、有重点地逐步实现中国海洋强国目标,推进海洋经济强国建设,不断提升中国海上力量现代化水平。中国不仅要成为全球海洋治理的积极参与者,还要发展成为世界海洋治理主要的国家,发挥好中国负责任大国的主导作用。

中国海洋治理体系构建应充分考虑好全球与中国、陆海、内外发展、经济安全等问题,要注意近期与中长期目标相结合。海洋治理不仅仅是海事部门的执法工作,而是一个系统工程,涉及海洋政治与海洋安全、海洋生态保护与海洋经济可持续发展、海洋环境保护等方面,不仅要做好国内海洋各方面的治理,还要加强国际海洋治理的合作。

中国在海洋经济高质量发展治理中需要处理好以下五对关系。[54]

第一,海洋经济发展与"陆海统筹"的关系。应始终坚持"以海定陆"的原则统筹海岸带地区经济空间布局和资源配置,实现海洋经济与海岸带经济的协调发展,以早日实现中国海洋经济强国的目标;持续统筹好陆海基础设施建设,积极将海水淡化纳入国家和地区的水资源供给体系,加快海水淡化产业升级改造,进一步提高海水资源利用率;统筹陆域与海洋能源勘探科学、有序、合理开发与有效利用,科学、合理统筹全国海上风电布局,统筹海洋与陆域科研资源,坚持科技创新,不断提高海洋科技水平。

第二,海洋生态保持与海洋可持续利用的关系。应进一步加强生态文明建设,加快推进中国海洋生态安全治理体系建设,积极有序开展海洋生态空间治理,不断提升海洋生态安全治理现代化能力,积极推动中国海洋生态安全政策决策科学化、便民化,有效提升中国海洋生态空间治理体系现代化水平;加快建立现代化的海洋生态安全屏障制度,严守生态功能基线与环境安全底线,不断健全海洋生态环境动态监测和监管机制,完善海洋生态环境保护责任追究、损害赔偿和生态保护补偿制度;[55]加快建设数字化海洋国土规划体系,坚持科学、有效开发保护与整治中国的海洋国土空间,积极实行海洋国土空间差别化治理,持续推广低碳、循环、可持续的海洋经济发展模式,积极将海洋生态优势不断转化为海洋生态农业、生态工业、生态旅游等经济优势,全方位推进海洋经济强国建设。

第三,海洋资源利用与保护的关系。应坚持科学保护海洋资源,不断优化海洋资源配置,合理开发海洋资源;加强海洋资源开发利用总量、时序和结构的科学合理安排,健全海洋自然资源资产监管体系,强化海洋资源保护执法力度,坚决避免海洋自然岸线大量破坏、海域空间无序占用等不可持续的开发利用行为;[56]健全和完善海洋资源有偿使用制度、价格形成机制和收益分配制度,不断提升海洋资源利用效率与效益;充分发挥宏观政策在海洋经济中平衡总量、优化结构、防范风险和稳定预期的作用,减少对海洋资源型产品价格的干预,积极为市场发展提供保障,加快数字海洋平台建设,推动建立海洋产权交易服务平台、信息共享平台、科技成果转化平台等,实现海洋各类资源与要素的市场化配置。

第四,中央与地方海洋管理之间的关系。应加快涉海管理体制改革,进一步理顺中央和地方的事权与责任,统筹协调发展改革、财政金融、自然资源、生态环境、农业农村、交通运输、工业和信息化、科学技术、国际合作等涉海主管部门,形成全国统一的涉海政策机制,进一步有效推动中国海洋经济强国建设。

为建设海洋强国,中国必须加快海洋经济强国步伐,促进海洋经济整体发展,提升海洋在国家发展全局中的战略地位,科学制定全面覆盖海洋经济诸行业、部门、社会群体的发展规划;加强海洋经济发展示范区和创新示范城市的统筹管理和政策协调,[57]真正发挥试点示范的作用,以点带面,通过局部先行先试,有效推动海洋经济整体发展;持续加大涉海企业改革力度,不断深化传统海洋经济产业升级换代,提高海洋经济产业现代化经营水平。

中国应持续推进"21世纪海上丝绸之路"建设,加强海上互联互通,发挥优势互补、开放、可持续发展的合作理念,积极与沿线国家和地区发展战略对接,以发展蓝色经济为主线,与沿线国家共同打造开放、包容、均衡、普惠的海洋经济合作架构,[58]建立完善海洋经济国际合作平台与机制,拓展蓝色经济伙伴关系,加快在海洋环境保护、海洋资源开发利用、海洋科技创新等领域多方位、深层次的国际合作,积极推进海洋领域国际产能合作、技术输出和国际高精尖技术引进,有效推动全球海洋经济与海洋科技的创新驱动,加快海洋研究与海洋人才培养国际化步伐,进一步推动海洋产业迈向全球价值链中高端,着力打造蓝色经济合作平台,推动建立蓝色经济合作国际机制,与其他国家共同促进海洋经济高质量发展,不断提高中国海洋经济发展理念的国际影响力。

第五,海洋权益保护与海洋争端之间的关系。中国在海洋利益拓展过程中,也与其他国家之间存在着利益的碰撞和融合,中国在维护领土主权和海洋权益的同时,通过强化合作积极寻求和扩大共同利益的交汇点,把中国快速发展的经济与沿线国家和地区的利益相结合,扩大共同利益,打造命运共同体。中国的海洋利益拓展不是排他性的零和游戏,中国提出的"共同利益"理念正逐步得到国际社会广泛认可和积极回应,为解决海上问题、处理国际事务创造了条件,有利于实现维护国家主权、安全、发展利益相统一。

在处理与周边国家海洋争端上,中国以着力维护周边和平稳定大局为根本目标,坚持通过对话协商、以和平方式处理同有关国家的领土主权和海洋权益争端,[59]争取更多的朋友与伙伴,努力维护南海和东海的和平与稳定。

第四节　本　章　小　结

海洋治理理论构建是中国海洋治理体系的基础,也必将提高中国在全球海洋治理中的话语权。海洋经济发达是中国海洋强国的物质基础,海洋经济是陆海一体化经济。中国确立多层次、大空间、海陆资源综合开发的现代海洋经济思想,发展开放、多元的大海洋产业;积极对接国内外市场,不断培育海洋经济发展新动能,发展海洋新业态、新产品、新技术、新服务。

海洋治理法律体系是有效保护海洋资源、改善海洋生态环境、打击各种破坏海洋生态环境的有效手段,我们应建构中国的国家海洋治理法律体系,更有效地推动中国国内的海洋治理。

海洋科技发达是海洋强国的标志。中国应发展海洋科技,推动军民融合发展;加快海洋科技进步和创新,推动海洋科技向创新引领型转变;坚持开发与保护并重,全面遏制海洋生态环境恶化趋势,加强资源集约节约利用,建立海洋生态补偿和海洋生态损坏赔偿制度。

中国经略海洋,创新驱动发展,重点实施科技、产业、管服、制度和文化五大层次的协同创新行动。[60]海洋科技创新要坚持自主研发、自主创造、自成体系,掌握核心技术;产业创新要由规模扩张向提质增效、由传统要素驱动向创新要素驱动转变;管服创新要求强化管理方法,降低海洋经济交易和协调成本,创造富有活力的海洋经济发展环境;制度创新要求构建一套与海洋发展模式相适应的体制机制,形成政府职能和市场作用高效配合的机制;提高海洋资源开发能力,着力推动海洋经济向质量效益型转变;保护海洋生态环境,着力推动海洋开发方式向循环利用型转变;发展海洋科学技术,着力推动海洋科技向创新引领型转变;维护国家海洋权益,着力推动海洋维权向统筹兼顾型转变。

构建中国的国家海洋治理体系是一项复杂的系统性工程,国家海洋治理体系是中国海洋强国建设的重要组成部分,更是中国新一轮发展的行动纲领。海洋治理的成败直接影响到中国的全面崛起,中国的安全与发展需要走向海洋,拥有强大的海洋综合实力才能为国家经济和社会发展提供必要的保障。

随着全球化进程不断深入,世界各国对开发利用海洋资源与拓展利益发展空间的需求愈发迫切,由此引发的资源可持续利用、生态系统脆弱、气候变化等全球性问题相互交织,主权国家与非国家行为体之间的利益博弈进一步加剧,[61]海洋治理迫在眉睫。积极参与全球海洋治理是中国走向深蓝、建设海洋强国的重要任务,中国应积极主动地参与全球海洋治理,不断提高海洋治理能力的现代化水平,奋发有为,以海上力量为保障,维护国家海洋权益,着力推动海洋维权向统筹兼顾型转变;履行好中国的大国担当,为全球海洋治理提出中国的方案,贡献中国的智慧,增强中国在国际海洋规制体系构建中的话语权,切实维护好中国的国家海洋利益;积极发展蓝色经济,积极构建海洋经济和谐发展的蓝色利益共同体;推动全球海洋生态文明建设,积极构建务实、互利共赢的蓝色伙伴关系,推动全球海洋治理不断向前发展,与世界各国共同构建人类海洋命运共同体。

注释

1. 朱锋、秦恺：《中国海洋强国治理体系建设：立足周边、放眼世界》，载《中国海洋大学学报》（社会科学版）2019 年第 3 期。

2. 崔野、王琪：《关于中国参与全球海洋治理若干问题的思考》，载《中国海洋大学学报》2018 年第 1 期。

3. 习近平：《决胜全面建成小康社会　夺取新时代中国特色社会主义伟大胜利——在中国共产党第十九次全国代表大会上的报告》，新华社，2017 年 10 月 27 日，http://www.xinhuanet.com/politics/19cpcnc/2017-10/27/c_1121867529.htm，2020-06-19。

4. 葛红亮：《中国"海洋强国"战略观念基础与方法论》，载《亚非纵横》2017 年第 4 期。

5. 胡志勇：《构建海洋命运共同体推动全球海洋治理》，中国评论通讯社香港 2019 年 5 月 7 日电。

6. 郑义伟：《陆海复合特征下中国海洋战略转型——兼论美国地缘战略的影响》，载《当代世界与社会主义》2017 年第 5 期。

7. 范金林、郑志华：《重塑我国海洋法律体系的理论反思》，载《上海行政学院学报》2017 年第 3 期。

8. 胡志勇：《印度洋已成地缘政治中战略博弈之洋》，中国评论通讯社北京 2015 年 1 月 4 日电。

9. 胡波：《中国的深海战略与海洋强国建设》，载《人民论坛·学术前沿》2017 年第 18 期。

10. 阮宗泽：《中国作为北极事务重要利益攸关方》，载《人民日报》2018 年 1 月 29 日。

11. 习近平：《决胜全面建成小康社会　夺取新时代中国特色社会主义伟大胜利——在中国共产党第十九次全国代表大会上的报告》，新华社，2017 年 10 月 27 日，http://www.xinhuanet.com/politics/19cpcnc/2017-10/27/c_1121867529.htm，登录时间：2020 年 6 月 19 日。

12. 自然资源部海洋发展战略研究所《中国海洋发展报告》编写组：《〈中国海洋发展报告（2019）〉发布》，载《中国海洋报》2019 年 8 月 19 日。

13. 同上。

14. 赵聪蛟、赵斌、周燕：《基于海洋生态文明及绿色发展的海洋环境实时监测》，载《海洋开发与管理》2017 年第 5 期。

15. 黄任望：《"全球海洋治理"概念初探》，载《海洋开发与管理》2014 年第 3 期。

16. 自然资源部海洋发展战略研究所《中国海洋发展报告》编写组：《〈中国海洋发展报告（2019）〉发布》。

17. 王宏：《着力推进海洋经济高质量发展》，载《学习时报》2019 年 11 月 22 日。

18. 自然资源部海洋发展战略研究所《中国海洋发展报告》编写组：《〈中国海洋发展报告（2019）〉发布》。

19. 何广顺：《建设海洋强国是实现中国梦的必然选择》，载《人民日报》2018 年 2 月 11 日。

20. 杨薇、孔昊：《基于全球海洋治理的我国蓝色经济发展》，载《海洋开发与管理》2019 年第 2 期。

21.《变革我们的世界：2030 年可持续发展议程》，外交部，2016 年 1 月 13 日，https://www.fmprc.gov.cn/web/ziliao_674904/zt_674979/dnzt_674981/qtzt/2030kcxfzyc_686343/t1331382.shtml，2020-06-19。

22. 毛竹、薛雄志：《构建我国海洋生态文明建设制度体系研究》，载《海洋开发与管理》2017 年第 8 期。

23. 自然资源部海洋发展战略研究所《中国海洋发展报告》编写组：《〈中国海洋发展报告(2019)〉发布》。

24. 同上。

25. 同上。

26. 何广顺：《建设海洋强国是实现中国梦的必然选择》。

27. 王宏：《着力推进海洋经济高质量发展》。

28. 自然资源部海洋发展战略研究所《中国海洋发展报告》编写组：《〈中国海洋发展报告(2019)〉发布》。

29. 何广顺：《建设海洋强国是实现中国梦的必然选择》。

30. 自然资源部海洋发展战略研究所《中国海洋发展报告》编写组：《〈中国海洋发展报告(2019)〉发布》。

31. 同上。

32. 张胜、王斯敏、焦德武：《解析中国方案 献策全球治理——第三届珞珈智库论坛观点精要》，载《光明日报》2019 年 10 月 21 日。

33. 杨振姣、闫海楠、王斌：《中国海洋生态环境治理现代化的国际经验与启示》，载《太平洋学报》2017 年第 4 期。

34. 于建：《深入贯彻习近平海洋强国战略思想 积极参与全球海洋治理实践》，载《中国海洋报》2017 年 10 月 17 日。

35. 何广顺：《建设海洋强国是实现中国梦的必然选择》。

36. 自然资源部海洋发展战略研究所《中国海洋发展报告》编写组：《〈中国海洋发展报告(2019)〉发布》。

37. 王宏：《着力推进海洋经济高质量发展》。

38. 王芳：《以习近平治国理政大方略指导海洋强国建设》，载《中国海洋报》2017 年 10 月 13 日。

39. 何广顺：《建设海洋强国是实现中国梦的必然选择》。

40. 同上。

41. 王芳：《以习近平治国理政大方略指导海洋强国建设》。

42. 杨舒等：《拥抱蔚蓝构建海洋命运共同体》，载《光明日报》2019 年 6 月 12 日。

43. 何广顺：《建设海洋强国是实现中国梦的必然选择》。

44. 阮煜琳：《"蛟龙"152 次成功下潜 中国载人深潜进入国际先进行列》，中国新闻社 2017 年 6 月 24 日。

45. 何广顺：《建设海洋强国是实现中国梦的必然选择》。

46. 赵聪蛟、赵斌、周燕：《基于海洋生态文明及绿色发展的海洋环境实时监测》。

47. 自然资源部海洋发展战略研究所《中国海洋发展报告》编写组：《〈中国海洋发展报告(2019)〉发布》。

48. 何广顺：《建设海洋强国是实现中国梦的必然选择》。

49. 董加伟、王盛：《海洋强国之战略抉择与实践路径》，载《海洋开发与管理》2016 年第 5 期。

50. 中共国家海洋局党组：《实现中华民族海洋强国梦的科学指南——深入学习习近平总书记关于海洋强国战略的重要论述》，载《求是》2017 年第 9 期。

51. "四个转变"指提高海洋资源开发能力，着力推动海洋经济向质量效益型转变；保护海洋生态环境，着力推动海洋开发方式向循环利用型转变；发展海洋科学技术，着力推动海洋科技向创新引领型转变；维护国家海洋权益，着力推动海洋维权向统筹兼顾型转变。"四个转变"深刻阐明了中国建设海洋强国的主要任务与实施路径。参见王宏：《海洋强国建设助推实现中国梦》，载《人民日报》2017年11月20日。

52. 张良福：《我国建设海洋强国的机遇与挑战》，载《中国海洋报》2019年7月16日。

53. 自然资源部海洋发展战略研究所《中国海洋发展报告》编写组：《〈中国海洋发展报告(2019)〉发布》。

54. 王宏：《着力推进海洋经济高质量发展》。

55. 同上。

56. 同上。

57. 同上。

58. 同上。

59. 覃博雅、肖红：《中国坚持通过和平方式解决争端》，人民网—国际频道2014年6月21日。

60. 杨舒等：《拥抱蔚蓝构建海洋命运共同体》，载《光明日报》2019年6月12日。

61. 于建：《深入贯彻习近平海洋强国战略思想 积极参与全球海洋治理实践》。

第二章

海洋命运共同体构建研究

党的十八大报告对于未来中国的发展提出了诸多理论创新和新的意识,其中最为引人注目的是首次提出倡导人类命运共同体意识以及建设海洋强国的战略目标。[1]近年来,习近平主席在多个不同场合提及人类命运共同体概念并对此作了理论阐述。中央政治局也在 2013 年 7 月进行了关于认识海洋、经略海洋、推动海洋强国建设的集体学习。"人类命运共同体"意识与中国的新型海洋观,这两个理论概念看上去似乎属于不同的领域,缺少直接联系,但实际上其背后体现的指导思想却是完全一致的。建设海洋强国,必须具有相应的新型海洋观念。纵观近年来的实践,可以说,中国在新型"海洋观"的构建中很好地实践了"人类命运共同体"意识。

2019 年 4 月,中国国家主席习近平首次提出构建"海洋命运共同体"的倡议,是中国深度参与全球海洋治理的中国主张、中国理念,是对全球海洋治理体系的补充与完善,为全球海洋治理提供了中国的模式与经验,推动了全球海洋治理深入发展。

构建海洋命运共同体,是构建人类命运共同体的重要内容。海洋命运共同体理念,是对人类命运共同体理念的丰富和发展,是人类命运共同体理念在海洋领域的具体实践,是中国在全球治理特别是全球海洋治理领域贡献的又一中国智慧和中国方案。构建海洋命运共同体,成为中国积极推动建设新型国际关系的有力抓手,[2]必将有力推动世界发展进步,造福各国人民。

全方位互联互通是化解海上纠纷、增进中国与有关当事国之间了解与友谊的有效举措,也是中国联通世界的重要手段,更是中国走向世界的必由之路,有助于中国进一步扩大市场开放,提高贸易与投资便利化程度,做到物畅其流,建设多元化融资体系和多层次资本市场。

共建"一带一路"为中国与世界其他国家合作进行基础设施建设提供了新机遇,为构建海洋命运共同体创造了有利的条件,为建立和加强各国互联互通伙伴关系、构建高效畅通的全球大市场发挥了重要作用。

中国提出的"一带一路"倡议秉持"共商共建共享"原则,积极以"政策沟通、设施联通、贸易畅通、资金融通、民心相通"方式为抓手,与世界其他国家一道努力构建人类海洋命运共同体。

积极构建海洋命运共同体体现了中国多边主义外交思想,中国正从过去的以双边合作转型为多边和双边合作并重的新模式,与其他国家共同维护海洋安全,促进海洋可持续发展。在开放、包容、透明的基础上推动合作、谋求共同发展,是世界各国构建海洋命运共同体的共识。构建海洋命运共同体为构建人类命运共同体增添动力,是推动构建人类命运共同体的重要路径,也是推动世界各国实现共同增长、共同发展的有力举措,为全球海洋治理提供中国方案。

经济全球化已成为不可逆转的时代潮流。世界各国已形成你中有我、我中有你的利益共同体。坚持开放、鼓励开放、引领和推动建立开放型世界经济,才能促进各国携手扩大共同利益,在谋求自身发展的同时促进共同发展,实现互利共赢和共同繁荣。

在尊重联合国宪章宗旨和原则基础上,中国尊重各国主权与领土完整,不干涉他国内政,照顾各方关切;加强贸易投资合作,帮助广大发展中国家在更大范围参与全球价值链,使更多的资源、技术、资本在全球范围内充分流动。

构建海洋命运共同体需要陆地文明和海洋文明平等相待,不同文明、制度交流互鉴,为人类社会进步提供强大动力。构建海洋命运共同体可以促进文化互融、民心相通,推动世界各国相互尊重、平等协商、共同决策,以文明互鉴开创多元文明交融的新路径,促进人文交流机制化、长效化、深入化。[3]

海洋是开放合作的载体,是互联互通的纽带。中国应秉持基于生态系统的海洋综合管理和陆海统筹的海洋空间规划理念,与世界各国携手应对挑战,共享海洋发展成果,使人与海洋和谐共生,在保护和加强海洋生态建设的基础上,推动海洋事业可持续发展。

第一节　构建海洋命运共同体的意义

构建海洋命运共同体是构建人类命运共同体的重要组成部分,是对人类命运共同体理念的丰富、发展与创新,更是人类命运共同体理念在海洋领域的具体实践,为构建人类命运共同体提供了一条重要路径,具有十分重要的理论意义和现实意义。

一、构建海洋命运共同体是积极参与全球海洋治理的中国主张

海洋命运共同体是以习近平同志为核心的党中央对世界走向和海洋发展未来的前瞻性思考,是深化"一带一路"建设海上合作实践的行动指南,[4] 是中国积极参与全球海洋治理的理念,更是中国为深度参与全球海洋治理而贡献的中国方案,有利于促进公平正义的国际海洋新秩序,推动海洋可持续发展。

海洋命运共同体理念是在中国建设海洋强国、推进"21世纪海上丝绸之路"以及构建蓝色合作伙伴关系等进程中发展而来的,高度反映了中国海洋观发展历程的精准方略,有助于维护公平正义的国际海洋新秩序、实现海洋可持续发展的中国主张,有助于引导中国深度参与全球海洋治理,是符合世界发展大势的海洋治理新方略。海洋命运共同体以合作共赢为价值目标,以开放创新、包容互惠为发展目标,积极引领构建人海和谐的全球海洋新秩序,积极寻求世界各国海洋治理的基本共识,积极构建多层级的全球海洋治理体系,有助于中国深度参与全球海洋治理进程,积极对接国际海洋规制和法治,实现依海富国、以海强国、合作共赢的发展道路。

构建海洋命运共同体是积极深度参与全球海洋治理的中国主张、中国理念,彰显了中国积极打造和谐海洋的决心。海洋命运共同体是建立在相互尊重、相互负责基础上的交流协作平台,有助于实现海洋可持续发展目标。中国强调的是走一条和平的人海和谐、合作共赢的发展道路,共同构建互利共赢的和谐海洋国际关系,积极发展海洋伙伴关

系,共同推动构建海洋命运共同体。

构建海洋命运共同体是对全球海洋治理体系的补充与完善,[5]为全球海洋治理提供中国模式与经验,推动全球海洋治理深入发展。

海洋命运共同体理念是中国新一届领导人全面把握国内与国际两个大局,站在世界舞台的道义制高点,提出的维护公平正义的国际海洋新秩序、实现海洋可持续发展的新主张。海洋命运共同体思想内涵丰富,充满智慧,是符合世界发展大势的海洋治理新方略,[6]其强调与世界各国一道努力,共同建设友谊、和平、合作、和谐之海。

中国在深刻了解和全面认识全球海洋治理与世界海洋秩序基础上,依据"新的发展""包容性发展""可持续发展"思考构建海洋命运共同体的一系列具体议题。从积极推动构建海洋伙伴关系,到构建人类海洋命运共同体,中国不仅要积极发展与世界海洋大国之间的关系,还要发展与其他海洋国家的友好合作,与国际社会一道共同打造海洋命运共同体,努力实现人与海洋的和谐共生。

海洋天然具有连通性与开放性。中国提出构建海洋命运共同体,反映了中国的世界观和海洋观,中国以合作、互利、共赢为原则,积极与世界其他国家携手共进。构建海洋命运共同体,既是中国的理想追求和美好愿望,又成为人类命运共同体的重要组成部分。在"共商共建共享"理念指引下,中国提出了"21世纪海上丝绸之路"倡议,以带动和推动沿线国家社会经济发展。

建设海洋强国是党的十八大以来我国重要的发展战略之一。面向世界推动构建海洋命运共同体,积极推进国家海洋治理体系和海洋治理能力建设,是中国建设世界一流海洋强国的行动纲领,也是中国为全球海洋治理体系建设做出的贡献。

中国提出构建海洋命运共同体,标志着中国认识海洋进入了新的发展阶段:新一届中国领导人从全球的可持续发展、从包括人类在内的地球生命的角度,均衡、全面地认识海洋。构建海洋命运共同体的理念丰富和深化了全球海洋治理的国际规范,有助于中国在全球海洋治理中发挥更大的作用。

现阶段,我国综合运用政治、经济、安全、外交与文化等手段,在"一带一路"倡议的基础上加强陆地基础设施建设,合理、稳妥推进中国海上战略支点建设,不断扩大中国海上战略纵深与发展空间,为中国海洋强国建设营造良好的外部环境。积极参与全球公域治理事务,积极主动地提出中国的理念和主张。

二、构建海洋命运共同体既是一个理念,又是一项长期实践

全球海洋问题不断涌现,严重制约着人类社会和海洋的可持续发展。全球海洋问题日益恶化,促使治理主体不得不认真反思自身行为,从关注自身海洋私利转向关注全球海洋公利,真正将自身利益置于全球利益中进行思考和行动。

海洋命运共同体是指人们在某种共同条件下结成的集体,或是指若干国家行为体、非国家行为体基于共同的海洋利益或价值,在海洋领域形成的统一组织或类组织形态。海洋命运共同体理念是对个体理性反思后的超越。

通过构建海洋命运共同体,中国真正实现全球海洋治理,实现治理主体的自由和发展。全球海洋的和平为海洋经济和海上贸易发展提供了必要条件。海洋命运共同体思想强调人海和谐是海洋命运共同体的表征。

推动海洋命运共同体理念成为全球共识。海洋命运共同体倡导治理主体将自身利益置于全球海洋利益之中,既注重个体海洋利益的实现,又注重全球海洋利益的维护,实现个体利益与全球利益的有机统一。

海洋命运共同体是从人类命运共同体中延伸出来的价值理念。[7]海洋命运共同体的价值内核与人类命运共同体一脉相承。人类命运共同体理念国际化,为海洋命运共同体理念上升为全球共识营造了良好的国际环境,奠定了一定的基础。一方面,国际社会更加关注中国提出的全球海洋治理方案,这无疑提升了中国的国际话语权;另一方面,海洋命运共同体是人类命运共同体的子命题,人类命运共同体理念国际化将有助于带动海洋命运共同体成为全球共识。

中国推动构建海洋命运共同体,不断丰富全球海洋治理体系理论,

加强海上安全合作,推动涉海分歧妥善解决,维护海洋和平与稳定;与世界各国携手应对各类海上共同威胁与挑战,实现和谐共处、合作共赢,促进海洋有序发展。

三、构建海洋命运共同体是中国联通海洋的重要目标

中国在积极加强与发达海洋国家关系基础上,以大国方式主动参与全球海洋治理,主动经略周边地区并向海洋推进,逐步实现中国与周边海洋国家的良性互动,深化海洋合作伙伴关系,积极构建和谐友好的海洋国际关系,推动海洋外交多元化,不断寻求和扩大各国海洋共同利益,促进全球海洋共同发展,不断提升中国在全球海洋治理事务中的地位与影响力。

中国"一带一路"倡议不断推进,正在积极带动贯穿中亚的"丝绸之路经济带",连接中国与东南亚、印度洋、中东并最终抵达欧洲。"21世纪海上丝绸之路"将中国与海洋更紧密地连接在一起,互联互通,使中国真正成为全球海洋治理的主角。中国不断为全球海洋治理提供公共产品,通过和平、发展、合作、共赢方式,积极构建更加全面、可持续、包容和互利的海洋合作伙伴关系,主动创立参与国际海洋事务,提供海洋管理政策法律规划和标准的交流平台等合作机制;积极构建共存、共有、共享、共赢的新型海洋命运共同体。

积极发展海上力量是构建海洋命运共同体的有力支撑。[8]中国以海军现代化建设为重点,不断加强中国海上力量建设,为更好地维护中国国家海洋权益、维护海上安全提供坚实支持。

四、构建海洋命运共同体促进海洋有序发展

中国积极推动中国走向"陆海统筹"的海洋大国,保护海洋生态环境,提高海洋资源开发能力,扩大海洋开发领域,加快海洋可再生能源开发与利用,积极推动海洋开发方式向循环利用型转变;加强海洋产业规划与指导,重点发展海洋科学技术,促进海洋科技与海洋生态有机结合,促进海洋经济可持续发展,转变传统海洋经济发展方式,积极发展蓝色经济,积极构建海洋经济和谐发展的蓝色利益共同体;注重海洋环

境保护和生态环境修复治理,推动全球海洋生态文明建设,充分利用海洋资源,有序推进海洋产业现代化发展,推动可持续发展的蓝色海洋经济,使海洋造福全人类,实现人海关系和谐,建设和谐海洋社会,积极构建务实、互利共赢的蓝色伙伴关系。

同时,要关注与之相关的重大国际议程的磋商进程,在全球、地区、国家层面,以及科研机构之间,搭建常态化合作平台,推进务实合作,构建新型海洋合作伙伴关系体系,积极打造海洋命运共同体。

在推动构建海洋命运共同体进程中,中国积极推进海洋文化传承与创新,有序发展海洋文化产业,增强海洋文化推广,做好海洋文化遗迹等保护工作,讲好中国海洋故事,使海洋文化成为推动构建海洋命运共同体的"润滑剂"。

海洋文化建设是中国高质量经略海洋的重要基础。[9]发展海洋文化要进一步强化建设海洋强国的社会认同和战略共识,把增强海洋文化意识贯穿于生产生活中,发挥其长效作用。中国不仅拥有众多的海洋历史文化,还拥有精彩纷呈的海洋军事文化、海洋科技文化、海洋旅游文化和海洋民俗文化。我们应加强对海洋文化系统梳理与研究,整理出中国海洋文化的基因图谱,建立海洋文化基因库;要积极开展海洋遗产申报活动,珍惜海洋文化资源,并在此基础上,打造系列文化产业;要凝塑中国海洋文化精神,为加快建设海洋强国提供精神动力。

中国的海洋发展,也承载着全球海洋共同发展的愿景。构建海洋命运共同体是海洋共同发展的具体实践和重大举措,推动构建海洋命运共同体有助于提高中国在全球海洋治理中的话语权。

五、"和谐共处、合作共赢",维护海洋和平与稳定

中国在推动构建海洋命运共同体进程中也面临诸多挑战。实现海洋安全与海洋和平并非易事,传统的国际海洋冲突、地缘战略竞争、地缘政治挑战等无不阻碍着海洋命运共同体的建设,化解海洋冲突、避免海洋战争是构建海洋命运共同体的迫切任务。因此,中国和世界其他国家一道应积极探讨和研究建立 21 世纪的海洋国家国际协调机制的可能性。

中国在处理与周边国家海洋争端上,以着力维护周边和平稳定大局为根本目标,坚持通过对话协商、以和平方式处理同有关国家的领土主权和海洋权益争端,争取更多的朋友与伙伴,努力维护海洋和平与稳定。

第二节　构建海洋命运共同体的路径

2019年4月,中国国家主席习近平在青岛会见了应邀前来参加中国人民解放军海军成立70周年多国海军活动的外方代表团团长。习近平主席指出:"当前,以海洋为载体和纽带的市场、技术、信息、文化等合作日益紧密,中国提出共建"21世纪海上丝绸之路"倡议,就是希望促进海上互联互通和各领域务实合作,推动蓝色经济发展,推动海洋文化交融,共同增进海洋福祉。"[10]中国积极推进海上丝路建设,不断强化与沿线国家的互利合作,为高质量拓展全球蓝色发展空间提供有力支撑。

构建海洋命运共同体的过程即是构建区域性制度、领域性制度、海事和渔业等方面制度体系的过程。构建海洋命运共同体也是不断完善全球海洋治理制度体系建设的具体行动。

构建海洋命运共同体是中国积极参与全球海洋治理的理念与主张,涉及海洋合作与海洋可持续发展,海洋安全与海上争端等诸多领域,应从具体领域与项目出发,稳步有序推进。构建海洋命运共同体应遵循"共商共建共享"原则,充分发挥"一带一路"倡议优势,推动海洋秩序更加包容、公正、合理、可持续发展。

海洋命运共同体的构建,一方面要坚持对海洋资源的合理开采与可持续利用,另一方面是世界各国就全球海洋治理达成共识,最大程度聚合海洋利益共同点,减少各自海洋政策分歧与利益冲突,增进全球海洋治理进程中的平等互信,最终使全人类共商共建共享海洋资源与海洋秩序。

中国与其他国家共建"21世纪海上丝绸之路"是构建海洋命运共同体的具体路径。构建海洋命运共同体应分近期、中期和长期三个阶段逐步推进,从构建海洋利益共同体入手,到构建海洋责任共同体和海洋安全共同体,最终完成海洋命运共同体的建设。

构建海洋命运共同体,应充分认识到海洋的自然属性(开放、联通、包容)和政治属性(生存、安全、发展),具体可以双边、多边合作平台为路径,在"一带一路"倡议的推动下,将其与构建蓝色伙伴关系相结合,稳步推进。具体方式有以下四点。

第一,积极与世界其他国家一道共同将海洋打造成合作之海。

就全球海洋治理而言,构建海洋命运共同体有利于凝聚国际共识。中国应充分发挥"一带一路"基础设施建设优势,与其他国家共同建设海上通道,加快实现陆海联通,积极与其他海洋国家发展海洋合作伙伴关系。同时,中国应在更大范围、更广领域和更高层次上积极参与国际海洋合作,在海洋生态保护前提下,科学、合理利用好海洋资源,积极推动海洋经济可持续发展;开展海洋科学研究,强化海洋科技合作,实现与世界各国的互利共赢和共同发展;开拓深海时代和公共海域,使海洋与人类发展更为和谐;坚持互利共赢,建设合作之海。[11]海洋命运共同体思想以合作共赢为价值目标,以开放创新、包容互惠为发展目标,以期推动世界各国参与全球海洋治理。海洋命运共同体积极寻求世界各国的基本共识,提高发展的整体性、互惠性与共享性,走依海富国、以海强国、人海和谐、合作共赢的发展道路。

第二,积极将海洋打造成安全之海。

构建海洋命运共同体有助于兼顾不同国家海洋利益,可以满足全球海洋治理新需求,应以包括《联合国海洋法公约》在内的国际准则为前提,积极加强海上对话交流与谈判,妥善解决海上争议问题。中国始终强调尊重海洋文明的差异性、多样性,求同存异。构建海洋命运共同体凸显了合作的本质,可采取政府主导与民间推动并重,在强调包容性的同时,不断拓宽推广途径,互利共赢,共同构建多种海洋文明兼容并蓄的和谐海洋,推动人类与海洋共同安全与共同发展。

中国坚持对话协商,建设友谊之海。[12]世界事务应该由所有的行为体共同参与,通过对话与协商加以解决。中国积极奉行这一原则,在处理与海洋大国和小岛屿国家关系上始终坚持相互尊重、友好协商。中国政府支持以《联合国海洋法公约》为基础的国际海洋政治经济新秩序,主张各主权国家以平等对话和友好协商妥善处理海上分歧,不断完善海上危机沟通机制,加强海上安全合作,携手应对各类海上共同威胁与挑战,将"人类共有之海洋"建设成为友谊之海。

中国在处理与周边国家海洋争端上,以着力维护周边和平稳定大局为根本目标,坚持通过对话协商、以和平方式处理同有关国家的领土主权和海洋权益争端,争取更多的朋友与伙伴,努力维护海洋和平与稳定。

第三,积极与世界其他国家一起将海洋打造成和平之海。

构建海洋命运共同体是中国积极参与全球海洋治理的具体化方案,可破解信任赤字、和平赤字、发展赤字、治理赤字等问题,可增进中国与国际社会的战略互信,填补海洋命运共同体的发展赤字鸿沟。在构建海洋命运共同体进程中,中国与世界其他国家一道坚决反对海上霸权,积极维护海上通道安全,共同应对海上传统安全威胁以及海盗、海上恐怖主义、特大海洋自然灾害和环境灾害等各类非传统海上安全威胁和挑战,加强沟通与合作,化解海上风险,不断提供海上公共产品,积极维护海上秩序,维护周边与全球海洋的和平与安宁,使海洋成为提升人类生活的和平之海。

中国坚持共建共享,建设和平之海。[13]当前非传统海洋安全问题与新兴海洋问题不断涌现。与此同时,一些国家无节制地开发海洋新疆域,既给全球海洋可持续发展带来重大挑战,又使世界海洋治理更为复杂。全球海洋治理必须依靠双边、多边乃至国际社会的共同努力。中国构建海洋命运共同体应成为国家和社会的共同责任。各国应秉持全球海洋治理观,遵循"共商共建共享"的原则,在追求自身海洋利益的同时,兼顾其他国家的海洋合理关切,加快区域协调发展、合作发展,使全球海洋成为一个利益共同体、责任共同体和风险共同体。

第四,积极打造绿色海洋。

中国坚持绿色发展,建设和谐之海;[14]走绿色发展的海洋生态发展之路,强调海洋开发利用与海洋生态保护协调统一。海洋文明的兴衰在很大程度上取决于人与海洋的相处之道。海洋命运共同体为当今世界描绘了一个尊崇自然、绿色发展的海洋生态发展之路,强调海洋开发利用与海洋生态保护协调统一。

构建海洋命运共同体是中国参与全球海洋治理的根本主张,也是中国与沿海国家发展和深化蓝色伙伴关系的核心要义,旨在打破旧的海洋地缘政治束缚,从参与主体、目标指向与实现手段三个层面超越西方海权论,促进国际海洋秩序朝着更为公平、合理的方向发展。海洋命运共同体思想为解决国际争端提供了新思路,符合世界各国利益,从凝聚共识、制度设计和实践指导来引导和完善全球海洋治理。

在构建海洋命运共同体进程中,中国应不断提高海洋公共产品的供给能力,积极参与、引导全球海洋规则的制定,积极培育海洋专门人才,深度参与相关国际海洋组织的活动。

第三节　构建海洋命运共同体的挑战

海洋对于人类社会生存和发展具有重要意义。海洋的和平安宁关乎世界各国安危和利益。海洋是联结各国人民的重要纽带。人类生存得益于海洋,人类联通离不开海洋,人类发展也必依靠海洋。人类不是被海洋分割成了各个孤岛,而是被海洋联结了命运共同体,各国人民安危与共。只有共同维护,倍加珍惜海洋的和平安宁,人类世界才能更加美好。

构建海洋命运共同体,深度参与全球海洋治理,积极承担大国责任,这是中国积极参与全球海洋治理的必由之路。中国应为国际海洋秩序向公平公正合理方向发展不断贡献中国智慧、中国方案。

海洋命运共同体理念的提出,进一步丰富和发展了人类命运共同体的重要理念,构建价值共同体是海洋命运共同体的哲学升华。在利益上互利共赢、安全上公道正义,以共生观念为基础的价值共同体,是形成海洋命运共同体的雏形与基础。

构建海洋命运共同体面临着诸多挑战。

首先,中国提出构建海洋命运共同体面临着世界发达海洋国家的挑战。得益于已有的海洋战略优势,世界发达海洋国家并不愿意看到一个正在崛起的新兴海洋大国的发展,为继续维护本身的海洋利益而遏制、围堵与防范中国海上力量发展,给中国构建海洋命运共同体带来现实的挑战。

其次,中国构建海洋命运共同体面临着全球海洋治理机制与动能不足等挑战。中国构建海洋命运共同体的最终目标是构建人与海洋和谐共生的全球海洋新秩序,需要世界大国提供更多的国际公共产品,建立公平、公正的全球海洋治理体系。但是,由于中国作为一个后起的新兴大国,在提出构建海洋命运共同体理念中,会遭遇其他海洋大国的自我保护,因而得不到及时有效的国际公共海洋产品,使中国构建海洋命运共同体进程呈现一种曲折、长期的发展态势。

再次,中国构建海洋命运共同体也面临东、西方不同海洋文明之间如何和平共处、交流互鉴的挑战。国际间战略互信缺失已成为构建海洋命运共同体的主要障碍。此外,中国构建海洋命运共同体还面临海上利益冲突与海洋可持续发展之间的挑战,特别是领土争端、海洋划界等地缘风险有可能阻滞海洋命运共同体的构建。最后,中国构建海洋命运共同体也面临着国内和全球海洋法律法规不足、无法满足现实需求的挑战,面临着财力不足与海洋专业人才不足的挑战。

因此,构建海洋命运共同体需要国际社会在全球海洋治理中,加强制度建设和法律保障,不断完善公正、合理的全球海洋治理体系和机制,构建海洋命运共同体新秩序;强化国际社会的集体行动,平等互利,务实合作,妥善处理相互分歧,尊重各国的差异性,协调相互利益,共同积极应对海洋挑战。

同时,中国可以积极依托"一带一路"建设,进一步密切与沿线国家合作,为构建海洋命运共同体打下坚实基础,借助先进海洋科学技术支撑,与世界各国共享海洋资源,共同保护海洋生态环境,实现人与海洋和谐共处。

构建海洋命运共同体这一中国主张有利于破解当前全球在开发海洋资源上各自为政的困境,为不同国家提供了一个国际合作、互利共赢的平台,有效缓解全球海洋公共产品供给不足、全球海洋治理体系不完善等问题,有利于世界各国加强海洋合作,有力保障全球海洋安全,推动全球海洋治理的不断完善与健康发展。

各国人民交往、商品和资本流动、科技和文化交流,将成为推动互联互通深入发展和构建海洋命运共同体的强劲驱动力。我们应以世界人民的根本利益为出发点,利用自身经济、文化、外交、制度等资源,促进我国内部、我国与其他国家之间以及世界各国之间的沟通和理解;树立海洋命运共同体理念,加强海上互联互通,促进海洋发展繁荣。

中国应加快构建海洋命运共同体,积极培育四种"海洋意识":培育家园意识,养成珍惜海洋的思想观念;培育经济意识,以一体化发展的思路,避免同质化竞争,建立多层次、高质量的海洋产业体系;培育命运意识,加深对蓝色生态文明的认识,强化蓝色经济作为沿海经济发展的重要一极,树立沿海生态一体化战略意识和陆海一体化生态意识;培育忧患意识,大搞填海造田以及在海岸线附近违规加工海产品等行为严重破坏了海洋环境,海洋生态问题亟须重视。[15]

改善海洋生态环境就是实现海洋强国梦的突破口,而用微生物对海洋生态进行调节是突破的关键,我们应积极为海洋环境的保护和治理提供新技术。

第四节　本　章　小　结

海洋联通了世界,促进了发展。人类与海洋联结成了一个有机的命运共同体,各国人民安危与共。

海洋命运共同体实质上是将国家之间的天然屏障化为"孤岛"之间的桥梁纽带,维系海上的和平、安宁与繁荣。中国应深刻把握海洋空间的独特属性,积极开展国际海洋合作,秉持善意、同心协力,推动构建海洋命运共同体。[16]

海洋命运共同体与人类命运共同体一脉相承,是人类命运共同体理念在海洋领域的延伸,[17]是对人类命运共同体的丰富与发展。

中国提出的海洋命运共同体和蓝色伙伴关系,为其他海洋治理主体提供参考方案,有助于世界各国调动海洋治理资源和促进治理行动协同增效,促进海上互联互通和各领域务实合作,促进海洋资源的分配与共享,增强信任及海洋治理意愿,加强沟通与对话,从而提高海洋治理的效率与执行力。[18]构建海洋命运共同体,是习近平主席人类命运共同体重要思想在海洋领域的生动展开和具体体现,蕴含着十分丰富的内涵,为维护海上安全稳定、推进全球海洋治理提供了中国智慧与方案。海洋命运共同体和蓝色伙伴关系倡导的对话原则及协商机制,是对既有海洋治理体系的完善,可有效弥补由国际组织主导的海洋治理框架的结构性缺陷,为建设和平繁荣、开放美丽的海洋描绘了美好愿景和蓝图,充分体现了中国将自身海洋事业与世界海洋发展相统一的胸怀和担当。

而且,海洋命运共同体强调共存与合作,体现了人海和谐、陆海统筹等内涵丰富的新型海洋观。海洋是人类共同家园,是实现可持续发展的宝贵空间,也是联结各国人民的重要纽带,对人类社会生存发展具有重要意义。

当前,全球海洋正面临着生态、环境、安全、气候变化等多重挑战。这不仅给海洋自身造成巨大的压力,还危及人类社会的安宁与发展。面对海上安全威胁和挑战,任何一个国家都很难独善其身。各国人民安危与共,只有团结起来才能共同应对。各国需要以海洋为载体,以合作为纽带,以同心为前提,推动构建海洋命运共同体;需要相互尊重,增进互信,加强海上对话交流,妥善解决分歧。

构建海洋命运共同体是海洋和平繁荣的正确方向。中国应与世界其他国家携手共护海洋和平,共谋海洋安全,共促海洋繁荣,共建海洋环境,共兴海洋文化。

构建海洋命运共同体需要各国海军凝聚共识相向而行,坚持相互尊重,携手并肩前行;坚持包容互鉴,增进战略互信;坚持开放合作,合力应对挑战;坚持尊重规则,维护良好秩序。

构建海洋命运共同体呼唤各国海军共担责任实合作。中国海军愿与各国海军共同推动构建新型海上安全合作伙伴关系,加强海上行动领域的协调配合,着力深化海上公共安全领域合作,大力倡导善意执行国际规则。[19]

构建海洋命运共同体是对和谐海洋理念的继承和拓展,是对人类命运共同体理念在海洋领域的细化和目标精炼,是对人类命运共同体理念向海洋领域的延伸和落实。构建海洋命运共同体是一个开放、包容的过程,需要分阶段有序进行,以实现各阶段的目标与任务。

构建海洋命运共同体,更是对"一带一路"内涵的深化。中国提出共建"21世纪海上丝绸之路"倡议,促进了世界各国海上互联互通和各领域务实合作,具有重大的理论意义和现实意义。积极构建海洋命运共同体,为中国加快建设海洋强国、推进"21世纪海上丝绸之路"建设、完善全球海洋治理体系等提供了方向和指针,具有重要的时代价值和现实意义。共建"21世纪海上丝绸之路"的倡议,目的是促进海上互联互通和各领域务实合作,共享海洋空间和资源利益,实现合作发展共赢。其对外的具体路径是通过构筑新型国际关系运用"一带一路"倡议尤其是"21世纪海上丝绸之路"建设进程,坚持陆海统筹,推动和壮大蓝色经济发展,推动海洋文化交融,共同增进海洋福祉,实现和谐海洋的目标。

当前,以海洋为载体和纽带的市场、技术、信息、文化等合作日益紧密。构建海洋命运共同体,需要世界各国汇聚合力与持续作为,走互利共赢的海上安全之路,携手应对各类海上共同威胁和挑战,合力维护海洋和平安宁。这是世界各国的应然选择。

中国积极推动共建"一带一路",通过加强各国间的互联互通,进一步改进和完善了全球供应链、价值链、产业链,让那些处在不利位置上的国家,更好地参与到全球分工当中,更多地从全球价值链中获益。海洋命运共同体的提出,将深入推动世界各国,以海上丝绸之路为载体,在海洋资源开发与保护、海洋经济可持续发展、海上安全保障等多方面加强对话交流,深化务实合作,走出一条与世界人民互利共赢的发展道路。

在生态文明领域,中国高度重视海洋生态文明建设,持续加强海洋环境污染防治,保护海洋生物多样性,保护海洋生态文明和生态环境,有序开发利用海洋资源。

中国在遵守《联合国海洋法公约》体系前提下,坚持平等协商妥善解决分歧,完善危机沟通机制,加强区域安全合作,推动涉海分歧妥善解决,共同维护国际海洋秩序,提供更多海上公共安全产品。

在构建海洋命运共同体的过程中,中国应在不断加深认识海洋对人类生存与发展具有特别重要意义的背景以及现实人类对海洋治理碎片化、单项性制度无法维系海洋治理的问题,在此前提下,构筑综合性管理海洋的制度并努力实现依法治海的目标。

注释

1. 参见崔文毅:《倡导和打造人类命运共同体——党的十八大以来外交工作述评》,新华社北京 2013 年 12 月 15 日电;张明明、刘允中:《中国建设海洋强国的若干思考》,载《当代世界》2013 年第 12 期。

2. 新华社评论员:《共同构建海洋命运共同体》,新华社青岛 2019 年 4 月 23 日电。

3. 中国社会科学院习近平新时代中国特色社会主义思想研究中心:《构建全球互联互通伙伴关系》,载《人民日报》2019 年 11 月 11 日。

4. 叶芳:《积极参与全球海洋治理　构建海洋命运共同体》,载《中国海洋报》2019 年 6 月 18 日。

5. 黄子娟:《"构建海洋命运共同体"高层研讨会在青岛举行》,人民网青岛 2019 年 4 月 24 日电。

6. 叶芳:《积极参与全球海洋治理　构建海洋命运共同体》。

7. 袁沙:《倡导海洋命运共同体　凝聚全球海洋治理共识》,载《中国海洋报》2018 年 7 月 26 日。

8. 新华社评论员:《共同构建海洋命运共同体》。

9. 杨舒等:《拥抱蔚蓝构建海洋命运共同体》,载《光明日报》2019 年 6 月 12 日。

10.《习近平集体会见出席海军成立 70 周年多国海军活动外方代表团团长》,新华网,2019 年 4 月 23 日,http://www.xinhuanet.com/2019-04/23/c_1124404136.htm,访问日期:2020 年 6 月 19 日。

11. 叶芳:《积极参与全球海洋治理　构建海洋命运共同体》。

12. 同上。

13. 同上。

14. 同上。

15. 杨舒等:《拥抱蔚蓝构建海洋命运共同体》,载《光明日报》2019 年 6 月 12 日。

16. 罗刚:《凝心聚力　推动构建海洋命运共同体》,载《中国海洋报》2019 年 8 月 20 日。

17. 同上。

18. 张胜、王斯敏、焦德武:《促进全球海洋治理行动协同增效》,载《光明日报》2019 年 12 月 30 日。

19. 黄子娟:《"构建海洋命运共同体"高层研讨会在青岛举行》。

第三章

中国海洋强国建设研究

中国积极参与全球海洋治理，这既维护了中国的国家海洋权益，促进了全球海洋安宁，又推动了国际海洋新秩序的重塑。中国在全球海洋治理中的作用和角色日趋上升，为世界广大发展中国家提供了海洋治理的新模式、新理念。

中国积极构建海洋命运共同体，积极为重构全球海洋新秩序提供中国主张、中国理念与中国方案，积极建设一个有序的人与海洋和谐共处的新时代，努力实现公正、合理的全球海洋法治目标。

随着中国综合国力不断上升，中国更加积极全面参与国际海洋治理，不断提升中国在全球海洋治理与海洋事务中的话语权，积极参与联合国相关海洋事务，不断提出中国海洋治理的主张与理念，不断贡献中国的智慧与中国方案。构建海洋命运共同体理念正被越来越多的国家接受和响应，成为全球海洋治理中最重要的目标。这是中国对全球海洋治理的历史性贡献。

党的十八大首次提出了海洋强国战略目标，这是中国首次在国家战略层面就海洋与国家发展之间关系做出的总体规划，向国际社会宣示了中国走向海洋的决心与意志。自此，中国正式开启了海洋国家建设的序幕。建设海洋强国具有十分重要的现实意义，是实现中国特色社会主义事业的重要组成部分，更是一项利在当代的长远战略选择。

海洋与陆地共同构成了中华民族赖以生存与发展的物质基础和空间。中国海洋强国建设应坚持走陆海统筹、开发与保护并重、科技兴海、依法治海、军民融合、合作共赢之路；[1]努力实现由陆向海、陆海兼备的转型，从根本上转变以陆看海、以陆定海的传统思维，确立"重陆兴海"理念，从战略高度认识海洋、经略海洋，陆海并举，实现陆海一体化发展。

中国应以海洋强国为引领,积极推进海洋科技创新驱动发展,不断提升海洋科技自主创新能力,不断优化海洋科技力量布局与科技资源合理配置,加快海洋核心关键技术的突破,加快海洋高新技术成果产业化,进一步创新体制机制,加强海洋人才队伍建设,全面提升海洋科技体系竞争力。

21世纪是海洋的世纪。中国作为一个拥有1.8万公里大陆海岸线的海洋大国,海洋在国家新一轮发展和对外开放中的地位越来越重要,"海兴则国强民富,海衰则国弱民穷"。中国应从观念、规划、机制等层面上积极主动地强化顶层设计,坚决维护海洋权益,积极构建人海和谐、合作共赢的蓝色利益共同体,坚持走依海富国、以海强国之路,不断壮大海洋经济,加强海洋生态环境保护与海洋资源的科学利用。

第一节　中国海洋强国建设的意义

近年来,中国积极推动"一带一路"倡议,中国将"21世纪海上丝绸之路"建设与参与全球海洋治理有机结合,坚持互信、互利、共建、共享、平等、协作,深度参与全球海洋经济开发,积极打造互利共赢的蓝色伙伴关系,深化互利合作,积极妥善地应对和化解周边各种海上风险与复杂局势,为国家新一轮发展积极营造了和平稳定的环境。

一、中国海洋强国建设与全球海洋治理

党的十九大明确提出"加快建设海洋强国",中国应积极参与全球和地区涉海事务,利用中国"一带一路"倡议所取得的进展,深入参与全球海洋治理。建设海洋强国既是中国积极参与全球海洋治理的重要一环,又是中国对全球海洋治理的贡献,成为中国构建海洋命运共同体必经之路。全球海洋治理作为全球治理在海洋领域的体现,[2]是中国参与全球治理的重要内容和路径。

中国积极参与全球海洋治理机制改革,通过资金投入、人才派遣等,维持并扩大其在涉海国际组织的参与度和影响力;也可以借助"一

带一路"、金砖峰会等创设新的海洋治理平台,全面提高中国参与全球海洋治理的能力,进一步理顺国内涉海体制机制,加大对国际海洋合作的政策扶持;大力推进海洋科技发展,在全球海洋治理的议题设置、话语主导方面提供科学依据;提高海上安全力量建设,在人道主义救援、海上犯罪打击等领域提供更多公共产品;高度重视人才队伍建设,培养一支懂政治、讲业务、具有国际视野的海洋人才队伍。

中国是现代国际海洋法律制度的重要参与者、积极支持者和推动者。中国是世界上重要的海洋大国,也是世界上重要的航运大国、渔业大国、造船大国,其参与国际海洋事务、发展国际交流与合作、处理涉海争端都在国际法基本原则和现代海洋法的框架内进行,应该积极主动地运用法律手段维护中国主权、安全、发展利益,特别是需要通过国际法、国际海洋法来维护国家长远利益、战略利益和核心利益。[3]

海洋法治思维是中国积极参与全球海洋治理的基础;海洋法治建设是中国构建海洋命运共同体重要组成部分;完善的海洋法律体系是中国深度参与全球海洋治理的前提。中国在建设海洋强国的进程中,应牢固树立负责任的法治大国形象,自觉遵守和坚定维护现代国际海洋法律制度的核心价值与基本原则,为全球海洋治理和建立和平公正的国际海洋秩序积极提供中国智慧与中国主张,加快健全和完善中国海洋立法体系,提高海洋执法能力,提升海洋司法质量,积极参与国际海洋法治活动与合作。在全球新的海洋秩序建构进程中,中国应积极发挥一个大国应有的历史作用,积极参加和支持涉海国际组织,在海事救助、生态环境保护以及非传统安全等领域积极提出中国的主张与理念,提升中国在国际海洋治理中的话语权,与世界各国一道共同维护海上航行自由与通道安全,积极推动构建海洋命运共同体,务实合作,互利共赢,共同维护好全球海洋的和平与安宁。

在积极推进"21世纪海上丝绸之路"倡议中,中国应积极主动与沿线国家和地区实现各自相关发展战略的对接,积极推动蓝色伙伴关系,共同建设和维护好海上通道安全,积极保护和利用海洋资源,维护海洋秩序。

中国在遵守《联合国海洋法公约》基础上,强调"尊重以国际法为基础的海上秩序"[4];积极运用海洋法律法规,友好、和平地解决与其他国家之间的海洋争议;与周边涉海国家建立海上双边磋商机制,以管控分歧并排除域外国家的干扰,积极推进与周边涉海国家在海洋技术、海洋生态保护、海上搜救、防灾减灾等低敏感领域的海上务实合作,以增进中国与周边涉海国家之间的理解与信任。2017 年 8 月,在中国与东盟各国共同努力下,在菲律宾首都马尼拉召开的第 50 届东盟外长会议上低调处理南海议题,"南海行为准则"框架获得正式通过,为未来"准则"的实质性磋商奠定了良好基础。该框架的通过,反映出东盟对中国南海行动的认可,成为中国与东盟各方未来正式协商南海行为准则时的依据,"南海行为准则"为中国—东盟各方深化海上合作铺平了道路,进一步推进了中国与东盟各方在南海地区的海上合作。这一框架的达成表明中国与东盟各方愿意"联手"维护南海稳定,共同稳步推进"南海行为准则"磋商,加强海上合作,共同引领东亚区域合作,为地区一体化和经济全球化注入正能量。

东盟是中国周边外交优先方向和"一带一路"建设重点地区。中国高度重视中国—东盟合作,双方始终坚持聚焦发展、坚持与时俱进,合作涵盖政治、经济、人文等各领域,涉及次区域、地区和全球层次,堪称引领东亚区域合作的一面旗帜。[5]中国积极加强"一带一路"倡议与东盟发展战略的对接,这对中国—东盟合作产生辐射和带动效应;充分发挥次区域合作优势,深入挖掘产能合作潜力,助力东盟将后发优势转化为经济增长动力;积极构建更为紧密的中国—东盟命运共同体。2000 年,中国与东盟十国双边贸易额为 320 亿美元,到 2018 年该金额达 5 878.7 亿美元。中国已连续十年成为东盟第一大贸易伙伴,中国对东盟进出口实现了两位数的增长。截至 2018 年底,中国和东盟双向累计投资额达 2 057 亿美元,东盟成为中国企业对外投资的重点地区。

在中国和东盟国家共同努力下,南海局势总体保持稳定。但仍有一些国家尽管不是南海问题的当事国,却对南海事务指手画脚,在南海地区煽风点火,使中国解决南海争端进一步复杂化,增加中国解决南海问题的难度。

党的十八大以来,中国参与全球治理的意愿与能力大幅增强。特别是中国提出了"21 世纪海上丝绸之路"建设,提出"共商共建共享"的合作发展理念,倡导构建全方位、高层次、多领域的蓝色伙伴关系,主张和平、合作、和谐的新型海洋安全观等,这有助于推动和促进联合国《2030年可持续发展议程》在海洋领域的落实。此外,中国在深海、极地、大洋等领域的科考能力大幅提升,与东盟、欧盟在海洋领域合作良好,为进一步参与并引领全球海洋治理奠定了坚实能力基础。

　　构建人类海洋命运共同体是中国参与全球海洋治理的目标。党的十八大以来,中国积极推进海洋生态保护修复,努力实现由点状保护、政府单一投入向面状保护、系统修复、多元投入转变。而且,在中国政府统一指导下,国内各地加强沿海和海洋生物多样性保护,对滨海湿地、红树林、珊瑚礁等关键生态环境进行修复,降低海洋和陆上活动产生的污染物。中国海洋生态文明建设持续推进,中国已逐步在全国建立海洋生态红线制度,将重要、敏感、脆弱海洋生态系统纳入海洋生态考核之中,强化海洋生态环境保护与治理技术应用,强化海岛保护与合理利用技术应用,强化基于生态系统的海洋综合管理技术应用,强化海洋环境保障技术应用,强化极地、大洋和海洋维权执法技术应用示范,加快海洋生态治理,加强海洋环保意识,组织海洋环保活动,传播海洋环保理念,实现经济可持续发展。

二、中国参与全球海洋治理的挑战

　　随着人类对海洋意识的不断上升,世界各国越来越重视对公海、深海和极地的探索。中国参与全球海洋治理,不仅要坚持陆海统筹,经略蓝色国土,还应当走向大洋,走向深海,走向极地,不断开拓战略疆域。习近平主席指出:"要秉持和平、主权、普惠、共治原则,把深海、极地外空、互联网等领域打造成各方合作的新疆域,而不是相互博弈的竞技场。"[6]

　　尽管中国在积极参与全球海洋治理方面取得了令人瞩目的成就,尤其在海洋科技、海洋经济、海洋空间规划等领域成就非凡,但与全球经济治理相比,全球海洋治理领域的力量对比变化、机制体制调整还相对滞后。[7]中国在今后和未来一段时间,还需加快国内海洋体制改革,不断完善海洋治理法律法规,尽快赶上全球海洋治理的步伐,不断贡献中国海洋治理的主张与理念。

具体而言,中国参与全球海洋治理面临以下现实挑战。

首先,中国是一个发展中大国,人口众多,占世界第一位,但中国的人均占有海洋资源量偏少。中国享有资源主权的海域人均占有面积只有世界人均的十分之一,在世界排名第122位。从经济角度看,截至2019年底,中国海洋经济占国内生产总值(GDP)总量约为10%,远低于美国、日本等传统海洋强国的相关比重。中国海洋科技对海洋经济的贡献率仅为35%左右,而美国、日本等已达到50%—60%。2019年中国海洋经济继续保持总体平稳的发展态势。经初步核算,2019年全国海洋生产总值89 415亿元,比2018年增长6.2%,海洋生产总值占国内生产总值的比重为9.0%。[8]我国近岸海域每年提供生态服务价值约1.07万亿,为我国4.3亿人口提供高品质的生态产品。

其次,沿海各国海洋产业发展水平不平衡,海洋资源状况差异较大,尽管国际海洋经济合作空间巨大,但也面临着合作难度大、合作难以在短期内发挥效益等挑战。从生态角度看,海洋是自然保护地建设布局的重点。

当前全球海洋污染日趋加剧、海洋垃圾日趋增多、海水酸化与温室气体排放情况严重、海洋环境恶化正成为世界各国经济社会发展的潜在风险与重大挑战,严重制约了世界经济可持续发展。

而且,中国在海洋治理和海上装备方面均落后于发达国家,尤其在海上权益保护方面仍与海洋强国存在较大差距。在海洋治理中,中国的海洋科技能力有待提升,在海洋生态保护、海洋环境保护等领域的治理进展相对缓慢。

中国参与全球海洋治理,面临着海洋国际法治的挑战。诸如对《联合国海洋法公约》和有关海洋习惯法理解不到位、认识不足以及不能理性、公正解读《联合国海洋法公约》等现实挑战。中国应坚持主权平等、多边合作,团结世界上多数国家,捍卫《联合国海洋法公约》的神圣性和权威性,坚持利益共享,坚决反对超级大国的单极霸凌地位。

再次,在参与全球海洋治理进程中,中国也面临着地区合作机制不健全等障碍,更面临着一些发达国家的制衡与打压。

构建海洋命运共同体既面临着传统安全的挑战,又面临着非传统安全的挑战。近年来,恐怖主义、海盗、网络安全、能源安全以及全球气候变化、海啸等非传统安全日益影响着海洋命运共同体的构建。全球发展不平衡、南北差距扩大、贫富差距扩大等也实质性地影响到海洋命运共同体的构建。

因此,构建海洋命运共同体可以及时有效地组织协调团结其他国家共同应对海上出现的各种问题、威胁与挑战。我们必须始终遵循相互尊重、平等相待、互利共赢的原则,在积极推动"一带一路"倡议深入发展的基础上,不断推进海洋命运共同体建设,真正实现人与海洋的和谐共处。

由于国际航运格局处于深刻调整期,地区港口之间竞争共存关系复杂多变;全球海洋安全治理存在滞后、信息不到位等问题;世界范围海盗威胁此消彼长,严重影响到海上作业安全与航道安全。

目前全球海洋治理的机制不足以支撑全球海洋可持续发展。而且,海洋治理主体的多元化和治理能力发展的不平衡,导致海洋权益碎片化、海事议题分散化、海上安全不断恶化。

当前,传统西方海洋强国地位下滑,非国家行为体的角色和作用有所加强,全球海洋治理呈现主体多元化、分散化的趋势。全球海洋治理紧迫性和严峻性更强。从过去以军事、安全为主演变为现在以法规、技术为主,各国围绕议题设置、规则制定、技术发展等方面的博弈加剧。

最后,中国参与全球海洋治理既面临着传统安全的挑战,又面临着非传统安全的挑战。在非传统安全领域,中国海洋治理体系构建面临着海上走私(人口、毒品、武器等)、海盗、海上恐怖主义活动、海上武装抢劫等挑战。

全球海洋治理是海洋问题日益突出、迫切需要国际社会共同应对的客观要求。[9]中国积极参与全球海洋治理是实现中华民族"向海而兴"的必由之路。

在现有的全球海洋治理体系框架下,中国可以积极深度参与到全球海洋治理中,主动向拥有成熟海洋治理经验的欧洲国家和美国学习,取长补短,在学习和引进这些国家治理海洋先进理念与先进技术基础上,积极推动中国国内海洋治理的进程,加快国家海洋治理体系改革,不断提出中国版的海洋治理主张与方案,推动全球海洋治理走向深入,丰富和完善全球海洋治理理论与实践。中国只有主动参与全球海洋治理，才能最大限度地维护国家利益。

在全球海洋治理的进程中，制定规则是海上秩序的关键内容，法理博弈成为海权竞争的重要舞台。随着相关国际海洋协定谈判的深入和国际海底资源开发规章的酝酿，全球海洋治理中的制度性约束日趋增多，为中国的海洋治理带来更多制度性权力的战略机遇期。但与此同时，中国海洋权益的国际斗争形势更为严峻，制度性工具存在着被滥用的风险。面对机遇与挑战，中国应积极利用好现有的法律规章，提升规则的制定能力与法理的博弈能力，在国际法律规则下积极维护好中国的国家海洋权益。

应充分发挥国内涉海高校和智库的专业优势，[10]激发政策研究的活力，保障对外活动的条件，精心设置契合国家利益的涉海议题，潜心打造具有中国特色的国际方案，不断提升中国在国际上的涉海话语权。

参与全球海洋治理是中国真正成为世界海洋强国的标志之一。全球海洋治理是国际社会应对海洋问题的整体方案与积极努力。全面参与全球海洋治理既可强化国内海洋治理能力建设，倒逼国内海洋管理体制改革，促进国内海洋事业发展；又可推动和提升中国海洋治理能力，推动中国快速迈入世界海洋强国行列，提升中国全球海洋治理的能力与水平。

美国作为世界上唯一的超级大国和世界主要海洋大国，却长期不签署《联合国海洋法公约》，以规避海洋强国的义务、不承担全球海洋治理的责任。特别是唐纳德·特朗普（Donald Trump）上台后美国退出《巴黎协定》，拒绝提供海洋公共产品及承担相关责任。

中国参与全球海洋治理以合作共赢为导向，强调优势互补，中国的海洋发展观不是排他的，倡导各国共同开发利用海洋，推动海洋开发方式向循环利用型方向发展。中国积极构建公平正义的海洋国际新秩序，加强与世界其他国家务实合作，积极构建蓝色伙伴关系，为全球海洋治理主动提供可靠的公共产品，积极构建海洋命运共同体，努力实现人与海洋和谐共处的终极目标。

第二节　积极推进海洋强国建设

建设海洋强国对于全面推进海洋事业发展、实现中华民族伟大复兴，具有重大而深远的历史意义。[11]海洋强国思想是经略海洋的指导方针，是依法治海的行动纲领，是重塑海洋文化的科学方法，是指导海洋事业发展的重要指南。

从党的十八大提出海洋强国目标以来，在新一届领导人带领下，中国积极推进海洋强国建设，有力地推动了中国经济持续快速发展，这有利于维护中国的国家主权与海洋安全，更有助于中国实现全面建成小康社会目标、实现中华民族的伟大复兴。

中国海洋强国建设迎来历史机遇期。

习近平总书记关于建设海洋强国的重要论述，是习近平新时代中国特色社会主义思想的重要组成部分。"海洋在国家经济发展格局和对外开放中的作用更加重要，在维护国家主权、安全、发展利益中的地位更加突出，在国家生态文明建设中的角色更加显著，在国际政治、经济、军事、科技竞争中的战略地位也明显上升。"[12]习近平新时代中国特色社会主义思想中所蕴含的"陆海统筹"观念，主权、安全、发展利益相统一的海洋利益观，和平合作的海洋发展观，共建共享共赢的海洋安全观，坚持走依海富国、以海强国、人海和谐、合作共赢的发展道路等，为加快建设海洋强国提供了科学理论指导和行动指南。

建设海洋强国，必须主动适应和把握社会主要矛盾的转化，推动海洋事业全面协调可持续发展。当前，中国海洋事业已进入发展加速期。

海洋事业发展不能满足于既有的成就、速度和水平，[13]而应对接国家目标，努力把中国建设成为海洋经济发达、海洋科技先进、海洋生态健康、海洋安全稳定、海洋管控有力的新型现代化海洋强国，让海洋成为满足人民美好生活需要的重要保障。

当前，中国与主要海洋大国、周边国家以及海上丝绸之路建设参与国家打造命运共同体成效初显。中国同周边重要邻国的交往与合作不断加强。展望未来，中国与世界各国的海洋合作前景广阔，为加快建设海洋强国提供了有利国际环境。

中国通过和平利用海洋,努力构建公平公正合理的国际海洋新秩序;积极承担与自身国际地位相匹配的责任,与世界其他国家共建人类命运共同体;以"21世纪海上丝绸之路"为纽带,以构建蓝色伙伴关系为平台,努力协调海洋发达国家与海洋发展中国家、海洋地理有利国家与海洋地理不利国家、沿海国家与内陆国家之间的海洋利益分配,促进共享海洋发展机遇,推动海洋经济增长惠及其他发展中国家。

中国在海洋强国理念指引下,砥砺奋进,海洋建设不断取得新成就。海洋经济持续快速发展,海洋科技取得了令人瞩目的进步,海洋开发与生态保护能力显著增强,这些为中国海洋强国建设打下了坚实的基础。

第一,海洋新兴产业成为海洋经济转型升级的新动力。到2016年底,中国研发制造的海洋潮流能发电机组累计发电17万度,中国在装机规模、年发电量、稳定性和可靠性等领域达到了世界先进水平,成为亚洲首个、世界第三个实现兆瓦级潮流能并网发电的国家。2017年初,中国科学家成功自主研发的海浪发电机——鹰式波浪能发电技术和整套装备设计,不仅获得中国、美国、澳大利亚三国发明专利授权,还获得法国船级社的认证,标志着这一技术具备了产业化和走向国际市场的条件。而且,在海水淡化方面,中国屡获成功。五年间,在海南、河北、山东、辽宁、江苏甚至新疆,一个个海水或苦咸水淡化项目陆续建成,极大地造福了当地百姓。

第二,海洋生态保护意识不断加强。中国政府高度重视生态文明建设,采取了一系列海洋污染治理措施,中国在海洋污染治理方面取得了一系列成就。中国积极推进基于生态系统的海洋综合管理建设,加快推动海洋生态文明建设示范区建设,逐步扩大海洋生态红线制度实施范围;不断推进沿海地区海洋生态修复,取得显著成效。而且,海洋渔业生态保护成效显著,为农业农村经济发展做出了重要贡献,全面彰显生态优先的发展理念。

为进一步保护和合理利用海洋生物资源,党的十八大以来,农业部两次调整完善海洋伏季休渔制度,统一并延长了休渔时间,使海洋渔业资源得到了充分的休养生息。2018年开展了全国海洋生态保护修复调研工作,并取得了丰富成果。

第三,海洋科学考察不断取得新成果。2013 年 5 月,"潜龙一号"无人无缆潜水器 4 000 米海试成功;2013 年 10 月,"海龙二号"无人有缆潜水器助力"大洋一号"船南海海试成功;2016 年 1 月,"潜龙二号"水下机器人成功首潜。2018 年一批高科技海洋工程取得进展,中法海洋卫星发射成功,首艘国产极地破冰船"雪龙 2"号下水,全球首个国际化大功率海上风电试验风场装机完成。2019 年配备有先进的冰雷达以及全方位声呐系统的"雪龙 2"号首次进入南大洋浮冰区。[14] 这些由中国自主研发集成的深海潜水器,与"蛟龙"号一起组成"三龙"装备体系,正式投入业务化应用,成为中国深海高新技术发展的标志和里程碑。由中国自行设计、自主集成研制的"蛟龙"号载人潜水器创造了世界同类作业型潜水器最大下潜深度纪录,中国成为继美国、法国、俄罗斯、日本之后世界上第五个掌握大深度载人深潜技术的国家,中国快速进入了世界"深潜俱乐部"。

中国在"十二五"期间,组织开展了 18 个航次约 2 700 天的大洋科学考察活动,中国较好地掌握了深海科考技术,获得了大量第一手资料。以"三龙"为代表的技术装备全面进入业务化应用阶段,表明中国深海科学研究达到国际先进水平,标志着中国在国际海域话语权的极大提升。

而且,中国不断加强对南极地区的科学考察,对南极事务的参与度不断加深。目前,中国已经加入几乎所有与南极相关的国际公约和国际机构。中国积极参与南极事业成为中国综合国力不断提升的象征,有助于中国在全球海洋事务中树立起负责任的大国形象。

近几年来,国家积极开展海洋动力过程研究,加强海洋灾害分布、机理及预测分析,深入研究陆海相互作用规律,提高海洋生态系统及其变化规律认知,加强海底科学理论创新,开展研究全球海底地球动力学和演化机制,在以下诸领域取得了积极成就。

在海岸带保护修复与可持续利用科技工程领域,突破河口区、极浅水区、滨海湿地等调查与监测关键技术,发展海洋动力与生态环境模拟分析、海岸带生态风险区划、监测评价预警与应急技术体系,构建围填海等主要开发活动动态监管、生态损害和生态风险评估技术与方法;发展海岸带环境资源承载力评价、空间规划和集约节约利用技术,集成创新基于生态系统管理和陆海统筹的海岸带生态保护与修复共性关键技术和综合保护利用模式,提升海岸带综合治理能力,支撑沿海地区高质量发展和生态文明建设。

建立完善深海矿产、基因资源探测理论与技术方法体系,升级"三龙"装备体系,发展新一代深海技术和提高装备制造水平,解决深海运载、探测、开采谱系化装备应用技术,显著提高中国深海资源战略储备,在探测和认识深海领域保持国际先进水平。

积极构建海洋与地质灾害监测和预警技术体系,开展灾害调查、风险识别和预估,深入揭示重大灾害的致灾机理和时空规律;在立体观测网布局、组网、数据传输等方面实现技术突破与转化应用;研究滑坡、泥石流、地面沉降、塌陷、风暴潮、巨浪、海啸、赤潮等灾害预警技术,研发智能网格预报技术,持续提高预警、预报准确率;研发新型防治和快速处置技术,研究灾害危险性分析、重点防御区选划等减灾技术,实现灾害观测、预警、减灾和防治综合服务技术业务化应用。

持续推进国家重点实验室建设,建强卫星海洋环境动力学国家重点实验室,优先在深海探测科学与技术等学科空白方向筹建国家重点实验室,加快国家重大海洋科学基础设施建设;推进国家级科学观测台站、试验场、数据共享服务平台等升级工作;优化海洋、近岸调查船队建设,建设中国深海数据中心等深海科技业务支撑平台,有效提升深海科技创新与业务保障能力。

提升海洋立体观测监测关键技术,积极开展海洋环境在线监测探测传感器和关键仪器设备研究,突破组网技术和通讯技术,推进国家海洋环境实时在线监控系统和海外观(监)测站点建设,逐步形成全球海洋立体观(监)测系统;加强对海洋生态、洋流、海洋气象等观测研究,研制大数据分析和应用模型,形成决策支持系统和平台,全面提升海洋开发与保护管理的智能化、智慧化水平;积极开展海岸带与海岛(礁)测绘、水下/海底高精度导航定位、高分辨率海底地形反演、内陆水下地形测绘、多尺度水下地形图编制、陆海时空基准统一、海底基准站网布设等关键技术研究,支撑海洋及内陆水下地形测绘。

积极开展海洋环境综合整治工程相关配套技术的应用示范,加大海洋生态保护与修复关键技术推广力度,建立整治工程系列技术标准,提升海湾生态环境质量和生态功能,为"蓝色海湾整治行动"实施提供技术支撑。

积极构建全深海资源与环境调查观测技术体系和装备系列,提升深海资源探测和环境感知能力,提高对深海海底过程、极端环境和生命系统的认知水平,创新深海矿产资源成矿理论和勘探方法;突破深海油气和天然气水合物资源勘探开发共性关键技术,建立深海矿产、生物和基因资源勘探开发技术体系,评价深海资源潜力和开发利用前景,为国民经济和社会可持续发展提供后备和替代资源。在深海科学国际前沿领域取得原创性突破,深海探测技术达到国际先进水平,优势领域实现国际领先。

随着"一带一路"倡议不断推进,中国海洋经济持续平稳增长,区域海洋经济发展稳定,重点海洋产业发展平稳,结构调整步伐加快,转型升级加速。特别是海洋工程装备制造产业转型迈向深水、高端化;海洋生物医药业发展迅猛,并成为海洋战略性新兴产业;海洋旅游业快速增长,并成为带动海洋经济的重要增长点。

但是,目前中国海洋经济发展中也存在一些突出问题,主要体现在部分海洋产业结构不合理,部分行业产能结构性过剩、缺乏核心技术支撑,海洋产业亟须升级换代。而且,某些海洋新兴技术产业转化率较低,新兴产业或业态发展的新动力和培育机制尚未成型,无法在近期如期实现产业的升级换代;重化工密集布局滨海地区,加剧了海洋资源环境压力与安全隐患。

中国应加强海洋经济宏观指导与调控,选择有代表性的区域建设海洋经济发展示范区,打造一批示范市、示范县和示范园区,推动产业链、创新链和资金链的有效融合,积极促进海洋产业集聚化协调发展;不断提升海洋产业科技创新能力,加强对海洋战略性新兴产业的培育;提升海洋经济运行监测与评估能力,加快海洋经济发展方式转型,发挥海洋经济在中国海洋强国建设的核心作用。

随着全球海洋意识的不断提高,海洋旅游与游轮经济成为推动新一轮发展的又一"加速器"。在国家文化和旅游部统一协调指导下,中国加快推进海岛基础设施建设,积极扶持海岛旅游产业,加快海岛旅游设施建设,实现海洋经济可持续发展;积极开展海洋经济领域对外合作项目,深入推进"21世纪海上丝绸之路"建设;不断深化海水利用关键技术与装备的研发,促进海洋可再生能源的开发利用和产业化;推动海洋新兴产业逐步成为先导性产业,促进海洋经济提质增效、转型升级、绿色循环和可持续发展;积极推动海洋再生能源有序利用,在全国合理布局一批海洋风能站,加快建设海洋能源基地;加快海洋产业技术创新平台建设,加强技术研发、成果转化、产业化、市场需求等产业价值链的协调联动,发挥创新要素向区域特色产业聚集的优势;加快科技成果孵化和产业化,培育一批海洋创新型企业;建立健全海洋产权交易与保护机制;进一步加大金融对海洋经济的支持力度,不断促进海洋经济良性发展,积极推动海洋中小企业与多层次资本市场有效对接,全面推进海洋强国建设。

希腊是陆上丝绸之路和海上丝绸之路的交汇点。2019年4月,希腊成为中国—中东欧合作机制正式成员,"16+1合作"扩大为"17+1合作"。希腊也是较早同中国签署共建"一带一路"政府间合作文件的欧盟国家,比雷埃夫斯港项目已成为双方共建"一带一路"合作的旗舰项目。[15]中国与希腊共同积极推动"一带一路"高质量发展,促进中欧互联互通,实现合作共赢。

第三节 实现海洋强国的路径

海洋作为现代高科技的基地,为人类探索自然奥秘,发展高科技产业提供了空间。中国要成为真正意义上的世界强国,必须从海洋上崛起,树立明确而牢固的海洋崛起意识和切实可行的方法途径。具体包括以下做法。

首先,全面培育和提升国民的海洋意识,利用宣传媒介积极宣传、推广中国的海洋政策与理念,使海洋强国理念深入人心,不断提升国民参与海洋强国建设的责任感、使命感与获得感;充分运用海洋"软实力",积极不断提升全体国民的海洋意识,增进国民海洋认同感。

其次,积极有序稳妥地制定和实施更为系统的海洋强国建设战略规划,为海洋强国建设提供强有力的指导与支撑;进一步提出和完善中国版的海洋发展观、安全观与治理观。

最后,努力推进和谐海洋建设,全面参与国际海洋事务;积极主动地塑造和引导国际舆论,不断提升中国在全球海洋治理与海洋事务中的话语权;深入参与海洋环保、海底资源开发、渔业资源管理、海事与救助等涉海国际公约、条约、规则的制定和修订工作;积极主动地向国际社会阐明构建海洋命运共同体理念,提供更多的海洋公共产品,不断提升中国对国际海洋事务的影响力,努力实现由海洋大国向海洋强国的转型。

构建海洋命运共同体是重塑公正合理的国际海洋秩序的必然要求,也是深化"一带一路"建设海上合作实践的行动指南。中国始终是世界和平的建设者、全球发展的贡献者、国际秩序的维护者,中国只有积极参与全球海洋治理,才能有效推动海洋命运共同体的构建与发展。[16]具体包括以下做法。

第一,积极引领国际海洋秩序建设。随着全球化不断深入,国际政治、世界经济等诸多领域发生了深刻变革,急需更完善的国际海洋政治、经济秩序。中国作为全球性、区域性的大国,理应主动承担起引领国际海洋新秩序建设的重任。积极倡导新的海洋价值观,构建蓝色合作伙伴关系,与世界各国一道共同建设和平、合作、和谐之海。作为区域大国,中国应以开放、自信、有为的姿态参与制定和讨论海洋新秩序规则建设,主动参与国际海洋规则的主张、倡议及方案,切实加强国际协调,追求各方共赢的包容性利益,在促进国际海洋规则不断完善方面体现出更大的政治意愿,付出更多的努力。

海洋资源包括海洋生物资源、海洋矿产资源、海洋动力资源等。海洋生物资源又分为水产品资源和海洋生物多样性资源。合理有序开发和科学利用海洋资源,加强海洋生态系统的海洋管理和综合治理,建立广泛的海洋保护区网络,对各种开发和利用海洋空间和资源的活动进行监管,保护海洋生物多样性资源,维持海洋生态系统平衡,更好地维护公海海洋生态系统的健康,实现深海资源开发与保护的平衡发展。

第二,积极构建多层级的全球海洋治理体系。[17]政府组织、国际组织、区域性组织是海洋治理的主体力量。建立多层级的全球海洋治理体系是有效保护海洋和有序开发海洋的重要举措。中国政府应在《联合国海洋法公约》的落实上发挥作用,对于其他区域的海洋协调制度的建设也应发挥积极作用,为全球海洋治理做出贡献;同时要积极完善国内海洋立法,对接国际规范,为深度参与全球海洋治理提供法制保障。

第三,积极推动建立共商共建的海洋合作机制。国际合作是当前全球海洋治理的主要机制,中国始终坚持以开放包容、合作共赢理念为引领,加强国家间对话与协调,促进海上互联互通和各领域务实的功能性合作,与其他国家共同维护海洋和平安宁,协力增进海洋福祉,合作推进海洋治理。

第四,积极推动海洋领域基础性、前瞻性、关键性技术研究与开发,不断提升和拓展走向深远海的能力;强化军民融合,努力建设一支强大的攻防兼备的海军,加强海上综合执法力量,加强海洋商船队、海洋渔船队、海洋科研船队力量建设,促进军警结合、军民兼容的现代化海上军事力量建设,维护国家海洋权益,维护海上安全与治安秩序,捍卫国家主权。

加强海洋行政执法,积极组织定期海上专项执法行动,[18]严厉打击非法围填海等重大违法用海行为,严厉打击重大海洋环境违法行为;同时,开展无居民海岛专项执法行动,查处非法建设并破坏无居民海岛行为,整治海岛周边非法盗采海砂行为;灵活运用法律规则维护海洋权益,全面开展南沙岛礁生态系统和岛礁稳定性的监视监测与保护修复,力争实现南中国海海啸预警中心业务化运行。

以维护海洋权益和负责任大国形象为重点,着力推动海洋维权向统筹兼顾型转变;[19]继续坚持"主权属我、搁置争议、共同开发"的方针,坚持维护国家主权、安全、发展利益相统一;推进互利友好合作,寻求和扩大共同利益的汇合点,实现互利共赢;推进海洋强国规划和立法,建立健全海洋维权发展规划及相关政策法规;统筹维权和维稳两个大局,提高海洋维权能力,周密组织海上维权行动,着力推动海洋维权向统筹兼顾型转变;加大海洋维权舆论宣传力度,树立底线思维,综合施策,深化法理研究,细化行动方案,维护国际海洋秩序的公正性与合理性,提升中国在全球海洋事务中的话语权;深刻认识全球治理的发展态势,倡导尊重彼此海洋权益,协商解决全球性海洋问题;深度参与全球海洋治理体系建设,积极作为、把握主动,有效维护和拓展国家海洋权益,积极发挥中国负责任大国在全球海洋治理中的作用。

积极推动海洋安全向内外兼修型转变,[20]贯彻总体国家安全观,坚持国家主权与安全优先,努力建设强大的综合性海上力量,建设一支攻防兼备的强大海军;注重聚焦实战,注重体系建设,注重军民融合,不断提高人民军队建设质量,实现强军目标;同时,不断提升军民融合的质量与水平,完善和制定专门的法规、政策和技术标准,加快建设高效能国家海洋船队力量;不断强化海上维权执法力量建设,[21]制定和完善相关政策和制度,加大财政投入,加快提升海上装备水平,不断提高队伍素质,打造军警结合、军民兼容,快速高效、行动有力、保障到位的现代化海上综合执法队伍;坚持军民合力共建边海防,统筹边海防建设和边境沿海地区经济社会发展;周密组织边境管控与海上维权行动,积极预防海上危机,为国家新一轮发展营造良好的外部环境与战略格局。

第五,积极布局海上战略支点国家和地区,稳步推进中国海上战略支点建设,由点带面,稳步推进,不断扩大中国在世界海洋事务的影响力,努力形成与周边海洋国家共同发展的良好态势,积极寻找中国新的战略出海口,不断扩大中国海上战略纵深与发展空间,提升中国的战略威慑力,保护中国海上通道安全。

第六,加强海洋综合管理,积极推动海洋经济可持续发展,提高海洋资源综合开发能力;继续加强海洋产业规划与指导,重点发展海洋科学技术,促进海洋科技与海洋生态保护和开发有机结合,深入推动海洋科技向创新引领型转变;积极发展深海装备技术,进一步推动中国的深海科学研究,不断提高深海科研成果的质量;进一步加强国家层面对海洋开发活动、海洋生态环境和海洋经济社会的统一监测监管,实现政府对海洋的有效治理;推动海洋生态文明治理,按照绿色、低碳、集约节约的发展理念进一步深化加快建设海洋生态文明体系,加大海域资源和生态环境保护力度,不断完善海洋生态监测体系,切实转变用海方式,加强用海管理,积极推动绿色协调发展,最大限度地减少海洋开发活动对生态环境产生的破坏,进一步做好海洋防灾减灾工作,不断优化海洋空间利用布局,力争以最小的海域空间资源和海洋生态环境损耗,积极推动海洋事业高质量可持续发展。

坚持以保护和修复海洋生态环境为重点,努力实现人与海洋和谐发展,不断提高海洋资源开发能力,[22]切实保护海洋生态环境,充分发挥海洋开发对中国海洋经济的带动作用;不断完善和提升海洋公共服务功能,加快海洋公共服务体系建设,继续加大增强海洋环境保护、海洋污染治理、海洋防灾减灾、海上船舶安全保障等方面的公共服务与社会保障能力;不断扩展国家战略资源储备和战略空间,努力建设生态海洋,切实维护好国家海洋权益。

近年来,中国生态文明建设成效显著,海洋生态环境保护修复力度逐年强化。中央和地方涉海部门应全面了解和掌握海洋工程的状况,构建海洋工程数据平台,为海洋经济向质量效益型转变做好支撑和服务;持续推进大型工程海洋灾害风险排查,健全风险排查工作机制,全面排查中国沿海大型工程海洋灾害风险状况,发布年度风险排查状况报告,为海洋工程防灾减灾提供服务;防止破坏性地开发海洋资源,而且,开发海洋资源和保护海洋环境应同时并举,努力提高现有油田采收率和油气资源利用率,积极开发可燃冰、潮汐、温差、海流等新海洋能源,积极推动海洋开发方式进一步向循环利用型转变。

党的十八大以来,中国国土空间治理体系和空间治理能力逐步走向科学化、系统化、法制化。中国应积极协调好海洋规划关系,形成科学、有序、合理开发的海洋空间治理体系,积极推进海洋生态文明建设和海洋综合管理改革深入发展。

目前,中国从国家层面推动编制的海洋空间类规划主要包括海洋主体功能区规划、海洋功能区划、海岛保护规划、海岸带综合保护与利用规划以及港口规划等涉海专项空间类规划,规划内容均涉及空间的布局与安排,具有不同层面的法律和法规效力。

海洋主体功能区规划是国家生态文明建设的一项重要任务,以县域海域空间为基本单元,确定海域主体功能,并按照主体功能定位调整完善区域政策和绩效评价,以实行分类分区指导和管理,构筑科学、合理、高效的海洋国土空间开发格局;按照优化开发、重点开发、限制开发、禁止开发四类主体功能分类标准定位。

海洋功能区划在内容上以安排海洋开发保护的空间布局为主,基本不做时序安排,目的是规范海域使用和海域审批,是海域管理的具体依据。其核心是通过海洋空间开发与保护用途的管制,实现空间有序开发保护和顶层设计,是实施海洋生态空间治理、统筹协调涉海行业的海洋空间需求和优化海洋资源开发保护的空间布局的基础。

海岛保护规划是从事海岛保护、利用活动的依据,强调系统规范海岛生态保护和无居民海岛使用。

海岸带综合保护与利用规划将海岸线划分为严格保护岸线、限制开发岸线和优化利用岸线三种类型,实施分类分段管理;以海岸带功能为基础,考虑岸线两侧海域和陆域的保护与利用,重点解决海岸带保护与利用的陆海统筹问题。

海洋空间规划应以海洋主体功能区为基础,在统一理念、目标和共识下协调各项涉海规划,依托统一的空间平台,制定海洋发展战略,明确"保护底线"和"发展极限",优化生产、生态和生活空间。

沿岸海洋功能区的设置应更多考虑陆域的功能服务、支撑和衔接。统筹城镇建设区的扩展、城镇生活空间、港口交通用地、陆源污染物扩散等功能需求;[23]强化对陆域开发活动的限制措施,如建筑后退线、陆源排污、自然岸线保护等。

党的十九大以来,中国积极推进应对全球气候变化,在水资源、海岸带和沿海生态系统、综合防灾减灾、国际交流合作等领域取得了积极进展。

首先,从国家层面采取了一系列政策措施,包括减缓与适应气候变化,规划编制和制度建设,加强基础能力,促进全社会广泛参与,积极参与全球气候治理;继续加强国家级自然保护区的基础设施和能力建设,联合开展了国家级自然保护区监督检查专项行动,确定了 14 个第三批国家山水林田湖草生态保护修复试点工程,通过加大生态系统保护修复力度,健全耕地草原森林河流湖泊休养生息制度,建立市场化、多元化生态补偿机制,构建生态廊道和生物多样性保护网络;继续完善海洋伏季休渔制度,加强水生野生动物及其栖息地保护,发布并实施了海龟等六个重点物种(拯救)行动计划。2018 年全国增殖放流水生生物苗种超 370 亿单位。

其次,在海岸带和沿海生态系统领域,积极落实《海洋环境保护法》和国家海洋事业发展、海洋观测预报和防灾减灾等方面的规划和行政管理条例要求,加大对海洋环境污染的处罚力度,强化海洋适应气候变化的制度建设;强化海洋生态环境保护与治理技术应用,强化海岛保护与合理利用技术应用,强化基于生态系统的海洋综合管理技术应用,强化海洋环境保障技术等新技术的应用和推广;强化海洋生态监测,推进海洋生态修复,发展海洋经济,促进海洋生态文明建设。

近年来,国家管辖范围以外区域海洋生物多样性养护和可持续利用问题已经成为国际海洋研究领域的热点议题。国际社会应真正实现公海海洋资源合理科学地可持续利用,促进公平正义的国际海洋新秩序,推动海洋可持续发展,使之造福于人类。

中国积极开展海洋生态系统修复和植被保护,强化沿海生态修复,加大沿海防护林带、防潮工程建设力度,不断提升海岸带和沿海生态系统抵御气候灾害能力;加快实施红树林修复和滨海湿地修复项目,在废弃虾塘再造林和可持续利用等方面积极开展试点,进一步加强海洋生态保护修复,开展"蓝色海湾"整治行动和渤海综合治理攻坚战,促进沿海岸线和海岛海域生态功能恢复;积极跟踪中国近海海洋灾害与环境因子长期变化趋势,对未来气候变化对海洋灾害的可能影响进行准确的预判,积极应对气候变化,深入对风暴潮、海浪、海冰、海岸带侵蚀等海洋灾害强化立体化监测和预报预警能力,提供海洋灾害预警发布频率与准确率,以最大限度地减少全球气候变化对中国海洋发展可能造成的损失。

在公海设立保护区是国家管辖范围以外区域海洋生物多样性国际协定的重要内容之一,有助于改善公海区域保护与发展的矛盾。作为一种替代性的海洋资源管理方式和有效的环境保护措施,在公海设立海洋保护区的目的是对公海及区域内的海洋资源、环境、生物多样性或历史遗迹等进行保护和管理,恢复被破坏的海洋生态环境,增加海洋生物种群的数量和多样性。

中国将海洋环境治理向深层拓展,多管齐下提升海洋生态治理水平;在海洋开发过程中,积极遵循"海洋生态保护优先"理念。中国相继出台或修订了《海洋环境保护法》《海域使用管理法》《海岛保护法》和《深海法》等法律,加强沿海和海洋生物多样性保护,以减少人类活动对海洋和海岸生态系统造成的不良影响,确保海洋生态环境与经济可持续性发展相向而行;在沿海地区建立海洋环境保护目标责任制,积极培育绿色、低碳和循环海洋产业,以进一步健全海洋生态治理体系,完善海洋生态法治保障,形成基于生态系统的海洋综合管理体制;积极推行海洋督察制度,坚持问题导向、依法依规,落实主体责任,加快解决海洋资源环境突出问题,促进节约集约利用海洋资源,保护海洋生态环境。

最后,在气候灾害的风险防控与预警方面,中国积极加强西部变暖变湿对生态系统改善与水资源利用的影响和应对措施研究;加强极端天气与气候事件的预报,以及高温热浪、暴雨、台风、森林火灾等灾害的防灾减灾措施;加强对沿岸超大城市的海平面上升、风暴潮等灾害的研究,制定新的国家层面防御综合灾害长期规划。

同时,中国积极参与全球气候变化治理,加强国际交流与合作,积极参与《气候变化与陆地》《气候变化中的海洋和冰冻圈》等报告的撰写与评审。2018年,中国自然资源部印发《自然资源科技创新发展规划纲要》,将气候变化纳入自然资源科技规划,以加强全国各领域应对气候变化相关规划编制,进一步加强全球气候变化预防与应对工作。

海洋强国思想为中国海洋生态文明建设提供了明确的价值指引与行动指南,中国应进一步做好海洋开发总体规划,不断培养和提高公民的海洋意识,努力培养高素质创新型海洋人才队伍,不断提高海洋开发创新能力,持续加大海域资源与生态环境保护力度,积极推进海洋生态文明建设;在海洋生态保护前提下,坚持"开发与保护并重、眼前利益与长远利益兼顾"的原则,积极处理好海洋资源开发与环境保护之间的关系,不断优化海洋空间利用布局,使沿海经济发展与海洋环境资源承载相适应,走产业现代化与环境生态化相协调的可持续发展之路;积极稳妥地及时解决海洋开发中存在的问题,[24]创建中国海洋开发事业新常态;坚持节约优先、保护优先原则,以调整和完善海洋产业结构、提升和转变海洋经济发展方式为着眼点,实施海洋主体功能区制度,划定海洋生态红线,完善海洋生态监测体系,健全和完善海洋开发相关法律法规,统筹海洋事务管理,积极实施"蓝色海湾、南红北柳、生态岛礁"海洋生态修复工程,构建美丽海洋。各地应始终坚持陆海统筹、河海兼顾,全方位开展海洋生态环境保护,建立健全生态优先的制度体系和常态化的海洋生态环境保护协调合作机制,努力促进海洋管理体制机制向以生态系统为基础的海洋综合管理体制转变,不断增强海洋经济可持续发展能力,[25]努力实现绿色发展、循环发展、低碳发展。

在中国新一轮改革开放进程中,各级政府应继续积极推动海洋产业转型升级,努力实现海洋经济可持续发展,不断推动海洋经济向质量效益型转变,使海洋经济成为中国新一轮发展的增长点,共享海洋发展成果;同时,积极发展海洋文化产业,弘扬中华海洋文化,深入挖掘涉海的历史人物、历史遗迹等,运用多媒体手段,努力讲好中国海洋故事,不断推进海洋文化创新,积极发展文化产业;在保护的前提下,积极修缮和建立一大批海洋博物馆、丝路博物馆和航海博物馆,建设一大批普及海洋知识的教育基地,在提高全民海洋意识的同时,不断提高海洋文化效益,使海洋文化更好地适应中国海洋治理建设,成为中国走出去的又一名片,提高中国海洋文化"软实力",更好地为中国海洋强国建设服务。

中国积极参与全球海洋治理应坚持走依海富国、以海强国、人海和谐、合作共赢的发展道路,以和平、发展、合作、共赢的理念,不断推进海洋强国建设。

因此,积极构建基于海洋合作的、开放包容、务实、互利共赢的人类海洋命运共同体成为中国参与全球海洋治理的最终目标。未来中国应更积极、更主动地深度参与全球海洋治理,不断增进全球海洋治理的平等互信,以积极务实的态度,加强与其他海洋国家的友好合作,努力实现全球海洋人海和谐、合作共赢的可持续发展。

第四节　本 章 小 结

以习近平同志为核心的党中央从实现中华民族伟大复兴的高度出发,不断推进海洋强国建设,相继提出了一系列新理念新思想新目标,出台了一系列重大方针政策,推出了一系列重大举措,不断推动中国海洋事业发展,并取得了举世瞩目的成就。

党的十九大报告提出:"坚持陆海统筹,加快建设海洋强国。"[26]建设海洋强国,符合中国发展规律、世界发展潮流,是实现中华民族伟大复兴中国梦的必然选择。[27]在中国特色社会主义新时代,国家坚持陆海统筹,加快建设海洋强国,努力把发展海洋事业融入决胜全面建成小康社会、全面建设社会主义现代化强国伟大事业之中,开启海洋强国建设新征程。

中国在积极参与全球海洋安全治理进程中，积极维护国家的海洋权益，将南海列为中国的核心利益，标志着中国的海洋战略以国家海洋权益为重，彰显了中国政府的坚定决心和意志，坚决不允许任何国家任意染指中国。为此，中国积极强化本土海防能力，坚决维护国家海洋主权，加快海上力量现代化建设。2010 年以来，中国海防能力呈现出由点成线、从局部走向整体的特征。中国海军北海舰队驰临宫古海峡，穿越巴士海峡，抵临马六甲海峡以东海域，在南沙群岛和西沙群岛开展军事演练。中国海军东海舰队穿过冲绳群岛和宫古海峡，到达西太平洋冲之鸟礁附近海域。此举不仅意味着中国海军已具备突破"第一岛链"的能力。而且，表明了中国的海防能力已从局部防御发展到整体协同巡航，海军现代化攻防能力与协同能力不断提高。

中国参与全球海洋治理是海洋强国建设的必由之路。[28]进入 21 世纪以来，中国参与全球海洋治理得到了国家政策的强力支持，面临着全球海洋治理体系的深刻变革等难得的历史机遇，应统筹处理好国内与国际两个大局、一般与核心两种能力、综合与专项两类规划、合作与孤立两种趋势等复杂的重点关系。在此基础上，中国应积极遵循由浅入深、内外兼顾的原则，继续健全和不断完善国内海洋治理，积极主动地以和平方式解决地区海洋事务，不断提出中国主张和中国方案，积极推动全球海洋治理发展，努力提高中国参与全球海洋治理的质量，不断提高中国深度参与全球海洋治理的能力与水平。

目前，中国正在全力全面推进"21 世纪海上丝绸之路"建设，不断加强海上通道互联互通，积极强化相互利益纽带，主动构筑互利共赢的国际合作机制和平等互助的伙伴关系，不断增进与"21 世纪海上丝绸之路"沿线国家的睦邻友好和政治互信，积极打造"利益共同体、责任共同体、命运共同体"，有效维护中国负责任大国形象与国际地位。

中国在深度参与全球海洋安全治理进程中，积极学习和借鉴世界大国的海洋发展经验，取长补短，不断提升中国深度参与全球海洋治理的水平。

中国的海洋战略不以追求绝对制海权为目标，在维护国家领海主权的同时，努力确保海上交通线的安全。中国构建海洋命运共同体的目标就是要建立一个有序海洋、法治海洋。

中国海军的发展目标是努力打造一支快速在远海实施行动的蓝水海军,以及系统性地提升相关海域基础设施、监视和作战能力系统。

中国也积极参与全球海洋生态治理。中国全国人大常委会通过了《海岛保护法》,以立法形式来保护海岛,旨在加强对岛屿的系统管理。《海岛保护法》是中国的海洋法律制度的重大突破。[29]

中国参与全球海洋治理既有一些成功经验,也有一些应注意事项,如发展中国家的自身定位有利于中国获得国际社会绝大多数国家的支持;中国的立场与主张应以本国海洋权益的维护为原则,而不能单纯基于意识形态的考量;中国应注意短期利益与长远利益的平衡,避免全球海洋治理体系的一些规则成为中国和平发展和实施海洋强国建设的桎梏。中国作为负责任的大国,在深度参与全球海洋治理体系变革中应始终秉持人类海洋命运共同体的理念。[30]中国可以通过倡议发起成立世界海洋组织,进一步增强中国在有关全球海洋治理体系国际条约规则制定过程中的议题设置、约文起草和缔约谈判能力等方式,以推动当代全球海洋治理体系的变革和增强中国在未来全球海洋治理体系变革中的话语权。建设陆海贸易大通道是中国积极参与全球海洋治理的实践,将为其他广大发展中国家提供中国海洋治理的成果经验。

早在 2010 年 5 月,中国国家海洋局就在《中国海洋发展报告(2010)》中正式对外公布了中国海洋战略的原则,建设海洋强国成为中国海洋战略的目标。《报告》指出,中国与海上周边地区既存在经济相互依存度增大、利于海上局势稳定的有利态势,同时也面临一些国家争夺海洋权益和外部势力介入的挑战。周边海洋开发活动所引发的环境和资源保护问题日趋凸显。同时该报告提出海洋经济是中国经济"新的增长点和亮点"。[31]

为此,中国应扩大管辖海域,积极维护中国在全球的海洋权益,以建设海洋经济强国为驱动,早日形成中国特色的海洋安全战略和海洋科技战略,为中国新一轮发展服务。

2018 年到 2023 年,中国海洋发展目标包括:维护海洋权益,发展海洋经济,加强海域使用和海岛管理,保护海洋生态环境,发展大洋和极地事业,促进海洋科学与教育事业发展等。[32]

但是,由于中国海洋战略缺乏清晰度,中国海军建设滞后于中国经济的快速发展。因此,中国向海洋大国发展,必须加快中国海军的现代化建设。中国在反潜作战和空中加油等高难度技术领域取得突破,这意味着中国有能力守护自己的海域和海权。[33]

因此,中国必须撇开传统思维,重新认识海洋的重要性。海洋武装力量是实现国家战略的最有效的工具,中国应积极发展海军力量,建设一支远洋护航力量,提高远洋护航能力,努力早日成为海洋强国;积极寻找海洋战略的突破点。中国的海上武装力量建设应该走综合均衡发展的道路,将中国的海上武装力量建设为一个综合、均衡、强大的力量体系。

中国"一带一路"建设涵盖了众多新兴经济体和发展中国家,涉及区域经济合作、区域治理与全球治理。"一带一路"已经对区域一体化产生了积极的示范效应,正推动全球治理不断朝着更加公正、合理的方向发展。共建"21世纪海上丝绸之路"有助于推动中国深度参与全球海洋治理,这是中国在新时期为全球海洋治理贡献的又一中国方案。

当前,中国—东盟关系进入提质升级新阶段,面临更大发展机遇。中国愿与东盟高质量共建"一带一路",深化务实合作,积极构建更高水平的战略伙伴关系,构建更为紧密的命运共同体;同时,继续妥善处理好南海问题,加强海上务实合作,共同维护地区和平稳定。[34]

中国积极利用新一代信息技术,积极构建智慧海洋信息体系;加快实施智慧海洋工程,不断提升海洋资源开发与保护的能力;充分运用互联网、大数据云台等信息基础设施建设,提升海洋智能化应用服务水平,实现海洋环境、海上目标、海洋活动等涉海信息全获取,搭建海洋综合感知网络,推进智慧海洋现代化信息体系建设。

中国按照海洋资源及生态环境的自然属性和沿海生态区系特点,推广应用以红树林、柽柳为主要代表,包括海草床、芦苇、碱蓬和盐沼等的典型生态系统修复技术,建立相应的技术标准体系、规范和示范区,为"南红北柳"工程项目的实施提供技术支撑。

强化海岛生态保护与修复技术应用示范,开展科技支撑类生态岛礁建设,推动海洋可再生能源、海洋新材料、海水淡化及综合利用、污水处理和循环利用等技术试验与示范,形成可推广、可复制的生态岛礁建设技术和标准体系,保障"生态岛礁"工程的顺利实施。

进一步完善南黄海高覆盖次数、富低频、强能量震源的"高富强"地震勘查技术体系。探索海域非常规油气调查评价及增产技术,自主创新深海钻探系统与关键技术。

开展海水淡化工作,突破低成本、高效能海水淡化系统优化设计、成套和施工各环节的核心技术;研发海水提钾、海水提溴和溴系镁系产品的高值化深加工成套技术与装备,建成专用分离材料和装备生产基地;突破环境友好型大生活用海水核心共性技术,积极推进大生活用海水示范园区建设。

围绕海洋生物科学研究和蓝色经济发展需求,针对海洋特有的群体资源、遗传资源、产物资源,在科学问题认知、关键技术突破、产业示范应用三个层面,一体化布局海洋生物资源开发利用重点任务创新链,培育与壮大我国海洋生物产业,全面提升海洋生物资源可持续开发创新能力。[35]

中国高度依赖海洋的开放型经济形态,这决定了全球海洋秩序的构建和运用关乎重大国家利益。[36]中国应积极深化海洋管理改革,加大涉海事务管理体系分类改革力度,有序、稳妥地推进涉海行政体制改革,有效提高涉海管理部门行政管理效率,积极促进海洋经济创新发展,维护国家海洋权益,推动海洋领域军民融合,深度参与全球海洋治理,特别是在极地深海新领域积极作为、把握主动,有效维护和拓展国家海洋权益,充分利用国际组织、国际条约和涉海非政府组织等平台,努力维护中国在海洋经济、极地、国际海底、公海保护区以及其他海洋领域的合法权益。

注释

1. 张良福:《加快建设海洋强国的路径选择》,载《中国海洋报》2019 年 6 月 4 日。
2. 楼春豪:《中国参与全球海洋治理的战略思考》,载《中国海洋报》2018 年 2 月 14 日。
3. 张良福:《加快建设海洋强国的路径选择》。
4.《第五轮中德政府磋商联合声明(全文)》,新华社柏林 2018 年 7 月 9 日电。
5. 董鑫:《外交部:东盟是中国周边外交优先方向》,载《北京青年报》2019 年 7 月 25 日。
6. 习近平:《共同构建人类命运共同体——在联合国日内瓦总部的演讲》,载《人民日报》2017 年 1 月 19 日。
7. 楼春豪:《中国参与全球海洋治理的战略思考》。
8. 中商产业研究院:《2019 年中国海洋经济统计公报:海洋生产总值占 GDP 比重 9.0%》,

2020 年 6 月 9 日,http://caifuhao.eastmoney.com/news/20200609103410307220910。

9. 傅梦孜、陈旸:《中国参与全球海洋治理的理念与路径》,载《光明日报》2018 年 10 月 10 日。

10. 罗刚:《深入参与全球海洋治理的几点建议》,载《中国海洋报》2018 年 11 月 1 日。

11. 王芳:《以习近平治国理政大方略指导海洋强国建设》,载《中国海洋报》2017 年 10 月 13 日。

12. 介瑾、牛宁:《面朝大海　习近平更加坚定"海洋强国"信念》,载《人民日报》(海外版)2018 年 6 月 13 日。

13. 何广顺:《建设海洋强国是实现中国梦的必然选择》,载《人民日报》2018 年 2 月 11 日。

14.《平稳行驶!"雪龙 2"号首次进入南大洋浮冰区》,中国评论通讯社北京 2019 年 11 月 18 日电。

15.《习近平访希拓带路、赴巴西护多边》,中国评论通讯社香港 2019 年 11 月 10 日电。

16. 叶芳:《积极参与全球海洋治理　构建海洋命运共同体》,载《中国海洋报》2019 年 6 月 18 日。

17. 同上。

18. 阮煜琳:《中国将深度参与全球海洋治理　有效维护国家海洋权益》,中新社北京 2017 年 1 月 6 日电。

19. 同上。

20. 王芳:《以习近平治国理政大方略指导海洋强国建设》。

21. 同上。

22. 白天依:《实施海洋强国战略必须加强海洋开发能力建设》,载《中州学刊》2019 年第 6 期。

23. 黄杰、王权明、黄小露、李滨勇、钟慧颖:《海洋空间规划的改革方向》,载《海洋开发与管理》2019 年第 5 期。

24. 白天依:《实施海洋强国战略必须加强海洋开发能力建设》。

25. 王芳:《以习近平治国理政大方略指导海洋强国建设》。

26.《习近平在中国共产党第十九次全国代表大会上的报告》,载《人民日报》2017 年 10 月 27 日。

27. 何广顺:《建设海洋强国是实现中国梦的必然选择》,载《人民日报》2018 年 2 月 11 日。

28. 崔野、王琪:《中国参与全球海洋治理研究》,载《中国高校社会科学》2019 年第 5 期。

29. 韩咏红:《中国要建"海洋强国"》,载《联合早报》2010 年 5 月 13 日。

30. 杨泽伟:《新时代中国深度参与全球海洋治理体系的变革:理念与路径》,载《法律科学》2019 年第 6 期。

31. 国家海洋局海洋发展战略研究所:《中国海洋发展报告(2010)》,海洋出版社 2010 年版。

32. 韩咏红:《中国要建"海洋强国"》。

33. 陈冰:《中国海洋战略初显轮廓》,载《联合早报》2010 年 7 月 9 日。

34. 董鑫:《外交部:东盟是中国周边外交优先方向》,载《北京青年报》2019 年 7 月 25 日。

35. 科技部、国土资源部、海洋局:《"十三五"海洋领域科技创新专项规划》,http://www.most.gov.cn/mostinfo/xinxifenlei/fgzc/gfxwj/gfxwj2017/201705/t20170517_132854.htm。

36. 阮煜琳:《中国将深度参与全球海洋治理有效维护国家海洋权益》。

第四章

现阶段中国海洋战略研究

为维护中国海上运输通道安全,为中国新一轮改革开放服务,中国需要研究和制定近期、中期和长期的中国海洋发展战略目标。就现阶段中国海洋战略目标而言,中国应积极制定适合目前中国发展的海洋战略。

第一,以"一轴两翼"为重点构建中国海洋安全战略,形成中国的话语权。中国构建"两洋"战略以"一轴两翼"为重点由西向东逐步展开,而现阶段中国构建"两洋"战略应以构建印度洋战略为主。此外,中国应加强海上力量尤其是海军现代化建设,增强海上作战能力,不断提高海上远程投送能力,建设远洋积极防御型战略海军。

第二,中国应与其他国家积极合作。中国推行的"一带一路"倡议正积极利用陆权优势改变海权劣势,以地缘经济合作重构地缘政治态势。由陆及海,借助周边国家走向印度洋。同时,中国积极以"构建共同价值观、寻找共同利益、促进共同发展"为原则,主动加强与印度之间的经贸关系,促进中印合作。中国积极与伊朗及阿拉伯国家保持合作,共同促进环印度洋地区发展。

第三,中国印度洋战略应分阶段目标实施。中国现阶段的印度洋战略目标应以维护和保卫印度洋航线安全为主,明确不同时期印度洋战略发展重点与难点,采取先易后难策略,稳步推进,有效拓展中国的出海口,不断扩大中国在印度洋区域的"硬实力"与"软实力",与相关国家积极合作,共同维护印度洋安全,最终实现中国由区域性海洋大国向世界性海洋大国的战略转型。

第四,中国实施印度洋战略路径多元化,应综合运用政治、经济、外交等手段,不断加强陆地基础设施建设,合理布局中国在印度洋地区的交通枢纽和补给港口,打通中国通往印度洋的陆上通道,形成陆上通道与海上力量相配合的有利态势。

第一节 中国海洋战略的优先发展方向

海洋经济的发展不仅可以为中国未来的能源供应提供新的来源,而且将为中国新一轮经济发展提供新的支柱和重要动力。中国现阶段海洋战略是中国国家发展战略的重要组成部分。

一、"西翼"应成为中国现阶段海洋战略的优先发展方向

中国现阶段海洋战略应以"一轴两翼"为核心,其中"西翼"应成为中国新海洋安全观的优先发展方向。中国应尽快打通通往太平洋和印度洋的陆上与海上通道,从而形成与周边国家共同发展的互利共赢的新态势。中国在积极推动"一带一路"倡议进程中,现阶段应加强与东南亚国家的互联互通建设,打通中国"南下"和"西向"的出海口。

中国现阶段海洋战略的优先发展方向应以"西翼"为主,加快推动中国新的海上通道建设。印度洋是中国海上运输的主要通道,是中国海上生命线。中国有 85% 的货物需要经过印度洋运往世界各地。中国应积极推动陆海贸易新通道建设,加快海上支点和港口的合理布局,早日形成中国全方位的海上贸易新通道。

构建中国海洋战略是一个动态的、平缓的长期进程。中国采取友好与合作的方式把自己塑造成为一个新型海洋大国,和西方国家的海洋争霸策略截然不同。中国海洋战略是国家运用总体战略资源实现海洋战略目标的最高层次的国家战略。中国海洋战略的目标是捍卫和维护国家主权完整和领土统一,维护和捍卫中国海洋权益,全面提升全体中国人民的海洋意识,科学合理地开发、利用和保护海洋,避免海洋的过度开发和无序开发,实现海洋经济与社会的可持续发展,从而创造对中国和平发展有利的国际环境,使海洋事业的发展服务于中国经济与社会的协调发展。

中国属典型的陆海复合型国家,中国应从地缘战略出发,努力在

海、陆两个方面发展以保持平衡,中国应以建设"21 世纪海上丝绸之路"为抓手,积极推进中国海洋强国建设,加快发展海洋经济,不断提高中国的海洋治理能力。[1]维护良好的出海通道一方面需要外交手段,营造良好的国际环境;另一方面,中国需要尽快制定国家海洋安全战略,积极塑造海洋安全文化,采取大陆战略以化解海上安全压力,以陆海均衡的发展战略应对来自美国的战略压力。

随着中国在国际政治、经济和安全等领域利益的不断扩展,中国倡导积极友善的周边外交关系,与泛印度洋国家达成良好合作。中国的印度洋战略应以开放性、包容性与和谐性为一体,以保护海上通道安全、维护中国海洋权益为目的,为地区和平与稳定做出贡献。中国应多手段、多路径地分阶段实施目标,使中国的印度洋战略具有可操作性,以合作共赢为核心,积极发展与泛印度洋国家的友好合作关系,同时加强与世界其他国家在印度洋的合作,不断创造新的合作平台,推进与泛印度洋地区国家的多边外交,积极参与印度洋地区各类组织的活动,使中国参与印度洋事务机制化、常态化。

同时,中国应大力建设海军,加强海军的现代化建设,尤其是要不断加强海军的武器装备现代化建设,积极发展远洋进攻能力。

在推进印度洋战略进程中,中国应积极发展与印度的友好合作关系,不断提高中、印两国政治互信与军事互信,减少或消除两国关系中的杂音。中国还应加大对印度基础设施的投资,中资企业在电力、水利、铁路、城市交通系统和港口建设方面具有优势,可以更好地帮助印度加快基础设施建设。中国与印度关系的深入发展,将有助于中国与印度一道共同维护好亚洲地区的稳定与繁荣。

二、现阶段中国应以经略印度洋为主要目标[2]

随着印度洋的地缘价值和战略地位的不断上升,中国更应重视经略印度洋。印度洋是中国提出的构建"21 世纪海上丝绸之路"和"陆上丝绸之路经济带"的重要海洋,在全球化形势下充分确保在印度洋上自由航行的权利,对未来中国经济的持续发展具有重要意义。目前和今后一段时期是中国由海洋大国向海洋强国迈进的关键时期。中国应经略印度洋,积极实施积极的、和谐的"印度洋战略"。此战略依托具有中国特色的新型海权理论,以构建"和谐印度洋"为目标。[3]呈现出"非扩张性""非霸权性"和"非排他性"的新特征,采取有效措施谋略中国在印度洋的战略利益。依靠一支强大的现代化海军力量维护中国的海洋权益。

近年来,为了防范中国崛起,美国积极发展与印度洋地区国家实质性的战略关系,尤其是积极推动美印关系深入发展,在中国周边进行战略布局,借助中国周边国家的力量制衡中国。

在南海问题上,美国、日本等国共同组成对华遏制战略,严重恶化了中国的地缘安全环境,严重影响东亚地区的地缘政治态势。美国、日本、澳大利亚、印度等国家从各自国家利益出发,相互拉拢,遏制中国的发展。美国与日本、澳大利亚及印度等国积极强化地缘战略合作,已成为影响中国崛起的最主要的外部因素,尽管美日、美澳、美印和日澳、日印、澳印六对双边关系各成一体,但是这六对亚太地区重要的伙伴关系成为"美日澳印"战略合作框架至关重要的结构与支撑,"美日澳印"战略联盟以遏制中国为其深化战略合作的共同动力,将有可能打破目前亚太地区的战略均衡,并在亚太地区形成一种新的针对中国的不稳定的战略态势。

中国海洋战略的重点在西边而非"东翼",中国应以印度洋为中国新一轮发展的主要方向,积极推进和谐印度洋战略。自中国提出"一带一路"倡议以来,该倡议积极以经济合作为抓手,吸引了众多环印度洋地区国家的积极参与,提高了中国在印度洋地区的影响力和话语权。而通过互联互通等具体实施路径,中国在推动环印度洋地区经济发展的同时,积极主动地强化与当地的文化交流,使中华传统文化与泛印度洋地区的多元文化不断融合,有利于中国提升在泛印度洋地区的"软实力",有助于中国构建以经济合作、文化交流为主旋律的印度洋新秩序,从而有力地推动着亚洲的持续繁荣与稳定。

中国在"西部大开发"战略支持下,应尽早建成以云南为中心的联通印度洋的国际通道,以有效破解"马六甲困局",促进和带动中国周边国家的发展,尽快建设"孟中印缅"经济走廊,实现互联互通,共同推进中缅、中孟、中尼、中印的公路、铁路、航空、油气管道、电信等设施建设,加大对印度洋沿岸国家的投资,加快当地产业转型与发展。

中国积极加强与印度洋相关的东盟国家关系。近年来,中国积极发展与东南亚国家的经贸关系,使中国改革开放成果惠及周边国家和地区,以中国快速发展的经济成果带动和推动周边国家经济发展。中国与东盟经贸往来不断密切并持续深入,合作成果不断凸显。中国与东盟双边贸易额持续增长,双方贸易额从 1991 年的不足 100 亿美元跃升至 2018 年的近 6 000 亿美元,⁴ 随着双方经贸关系不断取得新进展,2010 年,中国—东盟自贸区全面建成。中国已连续 10 年保持为东盟第一大贸易伙伴,东盟已成为中国第二大贸易伙伴,双边投资合作卓有成效。截至 2018 年底,中国和东盟双向累计投资额达 2 057.1 亿美元,双向投资存量 15 年间增长 22 倍,东盟成为中国企业对外投资的重点地区。东盟十国已经成为中国公民出境旅游的热门地区。中国与东盟密切的经贸及人员往来使双方的关系不断热络并持续发展,经济上形成"你中有我、我中有你"的良好局面,相互依存度不断上升,为中国持续深化与东盟的外交关系打下了更为坚实的基础。中国积极支持东盟的共同体建设,全面推进与东盟各国在各领域的务实合作,实现互利共赢。

印度洋沿岸已经成为中国主要的贸易路线,中国已成为印度洋的重要经济力量。中国海军在打击加勒比海域海盗方面也做出了重要贡献。随着中国全球利益的不断拓展,作为维护世界和平的一支重要力量,未来十年,中国军队将越来越多地参与国际维和、人道主义救援、反恐、反海盗等海外军事行动。中国可以在平等、互利与友好协商的基础上,与他国合作建立相对固定的海外补给点、人员休整点以及舰机靠泊与修理点,从而进一步提升中国有效承担维护国际海上战略通道安全、维护地区及世界稳定的大国责任与能力。

这些合作主要包括三个层次:一是平时舰船油料、物质补给点,如吉布提吉布港、也门亚丁港、阿曼萨拉拉港,补给方式主要按国际商业惯例;二是相对固定的艇船补给靠泊、固定翼侦察机起降与人员休整点,如塞舌尔,启用方式以短期或中期协定为主;三是较为完善的补给、休整与大型舰船装备修理中心,如巴基斯坦,使用方式以中长期协定为主。

中印两国在印度洋既有战略空间重叠，又存在战略竞争。近年来，印度对中国的战略焦虑感日趋上升，中印关系发展起伏不定。因此，中国必须认真研究印度在海洋领域牵制中国并与美国、日本等域外国家共同防范中国海上力量崛起的战略意图，特别是印度海洋战略对中国正在推行的"一带一路"倡议的不利影响，高度警惕其战略推进直接对中国海上运输安全的影响。

三、南亚地区是中国推进印度洋战略的重要地带[5]

南亚是中国周边外交的重点地区，在中国新一轮发展中占有重要地位，也是中国"一带一路"鼎力打造的示范地区之一。南亚地区是中国通向欧洲的交通通道，地缘战略位置十分重要。美国积极拉拢并实质性发展与印度的关系，加大对南亚其他国家的投资与援助，以牵制中国"一带一路"倡议在南亚地区的推进。中国的"一带一路"倡议是一种渐进的非军事的合作方式，努力使南亚地区成为中国新一轮发展惠及的地区之一，并成为中国"一带一路"经济合作的主要地区。中国与南亚国家共同构建利益共同体和命运共同体，从而推动南亚地区的整体发展，使印度洋地区真正成为中国稳定的周边地区。

中国与南亚国家经济互补性很强。中国可以借助强大的投资、加工与技术能力，带动南亚国家国内社会经济发展，促进南亚国家社会、经济产生根本性的变革，推动南亚国家脱贫致富。

中国的"一带一路"已成为中国与南亚国家开展对话交流、经贸合作的重要平台，是中国与南亚开展多边外交、互联互通的重要工具，助推南亚各国发展。目前，中国"一带一路"在南亚地区取得了重要进展。"中巴经济走廊"和瓜达尔港、汉班托塔港等建设有序推进。"中巴经济走廊"已成为中国"一带一路"的旗舰工程；同时，中国积极实施印度洋战略有效地保护了中国在印度洋地区的利益与安全，为中国今后经略非洲、走向大洋打下了良好的基础。

中国与南亚国家进行了积极而有效的合作。"以点带面，从线到片，逐步形成区域大合作"正在全面展开。南亚国家普遍欢迎"一带一路"倡议，积极寻求与"一带一路"进行对接。中国"一带一路"倡议给南亚带来了广阔的发展前景,孟加拉国和斯里兰卡正在努力寻找务实且平衡的方式与"海上丝绸之路"接轨。高度的经济相互依存性、基础设施建设的必要性以及国民经济的重新定位等促使南亚国家积极参与中国"一带一路"建设。

中国通过与南亚国家建立经济走廊,借助经济合作的深化,改善中国周边地区的政治与安全环境;而政治环境的改变也为中国与南亚国家之间的经济合作发挥了积极的推动作用。

"中巴经济走廊"为中国"一带一路"倡议在南亚推进发挥了示范性作用。中巴两国确定了以"中巴经济走廊"建设为中心,瓜达尔港、能源、基础设施建设、产业合作为四大重点的"1+4"合作布局,实现合作共赢与共同发展。巴基斯坦是南亚地区第一个承认中国市场经济地位并同中国签署自由贸易协定的国家,与中国建立了全天候的战略伙伴关系,巴基斯坦是中国积极推进海上丝绸之路建设的重点合作国家。"中巴经济走廊"是中国"一带一路"倡议的重大先行示范项目。

2016年11月,瓜达尔港正式开航,首批中国商船从这里出海,将货物运往中东和非洲。这标志着"中巴经济走廊"项目取得重大突破。随着两国合作进一步加深,"中巴经济走廊"的地区及国际影响不断扩大,辐射效应迅速显现。

2019年11月,由中国无偿援助的瓜达尔新国际机场正式动工建设。[6]该项目是"一带一路"中巴经济走廊框架下重点项目之一,是新中国成立以来对外无偿援助资金数额最大的项目,总投资近17亿元人民币,是惠及瓜达尔当地、连接其他城市的重要交通基础设施,为港口和城市今后发展打下更好的基础,进一步提升中巴经贸合作关系,具有重要的战略意义。

而且,"中巴经济走廊"已经创造至少30万个就业岗位,中巴两国在人员、文化、知识方面的交流进一步深入。

"孟中印缅经济走廊"是目前南亚地区一个里程碑式的大项目,已成为中国"一带一路"建设的核心内容。孟中印缅毗邻地区的经济走廊建设不断推进,辐射效应不断显现,有效地推动了中国"一带一路"建设,拓展了中国经济发展的战略空间,这也是中国和印度两国政府达成一致的一个合作点。

斯里兰卡是中国倡议"海上丝绸之路"的重要合作国家,是重要的海上中转地,是连接南海、印度洋、阿拉伯海和地中海的重要海上交通枢纽。中国"一带一路"倡议在斯里兰卡取得了令人瞩目的成就,为斯里兰卡建设了一些先进的基础设施,如汉班托塔港、马塔拉机场和南部高速公路。科伦坡港建设正在如火如荼地进行。汉班托塔港拥有 8 个 10 万吨级泊位和 2 个 2 万吨级泊位,中国拥有该港的 99 年经营权。中国也加大对当地的投资,并为斯里兰卡创造了 10 万个就业机会,带动了斯里兰卡南部地区的整体发展,加强与斯里兰卡在"海上丝绸之路"中的重要合作。目前,中国已成为斯里兰卡最大贸易国,也是斯里兰卡外国直接投资最大来源国。

近年来,中国和孟加拉国在能源、基础设施等方面取得积极进展。中国和孟加拉国在帕亚拉燃煤电站、吉大港卡纳普里河河底隧道等项目中取得积极进展。2017 年 10 月,中孟两国签署协议,双方将合作建设 220 公里长的输油管道。这是继缅甸皎漂港之后,中国在印度洋沿岸的又一重要合作项目。

尼泊尔是中国在南亚的重要合作国家。中国和尼泊尔有关部门对加德满都—吉隆与加德满都—博卡拉—蓝毗尼的铁路进行基础性研究。双方的铁路可行性研究是在中国"一带一路"倡议框架下进行。中尼双方的互动立即引起印度媒体的关注。

马尔代夫也是中国"21 世纪海上丝绸之路"的重要节点。中马友谊大桥动工进展顺利,马累国际机场改扩建项目开始施工,中方援建的拉穆环礁连接公路和呼鲁马累住房项目二期取得良好反响。中马第三轮自贸谈判达成共识,于 2017 年 12 月签署了自贸协定,这是中国商签的第 16 个自贸协定,也是马尔代夫对外签署的首个双边自贸协定。

中国在南亚积极推动"一带一路"倡议,具有十分重要的现实意义。第一,提高中国与南亚主要合作伙伴之间的经济依存度,有助于实现中国与南亚地区的共同发展和繁荣,促进中国与南亚地区的经济融合,共享中国发展成果;第二,中国与南亚主要合作伙伴的政治关系进一步密切,有助于实现构建命运共同体的目标,也提高了中国在南亚地区的政治、经济影响力;第三,随着中国"一带一路"建设在南亚地区的不断推进,中国与南亚的经济依存度上升,为彼此安全互动创造了条件,进一步密切了中国与南亚主要合作伙伴的政治关系,为中国与南亚各国安全互动创造了有利条件,有助于共同安全目标的实现。

中国通过"一带一路"倡议,与南亚国家积极广泛合作,极大地提高了中国在南亚的政治、经济影响力,有利于中国与南亚构建命运共同体,从而为中国新一轮发展提供了稳定的周边环境。

第二节　现阶段中国海洋战略的路径

印度洋上能源通道和贸易通道的安全,直接影响到中国的国家安全,印度洋对中国的国家发展具有十分重要的意义。建设海洋强国是中国特色社会主义事业的重要组成部分。因而,研究中国现阶段海洋战略及其实施路径对建设中国海洋强国具有重要的应用价值。

一、印度洋对中国海洋安全的价值

印度洋作为中国的西部邻海,蕴藏着丰富的战略资源,是中国通向南亚、西亚、欧洲和非洲的重要交通、贸易、能源通道,对中国经济可持续发展至关重要。

印度洋的安全与稳定对中国的战略、经济利益意义重大,是中国走向海洋、发展海洋战略的重要通道,是中国的"海上生命线"。作为马六甲海峡的"前端",印度洋对中国的海洋安全有着与马六甲海峡同等的制约作用。21世纪以来,随着中国经济的快速持续发展,中国对能源的需求日趋增长,中国有多达80%的石油供应需要经过印度洋,中国对印度洋、南中国海的依赖程度也越来越强。[7]

印度洋在中国的资源战略上占有十分重要的地位,无论中国从中东进口石油,还是从非洲进口石油和矿产,都得经过印度洋航道,这是一条最经济、最便捷的海上航线。

进入21世纪以来,海洋权益的重要性与日俱增,世界各国都加大了对本国海洋权益的保护力度。中国海洋事业经历了积极的变革和发展,海洋战略地位日渐重要,民族的海洋意识不断增强;海洋管理立法实现了突破,基本建成了海洋法律体系;海洋战略研究初见成效,海洋产业不断壮大,海洋经济有了较快发展。但是,中国公民的海洋意识刚刚起步,海洋权益面临着诸多挑战。这种挑战一方面是美国日益加大在中国南海、东海和黄海的战略介入,谋求形成对中国海洋战略的包围和牵制,另一方面是其他海洋邻国也在不断加强与中国争夺海洋权益。[8]因此,在严峻挑战面前,中国需要及早制定本国的海洋发展战略,加快海洋资源开发力度,推动中国海洋经济的可持续发展,努力维护海洋生产活动的正常秩序和中国的海洋权益,不断提高参与国际海洋事务的能力,为中国建设海洋强国打下坚实的基础,从而为实现中国经济的可持续发展创造有利的条件。

二、中国在印度洋面临的机遇与挑战

随着印度洋在中国的全球战略中的地位日益凸显,中国印度洋战略面临着机遇与挑战。中国可以利用陆权优势改变海权劣势,用地缘经济改变地缘政治,由陆及海,与周边国家达成良好合作。中国与印度洋大国印度之间的经贸关系发展迅速以及美印在印度洋的战略目标冲突有利于促进中印合作。

同时,中国构建印度洋战略也面临诸多挑战。美国、日本、欧洲加强了在缅甸的存在;以美国为首的西方大国以及印度洋沿岸包括印度在内的周边国家对中国崛起的疑惧与防范心态日趋上升;中国在印度洋的贸易航线较为单一及海军实力有限;特别是美国的"印太"战略、印度的"印度之洋"战略为中国经略印度洋带来风险与挑战。中国应以"构建共同价值观、寻找共同利益、促进共同发展"为原则,沉着、冷静、积极应对印度排他性的海洋战略,从经济、人文交流、安全和外交等方面多领域强化对印度洋的投入,以有效保障中国海洋战略运输通道的安全,实现陆海通达的目标。

中国的印度洋战略具有包容性、开放性和合作性特征,与中国领导人提出的构建海洋命运共同体、人类命运共同体一脉相承,都以打造互利共赢的合作新格局为动力,强调人与海洋和谐共处,和平利用海洋。中国构建印度洋战略应注意以下三点。

第一,构建印度洋战略,提升中国的话语权。中国在构建具有中国特色的印度洋战略进程中,应明确海洋战略隶属国家战略的地位:强调将海洋安全战略置于国家战略下。构建印度洋战略,应以印度洋为重点,积极在印度洋地区寻求合作,促成中国与印度洋区域经济、安全互动格局,建立以陆上地缘经济优势促进海上地缘政治优势的海洋安全战略模式,最终完成"一轴两翼"(即以南海为轴、以太平洋和印度洋为东、西两翼)海洋战略的建构,使该战略充分体现中国特色的同时,具有战略性与长远性,从而为实现中国的复兴崛起创造更为有利的海洋环境。

第二,强化远海海军力量建设,加强海上力量尤其是海军现代化建设。增强海上作战能力,不断提高海上远程投送能力,强化海上威慑能力,建设远洋积极防御型战略海军,重点发展海军力量与航母舰队,建立由海军力量、海上武警力量、海上民兵预备役力量三位一体的应急作战体制与海上国防动员体制,形成对中国海洋周边国家乃至域外大国的强大威慑力。

第三,中国印度洋战略面临机遇与挑战。鉴于目前中国尚不具备与美国等在太平洋竞争的优势,而中国在印度洋面临着资源开发与维护海上通道安全等方面的机遇,中国在印度洋存在较大的发展空间。中国应南下寻找通往印度洋的新战略通道,积极拓展在印度洋的战略空间。但印度洋地区的非传统安全威胁也日益突出,中国面临着严峻挑战。

第四,构建中国印度洋战略,保障中国海洋战略运输通道安全,实现陆海通达目标,印度洋战略是 21 世纪中国海洋安全整体战略的一部分,构建中国印度洋战略是建设海洋强国的重要目标,应与中国的南亚政策相适应,成为中国国家海洋战略的发展重点,以打破岛链封锁与"马六甲困局",从根本上改善中国的战略处境,加速中国的复兴崛起。中国应保持与伊朗高原国家以及阿拉伯国家的传统友好关系,建立和长期保持在环印度洋地区的存在,以推动印度洋地区和平与发展。

三、中国实施印度洋战略的路径

中国现阶段的印度洋战略目标应以保障印度洋航线通畅为主。中国应明确不同时期印度洋战略发展重点与难点,采取先易后难策略,稳步推进,有效拓展中国的出海口,不断扩大中国在印度洋区域的"硬实力"与"软实力",使相关国家成为中国印度洋安全架构上的利益攸关方,最终实现中国由区域性海洋大国向世界性海洋大国的战略转型。

中国实施印度洋战略的路径如下。

综合运用政治、经济、安全、外交等手段,打通中国通往印度洋的陆上通道,建设海上丝绸之路,形成陆上通道与海上力量相配合的有利态势;加大在印度洋的投入,保障中国印度洋航线的安全;打通克拉地峡,保证中国石油运输安全;借助陆桥走向印度洋,从而间接获得印度洋出海口;从云南取道缅甸进入印度洋。

中国新的战略通道可由陆及海,借助陆桥走向印度洋。具体而言,就是从面向印度洋的三个边疆省份云南、西藏和新疆出发,通过水、陆、空交通网络接入南亚乃至中东国家,从而间接获得印度洋出海口。

为进一步打通对外通道,中国政府先后在昌都、阿里、日喀则、拉萨和林芝修建了5个通航机场,还准备在海拔4 436米的那曲地区兴建第六个机场。2006年青藏铁路修通后,两条分别通往尼泊尔与印度边境的客、货两用支线铁路,即拉萨—日喀则—樟木线、日喀则—亚东线正在紧锣密鼓地筹划之中。

新疆主要面向中亚和俄罗斯,其西南一翼接巴基斯坦和阿富汗。由新疆西行至中亚最终连贯欧亚的大陆桥,未来或许可以发展其南部支线,将伊朗、阿富汗两个资源丰富的国家联结起来,这样中国也可直接抵达阿曼湾。目前,新疆的印度洋出口主要依靠巴基斯坦。由新疆南下,可走中国援建的喀喇昆仑公路。该线路可出海,但地质情况复杂,通车能力有限。和公路并行,修建一条直抵印度洋畔瓜达尔港的铁路,最近已被列入两国政府的规划中,并作为"中巴经济走廊"旗舰项目,重点推进。该铁路以新疆喀什为起点,经中巴边境口岸红旗拉普山口,贯穿巴基斯坦全境。修通后,将使新疆触角伸向南亚、中东,并以此获取更多的出海机会。不过,由于要穿越连绵高山,加之经过克什米尔争议区,建设成本巨大。9

尽早建成中缅孟国际大通道。中缅孟公路和铁路建成之后,中国就能够直接进入南亚地区,缩短运输线路,因此,其战略意义重大。

在构建中国印度洋战略进程中,中国应不断完善海洋体制机制建设,强化海洋管控,进一步明确与完善中国的海洋政策及法律制度,使捍卫海洋领土权益与近海核心利益、维护中国海外利益尽早形成机制化、常态化模式;积极、灵活地妥善处理中国与世界其他国家的海权问题与海洋权益争端,建立相应的海上对话沟通机制,在巡航、海上补给、海上救援、打击海盗和反恐等领域加强协调与合作。

中国应积极探讨中美两国和中印两国在印度洋地区可能的合作机制与路径,主动将美国与印度在印度洋地区的矛盾适时转为中国的战略机遇,寻求共同点加以合作,规避或减少冲突,以实现共赢。中国应积极寻求与其他国家在印度洋上的合作,继续支持和鼓励印度与巴基斯坦两国和解;积极发展和保持与印度洋沿岸非洲国家的关系,最大限度地维护中国的战略利益。

同时,中国应妥善处理与东盟国家的海洋权益争端,坚持"双边协商"的具体策略,客观认识印度等第三方力量向南海地区的渗透,积极寻求应对之策。

中国印度洋战略发展较慢。中国印度洋战略的逐步完善为中国未来经济社会可持续发展提供了更大的发展空间。中国构建和谐印度洋战略,与中国的南亚战略相适应,是中国海洋强国建设的重要内涵之一。

第三节　陆海贸易新通道研究

"一带一路"倡议是中国主动参与国际经济合作的创新之举,极具开放性,推动了中国与沿线国家和地区的经贸合作,深化了中国与沿线国家双边关系。"一带一路"倡议为全球治理和全球社会、经济发展不断贡献新智慧、提供新动能,正成为改善全球经济治理的重要品牌。

"一带一路"倡议标志着中国逐步迈入主动引领全球经济合作和推动全球经济治理变革的新时期。通过"一带一路"建设,中国不断向全球经济治理提供中国的智慧和方案,极大地改变了世界政治与经济格局。

中国加强陆海贸易新通道的建设,积极利用铁路、海运、公路等运输方式,南达东盟、澳新等地区,东连东北亚、北美等地区,北接欧洲等地区,西达南亚、西亚及非洲等地区,进一步对接金融服务、交通物流、信息通信、文化旅游等重点领域,推动中国与陆海贸易新通道相关国家社会、经济的合作与可持续发展。

一、推进陆海贸易新通道建设的地缘意义

中国是典型的陆海复合型国家,这决定了中国必须努力在海、陆两个方向全面发展以保持平衡。在推进"21世纪海上丝绸之路"建设中,中国综合运用政治、经济、安全、外交与文化等手段,加强陆海贸易新通道建设,打通中国通往太平洋和印度洋的陆上和海上通道,形成与周边国家共同发展的良好态势。

陆海贸易新通道建设是中国构建海洋命运共同体的内生动力。陆海贸易新通道建设分为国内陆海贸易新通道和国际陆海贸易新通道两部分。国际陆海贸易新通道原名"中新互联互通南向通道",是在"一带一路"框架下,以广西、云南、贵州、四川、重庆、甘肃、青海、新疆、陕西等中国西部相关省区市为关键节点,利用铁路、海运、公路等运输方式,向南通达新加坡等东盟主要国家,并进而辐射澳新、中东及欧洲等区域,向东连接东北亚、北美等区域,向北与重庆、兰州、新疆等地的中欧班列连接,是西部地区实现与东盟及其他国家区域联动和国际合作、有机衔接"一带一路"的复合型对外开放通道。

陆海贸易新通道是中国"一带一路"建设的具体组成部分,将极大地推动沿线、沿途国家和地区的社会经济发展,也必将提高中国在全球治理中的话语权。陆海贸易新通道布局与建设是中国新一轮改革开放的实施手段,我们应确立多层次、大空间、海陆资源综合开发利用的现代化贸易新通道,积极推动陆海一体化发展,有效对接国内外市场,不断培育陆海贸易通道发展新动能。推动陆海贸易新通道建设,应坚持开发与保护并重,加强资源集约节约利用,完善陆海贸易新通道机制,在使之成为推动中国"一带一路"建设重要工具的基础上,进一步深化发展中国与陆海贸易新通道所在国家的双边互利友好合作关系,尽早实现金融相互融通、商业贸易相互流通、人文教育与科技领域融合相通、社会经济发展政策相联通、基础设施相联通的"五通"格局,共同构建人类命运共同体。

国际陆海贸易新通道发挥桥梁的作用,衔接"丝绸之路经济带"与"21世纪海上丝绸之路",促进中国与亚洲、欧洲和其他地区国家互联互通,推动中国与陆海贸易新通道所在国家的友好合作,打通东南亚、南亚与中国西部间的物流大通道,大幅缩短交通运输时间,降低物流成本,造福共建"一带一路"的国家和地区及相关企业。

陆海新通道建设以共建"一带一路"为统领,以合作共建、合力推动为主,是新时代中国加强与陆海贸易新通道所在国家经贸合作、人文交流的重要平台和重要节点,是加快发展金融服务、航空产业、交通物流、信息通信等现代服务经济的重要路径。陆海新通道的内涵包括多式联运发展,投资贸易便利化,区域系统化改革创新,基础设施建设的互联互通等系统性措施,有利于促进中国西部地区乃至欧亚大陆更好地与东南亚活跃经济体衔接,为中国与东盟合作提供了创新发展空间,有利于东盟地区更好地开拓欧亚内陆市场,降低国际经济合作成本。陆海贸易新通道建设对实现中国经济可持续发展,缩小东部地区与中西部地区发展差距,提升中国西部地区互联互通水平,构建中国对外开放新格局和带动国内相关省区的发展具有重要的现实意义。

二、建设陆海贸易新通道的路径

从国际层面来看,响应"一带一路"倡议的地区和国家,从区域分工、能力建设、重点领域推进等视角,分步骤地有序推进亚洲、非洲、欧洲、南美洲和南太平洋地区陆海贸易新通道布局与建设。在科学评估和预测沿途(线)国家陆海贸易新通道政治、经济与金融、社会等风险的基础上,中国着眼于新一轮发展所要求的不同功能与定位稳步推进和加快陆海贸易新通道布局与建设。

中国与"一带一路"沿途沿线国家的合作涉及基础设施建设、经济发展、人文交流、生态环境保护和海上安全等诸多领域,横跨太平洋、印度洋和大西洋等海域。中国在建设陆海贸易新通道进程中,应积极对接相关国家发展战略,积极以地缘经济合作推动地缘政治发展,弥合因不同政治制度、不同民族差异而带来的政治分歧,通过更紧密的经济合作,带动沿途沿线国家社会经济发展;通过"一带一路"陆海贸易新通道建设,根据不同地区的区位、经济社会发展等特点,充分发挥各自的优势与特色,合理布局,选择一批功能定位及对外合作基础较好的城市和港口,优先发展,以形成产业分工与合作相结合的陆海贸易新通道模式,带动其他沿途沿线国家经贸发展。

从国内层面来看,中国加快沿海地区和内陆地区贸易新通道布局与建设,以提升国际合作能力、优化调整开放型经济发展空间格局。地区功能定位是空间布局的逻辑起点。我们应以东部沿海地区为引领,充分发挥沿海地区在引领海洋开发和内陆地区发展中的核心作用,加强东、中西部地区互动合作,全面提升开放型经济水平,形成参与和引领国际合作竞争新优势;科学规划海岸带开发空间秩序,统筹规划沿海港、航、路系统,理顺陆海产业发展与生态环境保护关系,以实现陆海产业发展、基础设施建设、生态环境保护的有效对接和一体化的良性互动发展,提升沿海地区的集聚辐射能力,着力重塑并强化海洋开发保障基地和海洋产业发展的重要空间载体职能。

"21世纪海上丝绸之路"进一步推动了中国新一轮改革开放,为中国沿海地区对外开放指出了新的方向。中国应积极推动沿海不同区域改善基础设施条件、创新体制机制,促进外向型经济转型升级,促进沿海地区开放型经济升级换代,进一步提高对外开放水平,不断提升沿海地区对外开放合作基础能力,以港口升级换代为中心,加快港口资源空间整合和功能完善,加快港口物流体系建设,以提升沿海地区内联外通的能力,带动临港产业发展,推动海上丝绸之路贸易新通道建设。

国际陆海贸易新通道是中国通过区域联动与国际合作打造的、具有多重经济效应的通道。国际陆海贸易新通道向北连接"丝绸之路经济带",向南连接"21世纪海上丝绸之路"和中南半岛东南亚地区,形成"一带一路"经中国西部地区的完整环线,这是"一带一路"倡议与东盟发展规划对接的突破口,也是"一带一路"与东盟共同体的重要契合点。

随着中国与东盟各国"一带一路"合作的深入推进,中国—东盟互联互通需求愈发突出,国际陆海贸易新通道已经在机制探索、平台运营、设施配套、货源组织等方面取得了阶段性进展,为共建"一带一路"的国家和企业带来了新商机,降低了国际经济合作成本,加快了当地海关通关便利化,直接促进了所在国家经济的发展。

三、陆海贸易新通道的建设目标

中国以"全面战略伙伴关系"为主线，以区域国际组织总部所在地和经济成长性较好的地区为补充，科学、合理布局若干"一带一路"陆海贸易新通道，以优先推动与这些通道的产能合作和投融资项目的落地等相关战略合作，率先形成一批区域分工、优势互补、互利共赢、共创繁荣的"一带一路"合作的枢纽城市和港口。

基于"一带一路"陆海贸易新通道的概念内涵与功能特征，中国从战略布局的角度，按照"五通"发展新维度，及时升级陆海贸易新通道筛选标准，并建立"一带一路"陆海贸易新通道筛选模型。在全面了解陆海贸易新通道在推动政策沟通、设施联通、贸易畅通、资金融通、民心相通等"一带一路"重点领域的整体表现基础上，积极开展实地调研、实际数据收集、专家评价等活动，并利用层次分析法，精心选择若干核心的关键指标，形成"一带一路"陆海贸易新通道筛选与评价模型的指标体系。在科学评估陆海贸易新通道政治、经济、金融、社会、民族和宗教等领域有利与不利因素的基础上，深入研究"一带一路"陆海贸易新通道的布局与实施路径，并科学编制实施陆海贸易新通道建设的近期、中期和远期目标。

陆海贸易新通道建设的近期目标是积极规划中蒙俄、新亚欧大陆桥、中国—中亚—西亚、中国—中南半岛、中巴、孟中印缅六大经济走廊建设；中期目标是积极推动中国—南太平洋、中国—北欧—北极、中国—非洲、中韩日加美、中国—巴西—阿根廷五大海上贸易通道建设；远期目标是建成若干个贸易支点，建成全球性贸易通道网络，积极利用铁路、公路、水运、航空等多种运输方式，通达国际主要物流节点；通达世界，全面实现互联互通。

四、建设陆海贸易新通道的地缘风险与挑战

"一带一路"倡议为中国新一轮经济发展创造了有利的条件和机遇，陆海贸易新通道建设在推动当地经济发展的同时，也存在着一定的地缘风险，面临着诸多挑战。陆海贸易新通道建设具有巨大的潜在收益，但在建设过程中也存在诸如相关投资收益率偏低、投资安全不确定

性,可能加深沿线国家对中国崛起的疑虑等潜在风险。

在"一带一路"陆海贸易新通道建设推进进程中,中国必须充分考虑所在国家的政治与经济风险。由于中国"一带一路"经过的沿线国家历史迥异,政治制度不同,发展道路不同,中国在推进"一带一路"陆海贸易新通道建设进程中与这些国家在政治、经贸、文化、教育和宗教等诸多领域存在着一定的差异,双方可能发生冲突,给中国陆海贸易新通道建设带来一定的冲击。"一带一路"沿线一些国家,目前普遍存在着基础设施建设落后、经济发展水平较低等问题,而且还存在着政局动荡、官员腐败等一系列的政治风险。因此,中国企业应充分而准确地评估这些风险,并制定出有针对性的应对方案。

在陆海贸易新通道建设中,如何保障中国企业的投资安全成为中国必须面对的挑战。中国必须切实做好陆海贸易新通道所在国家的政治和经济风险评估以及相应防范风险的措施,切实强化陆海贸易新通道建设中的风险管控方法,更顺利、可持续地推进陆海贸易新通道建设。

"一带一路"陆海贸易新通道所在国家由于政治体制不同,政治的不确定性依然存在。陆海贸易新通道建设将不得不面对所在国家主权冲突与世界主要大国地缘战略博弈等现实问题。而且,还面临着所在国家政权更迭带来的诸多被动局面,同时也面临着所在国家各种政治力量冲突的潜在危险,更面临着所在国家法律冲突的问题以及生态、环保等方面的冲突。

由于"一带一路"陆海贸易新通道所在国家历史、民族、宗教之间存在巨大差异,地缘政治与地缘经济和地缘安全十分复杂,在中国推进陆海贸易新通道建设进程中,潜在的民族冲突和宗教冲突等问题可能会浮出水面。中国必须考虑到所在国家面临的安全困境。

从地缘战略考量,"一带一路"陆海贸易新通道尤其是海上贸易新通道将使中国的触角超越西太平洋海域,向南深入南太平洋、向西开辟进入印度洋通道,引起美国、印度等国家强烈不满和警觉,并进而加大其对中国的海上抗衡,中国不得不为之耗费大量军力和财力。

如何推进与"一带一路"陆海贸易新通道所在国家和地区合作、确保双方有序对接和有机整合、避免形成地缘战略对抗、减少排他性的恶性竞争正成为中国推进"一带一路"进程中必须面对的一个重要问题。同时,在陆海贸易新通道建设进程中,中国也面临着诸多非传统安全的挑战,涵盖恐怖主义、能源安全、跨国犯罪、海上救援与搜救、水资源与环境安全等领域。

同时,中国在推进陆海贸易新通道建设进程中还面临着具体落实机制缺失的挑战。中国国内各部门、各省(市)之间有机衔接也面临着严峻挑战。国内各部门、各省(市)为了本部门、本地区的利益,可能出现新一轮失序性竞争,特别是对国内陆海贸易新通道布局和功能整合项目可能会一哄而上,不利于中国新一轮整体开放战略。中央政府应避免各部门、各省(市)在陆海贸易新通道推进过程中的角色定位重叠、合作项目同质化、新建产能盲目扩张等现象,应牢固树立"全国一盘棋"大战略,从国家层面加强对"一带一路"陆海贸易新通道的统筹规划和优化布局,整合配置国内多方面资源,有序推进,协调配合,形成优势互补、协同开放和联动发展的良性互动局面,尽早建立利益共享机制,平衡好国内各方面的利益,以减少不必要的投资浪费及由此带来的损失。

在推进"一带一路"陆海贸易新通道建设进程中,中国必须尽快建立陆海贸易新通道合作项目的投资风险评估和海外利益保障机制,以减少因所在国家和地区政体不同、文化习俗各异及当地法律制度和市场风险等带来的投资损失,尽早规避所在国家政局动荡、政府腐败等政治风险;尽早建立"一带一路"陆海贸易新通道建设项目投资服务保障机制,合理避开风险,借鉴国际经验,对潜在冲突进行风险管控,以有效管控投资风险,早日形成中国对外投资"项目评估、服务保障、风险管控"一条龙对外投资保障机制,有效促进和推动中国企业"走出去",扩大中国在世界经济中的影响力。

因此,在陆海贸易新通道建设进程中,中国必须考虑到所在国家和地区的实际情况,特别是要全盘考量所在国家和地区的地缘政治、地缘经济与地缘安全的不确定因素及其对中国的影响;对比分析中国与新通道所在国家之间存在的差异与问题,在战略、文化和制度,政府、企业和民间,技术标准、管理方法和惯例等方面寻求和创新软硬件全面对接的机制与路径。针对陆海新通道建设面临的新变化、新特点(如金融创新与金融监管、投融资、贸易、物流、产业分工与转移及国际投资贸易新规则等），在分析上述因素对陆海新通道建设影响基础上，重点研究对接机制和可供选择的路径；深入分析制约陆海新通道建设活力的主要瓶颈，提出加快拓展陆海新通道建设的主要途径与相关对策建议；深入探讨和预测评估新通道建设的风险与挑战，为实现陆海内外联动、更好地参与全球化和国际分工、构建全球高效便捷的陆海贸易通道网络与全球互联互通伙伴关系提供操作性强的基本思路、合作模式与推进方式；深入分析陆海新通道建设重点拓展区域建设的机制与有利条件，分析存在的主要问题，结合制定问题清单和分类解决方案，进行制度创新研究，充分进行"一带一路"陆海贸易新通道建设的风险评估，控制风险，避免损失，做好各种应对措施，特别要对那些高冲突国家进行全方位的风险研究，做好海外投资产业规划与引导，更顺利、可持续地推进陆海贸易新通道建设。

第四节　本章小结

海洋强国是实现中华民族伟大复兴的有机组成部分。建设海洋强国是保障和满足中国国家安全与发展、维护海洋权益和拓展国家战略利益现实需求的重大战略举措。[10]中国积极参与全球海洋治理，深度参与国际海洋秩序构建，积极推进海洋国际合作。

随着中国经济实力的不断增强与海外利益的日趋扩大，中国海军力量的建设必须加强。提高与保持海军远程作战能力、提高后勤保障能力成为建设现代化海军的主要内容。现阶段中国海洋战略的目标正在逐步实现。南下积极寻找经过印度洋通往欧洲的新通道并积极拓展西向的战略空间，是中国经济快速发展所要求的必然举动。

构建有中国特色的印度洋战略，符合中国的国家利益，有利于中国经济持续快速发展，中国综合运用政治、经济、安全、外交等手段，加强陆地基础设施建设，打通中国通往印度洋的陆上通道，形成陆上通道与海上力量相配合的有利态势。现阶段中国海洋战略的推进具有十分重要的地缘战略意义。

第一，有利于加强与印度洋沿岸国家的睦邻友好、合作关系。随着中国"一带一路"倡议不断推进，中国在进一步推进现阶段中国海洋建设的同时,加强了与印度洋沿岸各国睦邻友好合作关系。而且,这有利于开辟中国新的西部通道。中国与印度洋沿岸国家之间不存在根本性的利害冲突。发展和保持与印度洋沿岸国家的睦邻友好合作关系是中国印度洋战略的基础。其中,中国与巴基斯坦和缅甸具有长期的友谊与合作。半个多世纪以来,中国与巴基斯坦保持了"全天候"的传统友谊,巴基斯坦不仅在中国发展与世界联系方面发挥了重要的作用,而且成为中国在中亚地区发挥影响力、加强与穆斯林世界沟通的重要渠道。在加强中巴两国政府间友好合作关系的同时,中国还应加强与巴基斯坦的社会往来,促进民间人士的交往,使中巴关系长期保持友好合作状态。

中国和缅甸一直保持着友好合作的关系,有约 30 万华人生活在缅甸,这种天然优势有助于中缅两国长期合作。中国应加大对缅甸的支持和经济援助,促进双方关系和谐发展。

因此,中国与巴基斯坦和缅甸在经济上积极合作,实现互利互惠,在国家主权上互相尊重,共同促进与维护印度洋的安全和利益。

第二,有助于打通印度洋的陆上通道。中国与印度洋之间没有陆上通道,打通中国通往印度洋的陆上通道对构建中国的印度洋战略至关重要。巴基斯坦拥有印度洋上良好的出海口和优良的海港。而中国与巴基斯坦陆路接壤。所以,中国应当加快南疆铁路的建设,加快"中巴经济走廊"建设,早日与巴基斯坦境内的铁路连成一体,打通中国与印度洋的路上通道。如果能将中国西北陆地运输网络延伸到巴基斯坦瓜达尔港口,可提高中国在印度洋维护地区平衡与稳定的能力,同时使中巴传统友谊得到更深入的发展。

中国应重点发展海军力量和航母舰队,加强海上力量尤其是海军现代化建设,建设一支强大的现代化航母舰队,为中国海军"走出去"保驾护航,增强海上作战能力,不断提高海上远程投送能力,强化海上威慑能力,建立由海军力量、海上武警力量、海上民兵预备役力量三位一体的应急作战体制与海上国防动员体制。

第三,有助于发展与伊朗等国家的友好合作关系。中国应积极巩固和加强与伊朗等国家的友谊,积极维护中国与伊朗的全面战略伙伴关系。中国的海军护航舰队在波斯湾对过往商船护航成为中国军事进入波斯湾的象征。中国应保持与阿拉伯国家的传统合作基础,共同维护波斯湾地区的和平与稳定,打破西方大国对中东石油的垄断。

中国必须不断加大在印度洋的投入,既要在印度洋扩展和维护本国的利益,也要与其他国家共同维护对于全球化至关重要的海洋秩序。因此,构建中国的印度洋战略,中国还应积极发展与斯里兰卡的友好关系,保障中国印度洋航线的安全。同时,在构建中国的印度洋战略过程中,中国需要进一步加大与非洲国家的联系和友谊。中国发展与印度洋沿岸非洲国家的关系,可以对冲印度的影响力,最大限度地维护中国的利益。

第四,有助于改善中国国内发展不平衡状况。尽管中国综合国力不断上升,但中国东、西部发展差距依然困扰中国现代化进程。中国需要完善沿海开放与向西开放、沿边开放与向西开放相适应的对外开放新格局,促进东、西部经济社会的平衡发展。现阶段中国海洋战略为中国向西发展提供了机遇,可以极大地推动中国西部内陆地区的社会经济发展,扩大出口,带动当地就业,缩小中国东、西部地区发展差距。

陆海贸易新通道是中国实现与全球国家联动和国际合作、有机衔接"一带一路"的复合型对外开放通道,具有十分重要的战略意义和经济价值,有利于中国加快形成"陆海内外联动、东西双向互济"的对外开放新格局;进一步带动经济走廊建设,辐射并推动周边省市发展,降低跨境物流成本,加快中国国内内陆国际物流枢纽与中心支点建设,促进与世界的贸易便利化、贸易多边化。在"一带一路"框架下,中国深入研究陆海贸易新通道合理布局,科学评估其有利条件和政治、安全、经济、民族及宗教等风险,为中国新一轮发展与规划提供操作性强的战略对策建议。

第五,有助于更好地维护印度洋海上通道安全。在印度洋地区以约定合作为前提,中国积极实施多边主义的海洋合作,通过在巴基斯坦建设瓜达尔港口、在斯里兰卡建设汉班托塔港口、在孟加拉国建设吉大港等发展远洋基础设施,在缅甸建设公路和能源管线、网络和电子装置等。这极大地促进了中国与印度洋沿海地区国家的海上多边外交,扩大和巩固中国与印度洋沿海地区国家间的战略合作伙伴关系,同时也维护了印度洋地区的海上安全。中国的这种多边外交一方面促进了印度洋沿岸地区的经济发展,另一方面保障了中国在该地区的安全利益。

中国应利用资金和技术优势,以经济援助、商业合作等形式在印度洋周边参与援建开发,帮助一些国家修建道路、桥梁、机场和港口。港口建设成为中国能否实现从内陆南下突破的关键,直接决定着中国印度洋布局的成败。

近年来,海上多边主义外交使中国在印度洋地区获得了丰硕的成果,加强了与沿岸各国海军交流与演习。辅以经济合作、建设远洋补给基地等方式,中国与相关国家实现互利共赢。2005 年,在国际海事组织雅加达会议上,中国重申支持印度洋沿岸国家加强海峡安全和保障的立场。2005 年,中国为印度洋海啸中受灾的沿岸航标指引项目提供资助。在中国海军战略思想中,积极参与执行多国海上任务演习是一项重要的内容,有助于向国际社会展示中国海军的军事实力和中国海军工业技术的现代化水平。2009 年举行的"和平-09"多国海上联合演习,是地区和全球海军合作的一个榜样。中国参与"和平-09"联合演习,显示了中国海军迈向蓝水海域日益增长的实力,同时也体现了中国与巴基斯坦密切的传统关系,全面展现和提升了中国在印度洋区域的"硬实力"和"软实力"。

2009—2019 年,中国相继派出 31 批海军舰艇编队赴亚丁湾、索马里海域预定海域执行护航任务,共为 6 600 余艘中外船舶护航,解救、接护和救助遇险船舶 70 余艘。中国海军护航编队积极为国际社会提供公共安全产品,安全护送的船舶中外国船舶占 51% 以上,先后执行马航失联客机搜救、为马尔代夫紧急供水、为 20 批叙化武海运船舶及 12 艘世界粮食计划署船舶护航、从也门战火中紧急撤离 683 名中国同胞和 279 名外国公民等任务。[11]中国多边主义的海上外交活动已成为中国提高在国际事务中的话语权、与印度洋沿海地区国家发展双边关系的重要途径。

长期以来,中国在出海通道问题上受制于人,仅仅依靠太平洋这一方向与外界联系。特别是近年来,以美国为首的发达国家在海上对中国构成了实际的"封锁"局面。中国必须适时探讨和形成开拓"两洋"出海大通道的战略构想,协调建立起太平洋出海口与印度洋出海口之间的互动关系。[12]

陆海复合是中国地缘政治现实最大的特点。中国是陆海兼备的国家,生存、安全和发展皆与海洋息息相关。[13]中国新的战略通道可由陆及海,借助陆桥走向印度洋,从而间接获得印度洋通道;从云南取道缅甸进入印度洋;由新疆西行至中亚最终连贯欧亚的大陆桥,将伊朗、阿富汗相联结直抵阿曼湾;并以新疆喀什为起点,经中巴边境口岸红旗拉普山口,贯穿巴基斯坦全境修建一条直抵印度洋畔瓜达尔港的铁路;尽早建成中缅孟国际大通道等。

注释

1. 社评:《需积极构建具有中国特色周边外交体系》,中国评论通讯社北京 2017 年 5 月 2 日电。

2. 社评:《中国应积极经略印度洋　构建世界海洋强国》,中国评论通讯社香港 2015 年 1 月 4 日电。

3. 胡志勇:《印度洋已成地缘政治中战略博弈之洋》,载《人民日报》(海外版)2019 年 1 月 4 日。

4. 于佳欣:《东盟已成中国第二大贸易伙伴》,新华社北京 2019 年 7 月 31 日电。

5. 胡志勇:《"一带一路"有利于南亚构建命运共同体》,中国评论通讯社北京 2017 年 12 月 9 日电。

6. 牛龙龙、李广超:《中国最大援外工程巴基斯坦瓜达尔新国际机场项目正式开工》,人民图片网 2019 年 11 月 7 日。

7. 王新龙:《印度的海洋战略及对中印关系的影响》,载《南亚研究季刊》2004 年第 1 期。

8. 钟理:《中国高调捍卫海洋利益解读》,载《紫荆》2010 年 8 月号。

9. 李因才:《马六甲海峡瓶颈难以突破　中国谋局印度洋》,载《南风窗》2010 年 9 月 1 日。

10. 张海文:《以党的十九大精神指引海洋战略研究》,载《中国海洋报》2018 年 2 月 28 日。

11. 李唐、代宗锋、陈国全:《海军亚丁湾护航 10 周年影像记》,载《解放军报》2019 年 1 月 8 日。

12. 李靖宇、张卓:《打通印度洋能源路》,载《中国石油石化》2010 年第 7 期。

13. 张海文:《以党的十九大精神指引海洋战略研究》。

第五章
构建中国海上战略支点研究

为维护和拓展海外利益,中国需要建立自己的海上战略支点。[1]海上战略支点旨在服务国家战略需求,服务和平与发展目标,与西方强权的海外军事基地存在本质区别。

本章在分析中国海上战略支点建设所面临的风险与挑战基础上,提出要兼顾经济与安全利益,审慎推进中国海上战略支点建设;并探讨了海上战略支点建设的目标与路径。印度洋安全与中国的国家利益密切相连,乃是目前及今后一段时间中国海上战略支点建设的优先选择区域。

海上通道是国家最富价值的战略性资源之一,更是保障国家经济与社会可持续发展的"生命线",中国海上通道按走向具体可以分为北美通道、中东—欧洲通道、大洋洲通道和非洲—南美通道。中国石油、铁矿石、粮食等重要战略物资主要通过上述海上通道进行运输。其中印度洋已日益成为中国可持续发展的重要海上通道。

从地缘政治角度考量,中国海洋建设的重点体现在两个关键的跨国性区域,即西太平洋地区和印度洋地区。西太平洋地区关乎中国生死攸关的国家利益,而印度洋则涉及中国发展崛起的国家利益。[2]长期以来,这两个影响中国国家利益的战略区域一直是中国对外海上贸易的重要通道,越来越与中国的发展紧密相连。

随着中国"一带一路"倡议不断推进,截至2018年10月,中国已推出国内16个海上枢纽城市建设规划。

第一节　中国海上战略支点建设的目标

2013 年 9 月和 10 月,中国国家主席习近平在出访中亚和东南亚国家期间,先后提出共建"丝绸之路经济带"和"21 世纪海上丝绸之路"的重大倡议,得到国际社会的高度关注。而其中的"21 世纪海上丝绸之路"倡议明确指出其重点方向是从中国沿海港口过南海经东南亚进入印度洋,再由地中海进入欧洲。3 印度洋在中国"一带一路"倡议中的作用日趋明显,对中国国家安全具有十分重要的地缘战略意义。

港口是海上丝绸之路的重要节点和载体,也是重要的战略资源。4 中国提出"一带一路"倡议以来,中资企业加大了对沿线港口和物流设施的投资建设,海上丝绸之路港口国际合资合作成果丰富。中资企业通过兼并收购、特许经营、合资合作等多种形式加强了对海外港口的投资布局。

尽管就地理而言,中国是一个太平洋国家而非印度洋国家。但是从地缘政治意义考量,中国也是一个与印度洋有着密切关系的国家。随着中国对能源需求的不断上升,印度洋安全与中国的国家利益关联也进一步得到强化。随着中国经济的快速崛起,中国在全球范围的政治、经济、军事、文化和安全利益日趋增多,印度洋在中国全球战略中的地位也日益凸显,印度洋与中国的未来发展关系日趋紧密。

随着全球政治、经济中心不断向东方转移,印度、中国和美国等国家在印度洋地区的利益与影响开始重叠和交叉,印度洋日益成为 21 世纪的全球权力博弈的中心。5 印度洋是世界交通资源和矿物稀缺资源最集中的地带,也是世界地缘政治的心脏地带,印度洋与麦金德(Halford Mackinder)所说的欧亚大陆结合部的陆权"心脏地带"南北呼应,形成大西洋和太平洋结合部的"心脏地带"。6 印度洋航道安全与中国新一轮发展利益攸关,印度洋海权格局对中国远海战略通道安全的重要性日益凸显。维护印度洋航线安全、维持国家经济运行稳定是未来中国海洋建设必须实现的基本目标,也是中国海洋建设的现实动力。印度洋上的"安全利益攸关者"与"安全维护参与者"正成为中国在印度洋的安全角色的主要定位,中国应更加主动、更为积极地参与印度洋海事安全活动。[7]

海上运输通道的构建与畅通是中国建立贸易网络的基础,中国进口石油与对外贸易通道主要集中在印度洋地区。印度洋海上通道已日益发展成为中国经济的命脉,中国货物进出口量的50%通过印度洋进入西亚、非洲、欧洲及美洲。中国从沙特、安哥拉、伊朗、苏丹、阿曼、伊拉克、科威特和利比亚进口的石油都途经印度洋。印度洋区域已成为中国未来全球能源和自然资源的主要供应地和投资区。印度洋对中国的战略意义日趋重要,已成为中国经济发展的"海上生命线"。[8]中国有必要与环印度洋地区国家加强合作,共同保证印度洋航线的安全,促进经济可持续发展。

中国海军的目标正从近海防御逐步向远洋防御转型。[9]维护中国的国家海洋权益、保障中国的海外利益已成为中国军队的战略目标,[10]这是中国快速发展而不断增长的全球利益安全的需要。

为改变中国在印度洋的地缘劣势,中国应尽快实施和谐、安全的印度洋战略,与其他国家共同维护国际海洋秩序,以保障中国能源通道与贸易通道的畅通。但是,中国的印度洋战略不以追求制海权为目标,[11]而是为了保护海上通道安全,维护本国合法的海洋权益。

向印度洋发展是中国海洋建设的必由之路,中国在印度洋的地缘政治利益在地缘经济利益之后。作为一个非印度洋沿岸国家,这种天然地理劣势给中国实施本国的印度洋战略带来极为不利的影响。尽管印度对中国有一定误解,但中印两国仍存在合作的空间。中国应积极加强与印度等国家在印度洋的直接与间接的合作,不断推进与印度洋沿岸国家的多边外交,不断加大参与印度洋事务的力度,加强中国在印度洋地区的存在,使中国参与印度洋事务机制化、常态化。

在充分考虑印度洋现实态势的基础上,中国应尽最大努力维持目前印度洋国家关系的相对平衡,积极发展海上力量以保护战略通道的安全,积极参与印度洋海洋秩序的建构,并不断发挥中国的作用,最大限度地维护好中国的国家利益。

第二节　中国建设海上战略支点的风险与挑战

随着国际局势不断变化,在建设海上战略支点的过程中,中国也面临着诸多风险与挑战。中国海上通道分布范围广,安全形势错综复杂,中国的海上通道安全不容乐观。其突出表现为海上通道自然地理条件差、极端天气频发、外部安全环境恶劣、海盗频袭等。海上通道安全直接影响到中国对外贸易活动以及中国重要战略物资往来,从而影响到中国经济整体发展。

海上战略支点建设具有阶段性、曲折性、开放性特征。[12]在建设过程中,中国要形成合理的功能定位,着眼于多边合作,充分发挥双边合作的示范、引导、激励作用;要以周边命运共同体为发展目标,努力提高战略支点建设的政治稳定性、经济依存性、安全协同性和文化包容性,形成更具竞争力和可持续性的对外投资机制。

"21世纪海上丝绸之路"的战略支点是指承载我国与沿线国家经贸、科技、文化合作功能的空间区域,目前尚存在顶层设计不清晰、空间布局不合理、合作方式较单一、合作层次不丰富等问题。[13]中国应在加大互联互通和基础设施力度下,科学、合理布局战略性港口建设,兼顾经济与安全利益,使这些港口兼备商用与军用功能,通过升级改造,区分不同的建设重点,有步骤、分层次将重点港口打造为中国海上战略支点,以实现"点面结合、线片协调",最终实现区域性海上战略支点整合的发展目标。

海上战略支点建设面临诸多风险与挑战,具体包括以下几点。

在政治体制方面,海上战略支点所在国家的制度体制差异大,政局动荡不稳;而中国的投资大、周期长、收益慢,在很大程度上有赖于有关合作国家的政策政治稳定和对华关系状况。我们必须评估和回避海上战略支点建设的政治风险。

在经济领域,海上战略支点所在国家经济发展水平不一,市场开放难度大,无疑增加了中国企业投资评估的复杂性,制约了海上战略支点建设的合作共享。

而且,海上战略支点所在国家民族宗教矛盾错综复杂,非传统安全问题突出,投资环境不佳,不利于中资企业人员与财产安全,对海上战略支点建设构成严峻挑战。

另外,由于海上战略支点所在国家对中国的发展认知不同以及对中国发展的安全疑虑,战略猜忌可能影响中国海上战略支点建设。

具体而言,中国在海上战略支点建设进程中,面临着诸多风险,其中潜伏很多冲突点。一是南海问题,中越边界问题,印度尼西亚专属经济区冲突,马来西亚加强与美国联系及其与中国的冲突。二是印度洋问题,其中中印关系最重要,直接影响到中国"一带一路"倡议的实施。中国海上战略支点建设可能导致印度的担忧和反制,印度出于本国战略利益的需要,处心积虑地限制中国进入印度洋。印度还以国家安全为由,对中资企业进入印度设置诸多人为障碍,印度政府频繁以安全为由限制中国企业在印度的投资,严重阻碍了中国和印度之间的正常投资贸易,不利于中国和印度双边经贸合作和文化交流,[14]也不利于中国推进海上战略支点建设。长期以来,印度始终视中国为其战略对手,这种地缘政治观念和地理战略结构固化与不断强化的现实成为中国推进海上新的战略支点的最大障碍,使中国走向海洋地缘政治的态势呈现出了复杂性、敏感性与脆弱性并存的局面。[15]就中国印度洋战略利益的迅速拓展而言,中国维护印度洋战略利益的军事手段存在着巨大的风险性,该风险性呈上升的不利态势。而且,在中国与东南亚部分国家还存在领海领土争端的情况下,印度在有争议的地区积极加强军事外交活动,也给中国的国家安全和恢复在该地区的领土领海主权带来新的战略压力。三是各国历史、文化、宗教不同,存在着不同文明之间的冲突,而这些冲突也影响贸易往来。

而且,海上战略支点所在国家政局的不稳定及经济结构的脆弱性可能引发中国的投资与建设的风险;地区冲突外溢与非传统安全的风险,有可能使中国海上战略支点建设面临不确定性困难,投资风险增大。

更为重要的是,中国海上战略支点建设还可能引发美国"亚太再平衡"战略进一步加深,[16]因此,中国必须主动积极地发展与美国的关系,努力将美国及其盟友纳入"21世纪海上丝绸之路"建设的合作方,并做好积极的反制准备,[17]以保障中国海上战略支点建设得以顺利实施。

随着全球海洋战略形势的变化,中国建设海洋强国面临着诸多挑战。中国海上战略支点建设成为中国"一带一路"倡议中的重要内容，也是中国建设海洋强国具体的战略举措。中国应积极依托"21世纪海上丝绸之路"建设平台准确选取、建设并维护好海上战略支点，充分发挥海上战略支点所特有的示范样板性战略效用，不断积极深化与沿线国家间的战略合作，积极拓展与相关国家的外交纵深，积极主动地应对不同的战略风险与挑战，推进中国海上战略支点建设，将"一带一路"倡议与沿线国家发展战略相对接，强化彼此互动与深度合作。

中国进一步提升对海上战略支点建设价值的认知，加强自身海上力量建设，建立综合性战略支点建设风险预防评估机制和对策，积极推动地区安全合作，形成中国全方位对外开放战略新格局。而且，中国积极构建海上战略支点可以更好地推动"一带一路"倡议实施，有助于改变东亚地区封闭的地缘政治格局，缓和在大国博弈影响下日趋紧张的地区局势，在一定程度上对目前有利于西方的国际产业分工体系产生解构作用；[18]并可缓解"一带一路"倡议在实施过程中所面临的战略困境，不断增强"一带一路"倡议的可持续发展；更有效地为中国商用船只与海上力量提供后勤补给，进一步提高中国维护海上通道安全的能力。

中国应加快完善和优化重要支点布局，加强重点区域和重点领域建设，进一步夯实重要支点建设基础，[19]努力构建和完善国家支持体系，促进和保障重要支点建设的顺利实施。中国可以运输大通道沿线重要港口为导向，精心选择一批重要支点港口，与相关国家合作共建港口，建设临海经济开发区，推动海洋合作和临海产业发展，形成海上丝绸之路的支撑点并逐步向腹地拓展；在此基础上连点成线，将"点"的集群力、支撑力、扩张力拓展，进而形成以海上运输大通道为轴线的海洋和临海经济带；不断拓展国际区域合作，从线到片，逐步形成区域大合作。

因此，中国应审慎积极推进中国海上战略支点建设，以保护中国的海外利益。在海上战略支点建设过程中，中国应加强宣传力度，让周边国家真正了解中国的实际想法，消除周边国家对中国的战略疑虑，积极拓展新的战略支点。战略支点应该与地面卫星建设结合起来，建立通信导航服务与预警卫星服务，建立地面卫星站点，为海军提供及时服务。

第三节　审慎推进中国海上战略支点建设

我们应从长远战略眼光出发,以海上丝绸之路建设为支撑,兼顾经济与安全利益,审慎推进中国海上战略支点建设。在这个过程中,应注意以下几点。

第一,拓展符合中国国家利益的可靠的海上战略支点。

建设海洋强国是中华民族伟大复兴的必要条件,打造海上战略支点是实现中国可持续发展的有力保障。中国建设海洋强国是必由之路,确保海上通道安全是现代海洋建设的关键之举,而建设海上战略支点成为实现海洋强国目标的重要手段。

中国国家利益需求的扩容使海上通道安全成为一个时代性很强的命题。就中国而言,海上通道的意义已经从初期强调能源运输安全发展到重视综合性海洋权益的保障,关注重点也从"马六甲困局"的破解扩展到多点多线的谋篇布局。确保海上通道安全是海洋建设的关键性议程,而战略支点的打造则是实现上述目标的重要手段。[20]

海上运输通道安全直接影响海上运输安全、军事安全、经济安全、能源运输安全等重要战略安全,维护国家利益的需求要求中国建设海上战略支点。

实质上,地缘政治的本质即是资源政治,由于印度洋日益成为全球至关重要的海上战略通道,印度洋正成为世界各大国博弈的焦点。[21]而中国积极构建海上战略支点可以有效弥补中国在印度洋的天然地理劣势,并不断扩大中国在印度洋的经济和安全利益。

中国海上战略支点基本轮廓已经建立。但是,目前中国海上战略支点建设总体上呈薄弱态势,与中国的发展不相适应。而且,中国海上战略支点建设也存在一些显性或潜在的问题。[22]地缘政治环境决定了中国建设海上战略支点的方向。西南太平洋及北部印度洋的沿岸国家众多,政治、安全态势错综复杂,在客观认识中国海上战略布局状况的基础上,中国应从国家发展大局尽快制定地缘政治和地缘经济相结合的海洋战略,审慎推进海上战略支点建设。中国海上战略支点建设不是西方式的海外军事基地,符合国际惯例,其主要目的是向中国船只提供相对固定和稳定的海外后勤补给点,包括人员休整点、舰机靠泊与修理点等。

第二,与中国经济和安全利益挂钩,科学分类,合理布局。

战略支点的规划应与区域合作相结合,与中国利益挂钩,特别是与中国经济和安全利益挂钩,将中国对外投资的经济利益与安全考量统筹协调。中国应切实加强对合作国家政治稳定性及其重点港口的自然条件、经济发展优劣势等诸多领域的研究,充分考虑中国与其双边贸易、贸易额及资源进出口额度、投资程度及未来趋势,还应考虑中国在该地区经商投资的人员是否密集等相关问题。而且,中国必须考虑合作地区总体安全状况是否稳定;同时,也要深入评估当地的宗派宗教领土矛盾与未来趋势以及恐怖主义威胁等,并对以上风险进行科学分类。

建立海洋战略支点要优先充分考量全球战略要地,针对不同地区、不同类型灵活对待,优先考虑能源、贸易通道和一些非常关键的战略要地(如重要的海峡和国际主要咽喉口),[23]合理进行战略支点布局,形成更合理的功能定位,将重点港口打造成为中国新的海上战略支点,以保护中国的海外利益。

而且,中国应正确定位东南亚海上通道的战略地位,完善相应的综合保障基地布局与功能,积极布局中国的海上通道安全保障基地;通过经济、文化等多渠道与"一带一路"沿线、沿岸国家务实合作,逐步获得沿岸重要港口的使用权,并发展中国海上通道保障力量的支持基地;在保障运输通道安全的同时审慎在该地区建设海上战略支点,为中国的海上活动提供强有力的后勤支持;[24]提高中国远程作战能力,为中国走向深海、保障全球利益的总目标服务。

中国应更积极主动地参与和推动东南亚的海上双边及多边合作,充分利用中国—东盟海上合作基金,发挥在资金、技术与人员等方面的优势,加大对东南亚国家投资,并积极参与东南亚海上通道管理机制建设。

考虑到当前东南亚地缘态势,印度尼西亚的苏门答腊岛和加里曼丹岛可成为中国优先合作对象。中国在充分评估当地的经济与安全利益基础上,加大对这两个地区重点港口的现代化改造与建设,使这些港口兼具商用与军用功能,可及时向中国船只和海上力量提供后勤补给。

尽管克拉运河的开凿修建可使中国从陆路、海路两个方向摆脱战略困局,使中国可能获得又一条更捷径的直达印度洋,并且带动泰国、柬埔寨和缅甸等中南半岛国家的经济发展。但是,就当前东南亚政治与民族生态而言,克拉运河的开凿修建面临诸多地缘政治风险和不确定因素。目前当地的政治生态尚不足以支持该支点的建设。且建设该支点易引起印度尼西亚、马来西亚等其他东南亚国家的反对。因此,目前不宜考虑克拉运河的开凿修建。

从地缘政治考量,印度洋已成为当今世界最为繁忙的海上交通要道;而就地缘安全而言,印度洋周边地区多是一些较小的国家,并没有形成一个统一的地缘政治实体,[25]难以形成集体应对地区安全威胁的有效合力,从而极易为外部力量所左右。而印度政府深受马汉(Alfred Thayer Mahan)"海权论"的影响,长期以来视印度洋为其安全圈的主体,一直大力发展海上力量,注重对印度洋制海权的争夺,[26]试图控制从阿拉伯海到南中国海之间的海域,始终坚决反对外国干涉南亚与印度洋事务。但由于自身实力有限,印度无力独霸印度洋。

印度洋是联结世界贸易航线的枢纽,更是中国与亚欧非国家进行商业贸易的必经之地。印度洋的安全影响着中国经济的安全和中国可持续发展的国家大战略。而且,印度洋是中国突破美国太平洋岛链的理想选择,是中国建设海上战略支点的重要平台,是现阶段中国海洋战略构建的重点。中国应加强在印度洋地区活动的力度,加强与印度洋国家的合作,加大对当地国家基础设施投资,最终在印度洋建立新的安全框架和多边安全合作与协调体制。中国正在积极构建与巴基斯坦、缅甸的合作,争取破解中国的"马六甲困局",[27]打破岛链封锁,使中国跳出美、日等国的战略包围,扩大中国的战略纵深和战略发展空间,提升中国的战略威慑力,从而从根本上改善和提高中国的战略环境,提升中国海上力量的战略机动能力。

中国推进海上战略支点建设有助于中国有效保护在印度洋上的利益与安全,改善中国西北与西南地区的经济布局,从而进一步加快中国西部大开发战略的推进,并为今后经略非洲、走向大洋、实施全球战略打下良好的地缘战略根基。但随着中国海上战略支点建设不断深入,中国面临的战略压力也随之增大。[28]美国、日本、印度甚至澳大利亚等国有可能联合起来遏制中国。

现阶段中国可以将瓜达尔港建设成为中国新的海上战略支点，为中国在印度洋海上护航行动提供人员后勤补给与保障，从而提高中国海上远洋作战与机动能力。

随着中国的贸易和能源运输不断扩大，中国也正在积极打造印度洋新的立足点，而位于非洲东部之角的吉布提是中国的首要合作对象。中国正积极打造吉布提东北角的奥博克，以发展成为中国新的补给点，作为中国军队执行亚丁湾和索马里海域护航、人道主义救援等任务的休整补给保障，为中国海军在非洲沿岸开展常态巡航、承担中国的国际责任提供便利，更可以直接为中国海军参与索马里沿海反海盗行动提供更大的支持，[29]有助于中国加大打击海盗力度、更好地维护中国和世界各国在该海域的利益。

2014 年初，中国与吉布提签署了建立一处贸易区和设立一个法律框架的协议。[30]根据该协议，中国的银行可以在这个非洲国家开展业务。这个占地 48 平方公里的自由贸易商业区一期工程于 2016 年完工。

中国建设吉布提港口，辐射效应比较明显。随着中国海外贸易不断发展，中国对石油依存度也逐年上升，百分之六十的运输要通过红海。吉布提地处非洲东北部，位于亚丁湾咽喉处，是天然良港，扼红海进入印度洋的要冲曼德海峡，与索马里、厄立特里亚、埃塞俄比亚三国接壤。是从太平洋经印度洋到西亚、北非和欧洲的能源运输重要通道，也是从印度洋进入红海的关键入口，是通向繁忙的苏伊士运河水路的门户，为内陆邻国埃塞俄比亚提供港口，地理位置十分重要。中国打造吉布提港口，可以增强中国在阿拉伯半岛、埃及、利比亚东部和中非的后勤保障能力。从该地起飞的飞机可以不用中途加油抵达埃及等地，可以更便利地支援在南苏丹的维和部队，从而使中国在中东等冲突地区维和中发挥更大作用，有利于稳定中东局势，促进非洲发展，同时也有利于扩大中国的战略空间，将中国影响力扩展到西亚、非洲地区，更好地发挥中国在地区安全稳定上的关键作用。

由于吉布提重要的战略地理位置，美国在非洲唯一的永久军事基地总部就设在吉布提。勒莫尼耶军营驻扎在吉布提的昂布利机场，基地包括美国非洲之角联合特遣部队的大部分士兵，约有 4 000 名美军和盟军官兵以及无人机等设施。[31] 日本自卫队唯一的海外据点也驻扎在吉布提。日本政府出资 47 亿日元在此建立了司令部厅舍、自卫队员宿舍、能够停放 3 架 P-3C 侦察机的停机坪以及能容纳一架侦察机的仓库等基础设施。法国在吉布提也建有军事基地,据此扼守通往红海和苏伊士运河的入口。其他欧洲国家海军也屯兵于此,以打击索马里海盗。而中国在吉布提建设的基地与美军无人机基地为邻。

从地缘战略的角度讲,中国与吉布提合作比较合理,它可以与瓜达尔港相互呼应,相互支撑中国在印度洋—红海的海上行动,以经济合作为基础,适当兼顾军事用途,建立可提供稳定后勤保障与补给的固定港口。

中国在以往执行任务过程中,人员休整和食品、油料补给面临许多实际困难,因此,中国在吉布提建设必要的保障设施,有助于中国人员实施就近高效的后勤保障,直接支持中国舰船参与执行人道救援、海域护航和反海盗任务,更好地保障中国军队执行国际维和、亚丁湾和索马里海域护航、人道主义救援等任务。这对于中国军队有效履行国际义务,维护国际和地区和平稳定具有积极作用。

第三,中国应进一步加强海洋基本法、航运相关法律、海上通道安全保障等法律法规建设,[32] 使海员以海洋法规为重点的培训常态化,强化海洋国际公约与国内法的衔接,积极参与国际海洋合作,保障海上通道安全。

而且,中国应尽快建立一体化的海上通道安全预警与应急保障体系,有效整合国家和相关航运企业的信息资源,建立全国共享的海上通道风险信息数据库。同时,国家海洋局应尽快建立海上风险信息评级系统,定期发布海上通道安全预警信息,建立海上通道突发事件应急分级响应体系,准确预警,精确评估危害程度和海上安全趋势。

中国只有持续加快海上力量现代化建设,在不断提升中国的远洋通道保障能力基础上提高海上力量远洋投送能力,加强远洋护航力量,并重点提升中国海军在太平洋、印度洋区域的远程投送能力与补给能力,[33] 拓展海军远洋训练,提高远洋机动作战、远洋打击海盗和海上恐怖主义等能力,才能真正实现中国海军从近海到远海的历史性跨越,从而更好地保障中国的国家利益。

第四节　本　章　小　结

在"一带一路"倡议积极推动下,中国海上战略支点建设正有序展开。目前和今后一段时期是中国海洋强国建设的关键时期。中国的崛起依赖于海洋通道的保障。中国未来战略利益要求中国必须确保海外经济利益和海上通道安全。海洋通道安全与否将直接影响到中国的能源安全和经济安全,并成为国家利益与安全的重要组成部分。控制周边海域、扩大沿海地区的海上战略纵深是中国崛起的必然选择。

随着印度洋的地缘价值和战略地位的不断上升,中国更应重视经略印度洋。印度洋是中国提出的构建"21世纪海上丝绸之路"和"陆上丝绸之路经济带"的重要海洋。在全球化形势下充分确保在印度洋上自由航行的权利,对未来中国经济的持续发展具有重要意义。

中国应积极在印度洋沿线建设海洋支点,以推动中国"一带一路"顺利通向欧洲和非洲地区,保障中国在印度洋地区的利益。

中国在有序建设海上支点进程中,既需要积极发展与印度洋沿岸国家尤其是与巴基斯坦、斯里兰卡、孟加拉国、缅甸、马尔代夫等国家的友好合作关系,又要处理好与域外大国的关系,在发展双边关系的同时努力寻求多边合作,为建设更多高质量的海上支点创造良好的条件。随着中、印两国关系进一步深入发展,中、印两国应加强海上经贸合作与海上安全合作。

中国在印度洋地区建设海上支点面临诸多障碍。除巴基斯坦之外,中国在印度洋地区并没有盟国和伙伴国,而美国在这个地区既有盟国,也有伙伴国。就美国而言,比起整个太平洋地区,与印度等伙伴国以及与澳大利亚等盟国的合作相对不那么复杂。而且,这样的合作天然地契合印澳两国的战略传统。

建设印度洋海上支点已成为中国海洋发展战略的重要组成部分。中国现阶段的目标应以印度洋航线为主,采取先易后难策略,稳步推进,科学布局海上支点城市与港口,不断扩大中国在印度洋区域的"硬实力"与"软实力";利用公共秩序保证海上通道安全的同时,积极尝试建立补充性的支点链，建设安全高效的海上通道，形成有效对冲，避免其他国家以海上通道安全讹诈中国；有效拓展中国的出海口，使相关国家成为中国印度洋安全架构上的利益攸关方，最终实现中国由区域性海洋大国向世界性海洋大国的转型。

注释

1. 胡欣：《国家利益拓展与海外战略支撑点建设》，载《世界经济与政治论坛》2019 年第 1 期。

2. 刘新华：《中国发展海权战略研究》，人民出版社 2015 年版，第 235 页。

3. 国家发展改革委、外交部、商务部：《推动共建丝绸之路经济带和"21 世纪海上丝绸之路"的愿景与行动》，载《人民日报》2015 年 3 月 28 日。

4. 丁莉：《以港口为战略支点　书写"21 世纪海上丝绸之路"建设新篇章》，载《中国港口》2018 年第 7 期。

5. Robert Kaplan, *Monsoon: the Indian Ocean and the Future of American Power*, Random House, October, 2010, p.21.

6. 张文木：《印度与印度洋：基于中国地缘政治视角》，中国社科出版社 2015 年版，第 221 页。

7. 刘思伟：《中国在印度洋上的"安全角色"分析》，载《太平洋学报》2016 年第 1 期。

8. Devesh Rasgotra, "India—China Competition in the Indian Ocean", IISS, 21 March, 2014.

9. D.S.Rajan, "The Unfolding China's Indian Ocean Strategy", *South Asia Analysis Group*, 2 February, 2014, 更多内容参见：http://www.southasiaanalysis.org/node/1455♯sthash.84VHXBEE.dpuf。

10. 中华人民共和国国务院新闻办公室：《中国国防白皮书（2013）》，新华社北京 2013 年 4 月 16 日电。

11. 李剑、金晶、陈文文：《印度洋海权格局与中国的海权战略应对》，载《太平洋学报》2014 年第 5 期。

12. 周方冶：《"21 世纪海上丝绸之路"战略支点建设的几点看法》，载《新视野》2015 年第 2 期。

13. 张大勇：《加强"21 世纪海上丝绸之路"战略支点建设研究》，载《中国工程科学》2016 年第 2 期。

14. Harsh V.Pant, "The India—China—US Triangle: Modi's Diplomatic Challenge, Centre on Asia and Globalisation and the Lee Kuan Yew School of Public Policy", National University of Singapore, 23 March, 2016, 更多内容参见：http://lkyspp.nus.edu.sg/cag/publication/china-india-brief/china-india-brief-28。

15. 刘新华：《中国发展海权战略研究》，第 214 页。

16. David W.Kearn, "Island Diplomacy: China's Militarization of the South China Sea", *The Huffington Post*, 24 February, 2016.

17. 李骁、薛力：《"21 世纪海上丝绸之路"：安全风险及其应对》，载《太平洋学报》2015 年第 7 期。

18. 周方冶：《"21 世纪海上丝绸之路"战略支点建设的几点看法》。

19. 梁颖、卢潇潇：《加快"21 世纪海上丝绸之路"重要节点建设的建议》，载《亚太经济》2017 年第 4 期。

20. 张洁:《海上通道安全与中国战略支点的构建——兼谈"21 世纪海上丝绸之路"建设的安全考量》,载《国际安全研究》2015 年第 2 期。

21. 张文木:《印度与印度洋:基于中国抵押政治视角》,第 222—225 页。

22. Ryan D.Martinson, "A Closer Look at the Lexicon of China's Seaward Expansion", *The Diplomat*, 25 March, 2016.

23. Benjamin Schreer, "Should Asia be Afraid? China's Strategy in the South China Sea Emerges", *The National Interest*, August 20, 2014.

24. Bernard D.Cole, *The Great War at Sea: China's Navy Enters the 21st Century*, Annapolis, MD, United States Naval Institute Press, 2010, p.36.

25. Brahma Chellaney, "China's Indian Ocean strategy", *The Japan Times*, 23 June, 2015.

26. 刘新华:《中国发展海权战略研究》,第 213 页。

27. Andrew S.Erickson, Lyle J.Goldstein and Carnes Lord, eds., *China Goes to Sea: Maritime Transformation in Comparative Historical Perspective*, Annapolis, MD, United States Naval Institute Press, 2009, p.57.

28. Peter Symonds, "US Ramps Up Anti-China 'Pivot to Asia'", *The International Committee of the Fourth International*(ICFI), 14 March, 2015,更多内容参见:http://www.wsws.org/en/articles/2015/03/14/pers-m14.html。

29. Douglas H. Paal, "China's Counterbalance to the American Rebalance", *Strategic Review*, 1 November, 2015.

30. 《中国与吉布提签署协议》,载《联合早报》2016 年 1 月 22 日。

31. "Djibouti Turns into US Long-Term Africa Intelligence Base", *AFROL News*, 2 February, 2016,更多内容参见:http://www.afrol.com/articles/10789。

32. 王祖温:《海上通道安全须保障》,载《光明日报》2015 年 3 月 5 日。

33. Robert Farley, "Does China need to Dominate the Indian Ocean in order to Have A World-Class Navy?", *The Diplomat*, 1 February, 2016.

第二部分

中国海洋治理的外部因素研究

第六章

美国新海洋政策及其地缘影响

　　特朗普上台执政后,积极从军事安全和海洋经济两方面入手,实施新海洋政策,主动强化军事手段在美国对外政策中的地位,对内以海军建设为重点,突出海军作用,不断扩大海军行动范围,加大对西太平洋地区的参与力度,着力提升海军远程部署与战备能力,以维护美国全球海洋主导权;以海洋科技创新为支撑,推进海洋开发,重海洋经济发展,轻海洋生态保护;对外以更强硬态势加快、加深对印度洋—太平洋地区的介入程度,积极参与北极事务,不断拓展海上利益,以继续维护其全球海洋地缘优势。特朗普政府新海洋政策形成全方位、多维度牵制中国的行动,直接增加了中国崛起的不确定性与复杂性,使中国面临极为不利的地缘影响。

　　印度洋—太平洋地区的整合反映了美国对全球海洋地缘态势的全新认知,使美国在太平洋的传统主导地位扩展至印度洋,并借此整合从西太平洋沿岸至印度洋西岸的海上通道,将太平洋与印度洋连为战略上的一个整体,确保美国在印度洋—太平洋海域的军事行动自由与商业利益,拓展美国海上战略利益,重塑全球海洋地缘态势。

　　美国积极构建"印太"安全体系侧重军事与经济手段的运用,辅之以价值观作为整合盟友的重要基础。美国积极联合联盟和伙伴一起来维护印太地区的海上通行自由,降低和削弱中国影响力,遏制中国崛起,从而维护美国在印度洋—太平洋地区秩序中的主导地位。

　　美国对华政策已经从接触性竞争转向遏制政策,"制衡中国、遏制中国崛起"成为美国构建"印太"安全体系的主要战略目标,主要体现在三个方面:在安全上聚焦南海问题,继续围绕南海问题展开规则博弈;在经济上削弱和降低中国"一带一路"倡议的地缘影响,以确保印太地区的政治与安全框架能强化东盟的核心地位且能够包容美国;加强现有地区联盟关系,与地区伙伴国一道应对中国对国际秩序的影响,为伙伴国在自力更生的道路上提供帮助,并加强与包括印度在内的其他国家的安全伙伴关系以平衡中国的影响力。

第一节 从"由海向陆"向"重返制海"的战略转型

特朗普政府上台后强化海上军事安全,以确保美军在全球海域的自由行动能力,继续维护美国在全球海洋地缘优势地位,并阻止新兴国家利用海洋对美国利益构成的挑战。这形成了特朗普政府新的海洋政策框架,也反映出美国急于重启海上竞争的新战略态势。

一、加快海军建设,重振美国军力

2017 年 1 月,特朗普正式上台执政标志着民粹主义在美国的强势崛起,并深刻影响着美国国内政治生态。[1]"美国优先"成为特朗普政府执政的主要原则,也成为其海洋政策调整的动力。特朗普政府积极致力于构建一种力量平衡的、更有益于美国的海洋新秩序。为此,特朗普政府对内以重振海军为重点,对外以构建"印太"安全体系为目标,积极推行务实且注重战略成本与成效的新海洋政策。

特朗普政府以海军为重点扩充军备,优先发展海军,大力提升海军建设水平,重振美国军力,增加国防开支,突出海军在美国新海洋政策中的作用;战略上从全球反恐转向集中关注中俄两国,首次明确界定中国、俄罗斯为美国的主要战略竞争对手,主动出击,加大海上战略布局与对冲态势,以保持和增强对中国的战略威慑力。"重返制海"成为美国新海洋政策的战略核心。[2]特朗普政府更加重视冷战时期的海上控制理论,积极恢复冷战时期军事部署,呼吁美国大力维护在西太平洋地区的绝对优势,[3]在强调维持美国全球霸权的同时,明确美军将通过强化前沿军力部署和提升同盟合作等方式,维持在海上核心区域的军力优势;[4]更加重视利用盟友与伙伴国的力量,以印太、欧洲、中东和西半球为重点,着力构建有机协作和责任分担的区域盟友伙伴体系,积极应对中俄两国日益加强的海上力量,以保持其在海上战略优先地区的军事存在,使全球海洋竞争急剧上升。不同于以往美国历届总统,特朗普政府海洋新政策具有以下六个方面的特征。

第一,积极提升海上力量能力建设。"强调海军作用、积极提升海上力量能力建设"构成其推行新海洋政策的重点。提出"以实力保和平"[5],提升美国海军在"让美国重新伟大"中的作用,加大对美国海军力量的投入、大幅增加防务预算成为特朗普政府新海洋政策的重要一环;强调海军是美国的主要战略工具,[6]使海军成为美国的"先遣队",逐步增加海军滨海战斗舰在西太平洋地区的部署,以强化美国海军在该地区战斗力,并抵消对手国家的海军实力。

第二,重视海上防御体系建设。积极开发新型作战概念,强化海军打击能力,打造新一代具备成本效益、能力强大的海上防御体系,加快进行航母研发与武器现代化,并对舰载进攻和防御武器进行海基研发测试,通过双航母购买合同和航母舰队长期目标加快"福特"级航母的采购,为航母配备更多武器,以便于把海军重点转向深海作战,对付技术先进的对手,遏制大国威胁,掣肘对手国家,维持海上安全与稳定,达到优化整合自身海上力量、有效借助盟国力量保持海上优势地位的战略目的。

第三,优化海外军事基地等方面的军力投入。[7]以提升海军能力建设为重点,积极扩充军备,重视新型武器装备在海上力量中的运用,加快武器装备的更新换代,推进海军舰队建设,实施舰队规模扩张计划,积极构建新的舰队架构,优化构成比例,减少大型军舰数量,增加护卫舰数量;[8]采用全新技术,大量增加能够发动远程攻击、发射拦截导弹、防卫航母战斗群以及参与大规模蓝水战争的驱逐舰,增加下一代新驱逐舰;[9]以更高精确度和更大破坏力发动远程打击,并将进攻部队分散至更广阔海域,以扭转几十年来美国军舰规模扩大、数量减少的不利趋势,降低大规模舰队成本,改变和提升美国海军开展重大海上作战行动的能力;通过拉动军工产业带动就业,在拉升美国经济的同时以期形成美国历史上最强大的军力。

第四,强化海军进攻性导弹系统作用。在美国海军新的进攻性导弹战略(OMS)中,高度关注多域能力,囊括所有射程超过50海里的非核进攻性导弹,以取代以前范围较窄的巡航导弹战略,[10]维持现有进攻性导弹系统,保持战备和关键打击武器数量;加强现有导弹系统,升级现有远程打击武器的能力,实现系统能力的平衡与最佳组合,发展新一代进攻性导弹能力,提高整体作战效能,以进攻性杀伤力应对未来新兴大国的威胁。而且,美国海军部将通过不断迭代来评估新版战略,审查现有和发展中的能力,通过评估报告的持续更新,为年度研究、发展、试验与鉴定以及采购资金优先事项提供信息,从而实现进攻性导弹系统能力的最佳组合。

第五,更新新式海军装备,加快舰队建设,积极打造全球最强大战斗部队。推行"313舰队"(即2020年前将军舰数量增至313艘),实现355艘舰队规模等计划。2018年9月,美国海军签署未来5年的跨年度一揽子采购计划,加快海军建设步伐;同年12月,美国海军与通用动力巴斯钢铁船厂(目前巴斯钢铁船厂内有5艘正在建造的"伯克"级驱逐舰)签署了2019财年开工第二艘"伯克3"级驱逐舰的合约,[11]新舰建造首次进入每年3艘的提速模式。2019年1月,美国海军正式签订两艘核动力航母采购合同。同年4月,以美国前总统约翰逊命名的"林登·约翰逊"号隐形战舰下水。[12]该战舰是美国海军建造的最大、技术最先进的三艘驱逐舰中的最后一艘。与其他驱逐舰相比,其自动化使船员人数减少了50%。

这些新增的最新的、拥有最大攻击力与作战能力的舰船等军事装备将大多部署在亚太地区,提升海军全天候在未来全球范围的投送能力和海上作战能力,为海上和联合部队提供最快速的响应时间,以形成全球最强大的战斗部队,确保美国海军在全球关键海域的"全覆盖"和"全方位进入"能力,[13]实现美国继续主导全球海洋事务的战略目标。

美国海军拟从2020年预算中拿出数十亿美元投资无人水面舰艇和潜艇,[14]大力投资建设无人舰队,并成为"分布式海上作战"的重要部分。无人舰艇在分布式舰艇网络中充当传感器和火力投送平台,以更好地保护大型载人水面战舰,提高无人舰的编队集群化作战协同能力,用于反水雷、反潜战、反水面战、电子战和突击任务等,帮助美国海军开发新的战术,提高海军竞争力。

第六,确定电磁频谱为与海、陆、空、天和网络等同的作战空间,明确电磁机动战概念,抢占电磁战斗空间作战优势。2018 年 10 月,美国海军发布部长指令,要求制定海军政策,通过在海军所有电磁频谱作战行动中采取一种体系的措施,[15]确保其在电磁战斗空间获得作战优势。该指令将电磁频谱确定为与海、陆、空、天和网络等同的作战空间。

美国海军从以下两个方面极大地推进了电磁频谱作战理念。第一,美国海军不再视电磁频谱为"器",而是一个对抗和拥塞的机动作战空间,在需要的时间和地点必须施以控制。第二,美国海军正在超越技术驱动的方法,实现从电子战到电磁频谱作战的转型。

美国宣布将电磁频谱确定为一个作战域意义重大,是美国海军发展史上的一个重要里程碑,明确了电磁频谱作战版的电磁机动战概念,反映出美国海军将以一种新姿态来接纳电磁频谱作战。美国海军将实现推动电磁频谱作战向前发展所需要的转型,就电子战而言,美国海军实质性地迈出了关键一步,夺取电磁频谱优势成为获取陆海空天和网络空间优势的先决条件。

2019 年 3 月,美国成功在太平洋上空拦截了模拟来袭的洲际弹道飞弹目标,标志着美国海上防御远程导弹攻击能力显著提升。

二、强化海军在西太地区部署,不断提升前沿美军实战能力

特朗普政府新海洋政策之一就是加大对西太平洋和印度洋地区的参与度,不断提升美军远程投射力量的能力,强化在西太平洋地区的军事威慑尤其是海军力量,[16]不断扩大海军行动范围,使更多的美军实现轮流驻守,强化军事手段在美国对外政策中的地位。具体表现在以下四个方面。

第一,加大对西太平洋和印度洋地区海军部署,强化远程投送能力。

2017 年伊始,美国海军宣布在日本岩国市美军海军陆战队基地开始陆续部署一个中队的 16 架 F-35B 短距垂直起降战机,另外再配备美军最先进的 E-2D 空中预警机的一个编队。在日本部署新款预警机有助于美军舰载航空兵扩展侦察空中威胁的范围,提升其应对中国隐型

战机的能力,以保持和增强对中国的战略威慑力。

2017 年 10 月,美国宣布 12 架 F-35A 战斗机前往美军驻日本冲绳嘉手纳基地,进行为期 6 个月的部署,这是美军 F-35A 战机首次在印太地区执行战备部署。同年 11 月,美国海军再次在西太平洋地区结集了两个处于实际部署状态的航母打击大队。此举表明美国海军在西太平洋地区的活动再次进入活跃期。

同时,美国海军部署"卡尔·文森"号航母战斗群前往西太平洋地区,重点开展海上安全作业和战区安全合作,使西太平洋地区的美军航母战斗群增至 3 个,以强化印太地区的军事存在。2018 年在菲律宾海演练期间,美国海军第七舰队和日本海上自卫队执行反潜、水面作战、防空和两栖登陆任务,接受水面战术训练与评估,以提高舰艇和舰员们的战术熟练度、杀伤力及协同能力,提升前沿部队战备能力,使其能更有效地实施远洋作战。

而且,美国最新型的"美利坚"号两栖攻击舰,也计划部署在日本长崎县美国海军佐世保基地,为强化运用 F-35B 匿踪战机及 MV22"鱼鹰"战机提供保障。

2019 年 9 月,美国海军"吉佛斯"号滨海战斗舰将部署在印太地区,该战舰配备有射程近 200 公里的新型反舰导弹,这是继"蒙哥马利"号滨海战斗舰在 2019 年 6 月被派往泰国水域之后的第二艘部署在该地区的滨海战斗舰。

特朗普政府新海洋政策最明显的表现是西太平洋和南中国海的航母数量增加,[17]反映出特朗普政府强调海军力量建设先行、重视在西太平洋地区海军部署的战略目标,在一定程度上凸显了美国战略界的共识。特朗普上台执政后即宣布强化美国海军装备建设,强调建立国家舰队对保护美国的国家安全以及在全球范围投射美国力量至关重要。[18]在动荡的国际局势中,更多使用美国海军成为特朗普海洋新政的一个显著特征。美国明显提高了美军在太平洋的航行与航母自由行动的频率。而且,特朗普总统还签署了一项行政命令,[19]帮助军人和退伍军人进入美国商船队工作,保持和扩大对民用企业的军事化影响。

"遏制中俄海上力量发展,保持和增强对中国的战略威慑力"成为美国积极扩大在西太平洋及重点地区军事存在的主要战略目标。

2018年8月,于2011年被撤销的美国海军第二舰队在诺福克基地重建,将对东海岸和大西洋北部的船只、飞机和登陆部队行使行动与行政权力。恢复该舰队成为特朗普政府新国防战略的一部分,以遏制俄罗斯和中国不断扩大海军对全球的影响。恢复第二舰队成为特朗普政府推行新海洋政策的一个阶段性成果。

2018年10月,"约翰·斯坦尼斯"号航母战斗群从普塔基-布雷默顿海军基地出发并入驻地中海。2019年4月,"亚伯拉罕·林肯"号航母战斗群从诺福克海军基地出发,抵达地中海,[20]与美国第六舰队行动地区的主要盟友及合作伙伴一起作业。这是美国国防部近三年来首次在地中海同时部署了两艘核动力航空母舰及其战斗群。此举标志着自2016年以来数艘航母首次同时在美国域外作业新突破,也凸显了美国海军强化在重点地区的部署的战略意图,特别是扩大在地中海地区军事存在,以增加对中俄两国军事威慑力。

第二,加快美国海岸警卫队任务转型,目标针对中国。

美国海岸警卫队通过升级装备、扩大在印太地区和北极等重要战略地区部署等方式不断发挥更大的影响力。美国海岸警卫队正通过部署新的巡逻艇、调整较老巡逻艇的位置以及向越南和斯里兰卡等国派遣官兵帮助训练这些国家的海岸警卫队等方式,日益把目标对准中国。

美国海岸警卫队从加利福尼亚州阿拉梅达向亚太地区派遣了"伯索夫"号巡逻舰,以加强在亚太地区的存在。这标志着海岸警卫队扩大行动范围,是海岸警卫队首次在亚太地区派遣大型舰船。而且,海岸警卫队还在中国周边海域"警戒巡逻",强化前沿军事存在,借南海议题不断挑事,以在全球发挥更多的影响力。

特朗普政府加大了美国海岸警卫队在西太平洋,特别是南海地区的力量部署与行动,使之熟悉地区作战环境,以应对所谓"灰色地带"挑战。海岸警卫队的海警船在执行军事行动中,不仅与美国海军的水面舰船进行协同演练,而且积极配合海军空中侦察监视力量,有效提升了美国海警船在南海地区的任务执行能力与作战能力,强化了与南海地区国家海上执法力量的交流协作,在提高美国在西太地区影响力的同时,推动美国进一步直接介入南海争议,监视中国在南海地区的活动,加大在南海博弈的筹码。

美国政府积极提升海警船在西太平洋地区的能力与功能,以在可能爆发的地区军事摩擦与冲突中发挥比海军舰艇更专业、更灵活的作用,还可有效改善海军舰队兵力不足问题,分担美国海军在南海地区的部分职责与任务,减少美国军舰与中国直接冲突的频次。

在不断提升自身能力的前提下,美国海岸警卫队进入南海,积极支持和配合美国的"航行自由"行动,[21] 以"执法"为借口,帮助(南海)沿岸国家保护自己的专属经济区而加大在南海等地区的存在;海警船成为美国在南海的新工具,扩大美国在南海地区的接触范围,既可降低美国军舰在南海地区的敏感度与紧张感,又为美国"合法"介入南海事务创造有利条件,并使美国在南海的行动更趋多元化。

美国政府积极在中国"三海"问题上引入海警力量,多次派海警船进入中国周边海域,表明美国开始重视海警力量在西太平洋海权事务中的作用。美国政府利用准军事船只不断扩大海上竞争的利益,将成为未来美国以"海军+海警"联合介入中国海洋事务新模式。美国海警力量可能就此达到对中国南海地区的常态化进入,将对南海局势带来诸多不利影响。

美国海警船除了巡游南海外,还在中国近海与中国海警船隔空对峙。2019 年 10 月,美国海岸警卫队"传奇"级"斯特拉顿"号国土安全舰进入黄海,被中国万吨海警船跟踪监视。

近年来,美国海岸警卫队执法船频繁出现在中国周边,成为替代美国海军的对外干涉工具。美国海岸警卫队到南海、黄海执法,本质上是以执法船的掩护身份弥补海军兵力的不足,是对中国海上主权的挑衅与侵犯。这种柔性干预的方式,实质上是美国海上霸权的升级版。

同时,美国积极利用海岸警卫队进驻北极,主动升级部署在北极地区的舰船、飞机和无人系统。[22] 海岸警卫队将与联合军种、跨部门力量和盟友的一体化行动作为当前和未来战略计划及行动计划的重要内容,以确保美国向该地区"投射主权",并制衡中、俄两国在北极地区日益增强的影响力。

第三,主动介入南太平洋战略位置显要地区,不断扩大军事存在。

美军还积极考虑太平洋上其他一些具有重要战略意义但几乎被遗忘的外围地区,加大参与力度,在南太平洋岛国增派外交人员,增加在当地的训练项目,培训和帮助这些国家的官兵提高防卫能力,以扩大军事存在;在巩固原有关系的同时拉拢潜在的新伙伴,密克罗尼西亚成为美军新的主要聚焦点。2018 年 12 月,美国与密克罗尼西亚官员就开放新的海军设施以及扩建一条机场跑道等事宜举行防务会谈。[23]而且,美军希望在 2020 年的"太平洋通道"军事演习中首次将密克罗尼西亚纳入,该演习旨在使美军与海外国家军队在远征环境下进行联合训练。

2019 年 5 月,美国总统特朗普在白宫会晤了几位来自南太平洋岛国的领导人。8 月,美国国务卿迈克·蓬佩奥(Mike Pompeo)闪电访问了南太平洋岛国密克罗尼西亚、马绍尔群岛和帕劳,大肆渲染"中国威胁论",敦促其在太平洋博弈中站在美国一边,以强化美国在南太平洋地区的地位。南太平洋正成为美国及其盟友与中国竞争的前沿。美国积极拉拢南太岛国以抵消在南太平洋推行"一带一路"倡议的中国在南太平洋经济领域的影响力。

第四,强化跨海部门之间有效政策协调,以维持和强化美国经济、安全及环境利益。

2018 年 6 月,特朗普签署总统行政命令,通过增进海洋数据与信息的公开取得及使用,强化跨海部门的有效政策协调,融合海洋产业、科技社群及其他涉及海洋的利害关系人,提高领导全国海洋事务能力,以维持与强化美国经济、安全及环境等领域的国家海洋利益。为此,美国政府还成立了一个成员层级相当高的海洋政策委员会,包括负责外交、国防、检察、内政、农业、商务、交通、能源、情报、三军参谋部、海岸警卫队、海洋与大气等事务的首长,以及负责国家安全、国土安全与反恐、内政以及经济事务的总统助理等。其主要功能是提供政策建议给各涉海部门,[24]强化有关海洋事务之协调、整合及合作,发展海洋经济,优先考虑海洋科学研究、协调资源与数据共享。

第二节　重海洋经济发展,轻海洋生态保护

一、强调海洋开发,忽视海洋保护

在海洋经济方面,与奥巴马时期不同的是,特朗普政府积极推行

海洋开发利用政策,以大幅、迅速地扩大联邦水域的海洋石油与天然气生产,为美国经济发展服务。具体体现在美国发布了《实施美国首部海洋能源战略的总统行政令》,[25] 启动对奥巴马政府发布的《外大陆架石油与天然气租赁计划》的全面审查;要求重新评估奥巴马政府颁布的大西洋、太平洋和北极水域钻探禁令,加大海洋油气开采力度;2017 年 6 月,美国政府宣布向 5 家公司发放许可证,允许其在美国的大西洋沿岸海域进行地震探测;同时,要求对过去 10 年内划设或扩大的所有国家海洋保护区和海洋国家纪念碑进行评估,以确定管理每个保护区的成本以及与潜在的能源和矿产勘探及生产相关的机会成本。

2017 年 12 月,美国政府决定将气候变化从国家安全威胁中移除,意味着国防部在此领域的研究经费减少,此举并不利于美国应对全球气候变化的局面。2018 年 1 月,美国政府发布海洋能源钻探五年计划草案,全面开放海洋能源钻探,包括被列为"禁区"约 30 年的美国太平洋和大西洋沿海,以保持美国在全球拥有能源的优势地位。同年 6 月,特朗普发布了《关于促进美国经济、安全与环境利益的海洋政策行政令》,[26] 重点是促进能源独立、安全与经济增长,有效取代美国前总统贝拉克·侯赛因·奥巴马(Barack Hussein Obama)在 2010 年制定的国家海洋政策,[27] 旨在通过提供监管确定性,促进美国形成强大的海洋经济。该行政令还宣布要成立一个机构间的海洋政策委员会,以确保联邦机构在海洋相关事项上的协调,提高海洋政策的联邦合作效率。此举标志着美国政府终结了保护海洋和可持续发展为主的政策,进一步弱化了美国应对气候变化的态势,转而以开发利用和为美国安全与经济利益服务为主的新海洋政策。

二、重视极地地区事务

美国政府重视北极地区航道与资源开发,[28] 将北极纳入美国海洋战略的核心内容,制订北极研究路线。美国国家科学基金会积极在北极观测网中推动创新研究,开展跨领域的融合交叉型基础研究活动,并为美国国家安全与经济发展需求提供信息依据,以建立一个具有活力和可持续能力的北极社区。美国穿越新北极,加强在北极地区的军事部署,增强在北极治理和多边合作中的话语权,掌控这一全球海洋的新高地,首次协调联邦政府在北极的监测活动。海军研究办公室、美国空军和美国海军等机构将飞机、卫星和传感器部署到北极的空中、海底、其他水域以及冰层上时,首次协调彼此的行动,以收集并综合海量数据来提高美国在北极地区的军事和民事能力。海军研究办公室的"北极海洋分层动态观测项目"(SODA)及其取得的数据有助于提高北极地区和美国大陆极端气候事件的预测精度,从而帮助美国海岸警卫队和其他单位做出关于跨大西洋航行季节的规定,并开展相关管制活动。由此北极地区已成为未来美国全球海洋地缘布局新的战略支点。

2019 年 6 月,美国国防部出台新的《北极战略》,表明美国政府更多从地缘政治竞争的视角来解读俄罗斯和中国在北极的政策实践。与奥巴马政府北极战略文件不同的是,特朗普政府的北极新战略直接提及俄罗斯及中国在北极地区的政治、经济和相关军事行动威胁美国国家安全,更为强调北极安全环境的复杂性、不确定性和战略竞争性。特朗普政府更强调北极安全议题,忽视气候变化与环境保护,提出加强盟国在北极的安全合作,以对冲和抑制中俄两国在北极地区不断增长的影响力。同时也使得以应对气候变化和北极环境保护为核心的北极国际合作步履维艰。

美国政府加强了对南极洲研究基础设施现代化改造工作,积极实施"南极科学基础设施现代化改造项目",以满足今后 30—50 年内海洋勘探技术需求。

三、强调海洋科技创新

随着世界科学技术升级换代,面对世界海洋技术竞争,美国新海洋政策强调以海洋科技创新为支撑,[29]引领海洋开发,推动海洋经济发展。

2018 年 11 月,美国国家科学技术委员会发布《美国国家海洋科技发展:未来十年愿景》的报告,确定 2018—2028 年间海洋科技发展的迫切研究需求与发展机遇,提出未来十年推进美国国家海洋科技发展的目标与优先事项,要求提高海洋事务感知能力、了解北极变化、维护和加强海上运输,以促进美国在海洋科技领域的发展,确保海上安全,进而确保美国在全球海洋科技领域中的领先地位。

美国显著加强了对海洋先进装备和技术的研发,在海洋探测、水下通信、深海资源勘探、船舶制造等传统领域继续保持领先地位的同时,迅速发展无人自主船舶、低成本智能感应器、深潜机器人、水下云计算等新一代颠覆性海洋技术,并开始将其应用于海洋开发活动。美国还大力开展海洋基础科学研究,美国海军、美国国家科学基金会等部门相继制定研究计划,聚焦海洋酸化、北极和墨西哥湾生态系统、海洋可再生能源、深海生物基因等领域,为新一代海洋科技研发提供基础技术储备。

美国海军还发布了《海军逻辑密码网络战机构愿景》文件,明确美国海军在未来网络战的愿景与网络战机构的主要任务,强调海军应主导该领域,并赢得网络战领域的复杂挑战。

第三节 积极构建"印太"安全体系

近年来,"印太"经过日本首相安倍晋三的极力鼓噪,[30]正成为全球安全秩序的一个热门概念。"印太"概念的兴起反映了冷战后亚太地区和印度洋地区在经济领域发生了深层次的结构性转变,同时其地缘政治格局也发生了根本性变化。[31]"印太"亦成为美国新的对外安全理念并得到美国政府的积极呼应,成为美国继续主导世界海洋事务的战略拓展区,并成为美国政府推行新海洋政策的重要内容。

美国政府积极构建印度洋—太平洋安全体系,以更强硬态势加快、加深了对印度洋—太平洋地区的介入程度,强化同盟间海洋合作,提升印度在"印太"体系中的地位与作用,不断拓展海上利益,形成全方位、多维度牵制中国的行动,以继续维持美国在全球海上主导地位。美国政府印太安全架构直接增加了中国崛起的复杂性。

一、积极构建印度洋—太平洋安全架构，维护美国主导地位

美国新海洋政策是美国维持自身在印太地区控制力的一种战略举措。[32]印度洋—太平洋地区正成为国际政治新的重心，也是美国加紧全球海洋安全布局的一个重点区域，关乎美国的繁荣、安全与国际地位及其盟国的福祉，[33]成为特朗普政府实现"美国第一""美国优先"的重点区域。"印太"战略是美国对冷战以来长期推行的"两洋"（太平洋、大西洋）战略的重大调整，将印度洋和太平洋两个地区整合为一个安全体系，表明美国借扩大全球海域认知，以达到实现主导印度洋—太平洋海洋事务的战略需求，从而继续维护美国全球海域的商业与战略利益。

第一，积极构建以印度洋和太平洋为一体的新安全体系，以有效制衡中国崛起。

构建印度洋—太平洋安全体系的理论基础与行为模式，反映了美国以意识形态、敌我阵营划界的冷战思维，与全球化大潮中经济一体化、文化包容化、政治多元化、利益共享化等时代诉求背道而驰。[34]特朗普政府积极构建印度洋—太平洋安全体系，在重振美国海上力量、提振美国经济的同时，在战略和战术层面牵制新兴大国的崛起。

2017年12月，特朗普上台后不到一年就紧锣密鼓地推出了三个战略性文件：《国家安全战略》《国防战略》和《核态势评估报告》，分别从整体国家安全、国防和核三个方面确立了美国今后的战略与政策，明确美国在原亚太地区的战略已更新为"印太"战略，基本上奠定了美国印度洋—太平洋安全架构。三个报告都将中国定为长期超过俄罗斯的主要战略竞争对手和最大威胁，号召全美应对中国崛起。

作为就任总统后的首次亚洲行，特朗普2017年11月访问日本，表示美国将与盟国积极合作，推进自由开放的印度洋—太平洋地区，积极构建以美国、印度、日本和澳大利亚为首的印度—太平洋地区安全架构。不久特朗普政府就将"印度—太平洋"扩展为"印度洋—太平洋"，并成为美国牵制中国的新重点。在越南举行的亚洲太平洋经济合作组织（APEC）峰会上，特朗普发表了关于印度洋—太平洋地区的整体构想，进一步阐述了印度洋—太平洋安全体系，即"印太"在地缘战略上将

印度洋和太平洋连为一体,可有效阻遏新兴海洋大国的崛起,是对"亚太再平衡"的颠覆性创新。[35]特朗普政府强调印度洋—太平洋区域是美国拓展海上利益的战略地区,美国积极运用政治、军事、外交等综合手段,在继续强化与盟国关系的同时,主动发展与该战略弧线上战略位置突出的澳大利亚和印度之间的关系,以塑造这一新的地区安全架构,利用印度洋—太平洋安全体系积极谋局,不断扩大美国在该地区的政治、经济利益。

第二,积极塑造印太新的安全体系,对冲中国影响力,维系美国主导地位。

美国在印太地区积极联合所谓联盟和伙伴一起来维护印太地区的海上通行自由,削弱中国影响力,遏制中国,从而维护美国在印度洋—太平洋地区秩序中的主导地位。

加大海上力量建设、强化和盟友以及合作伙伴的军事合作成为美国新海洋政策的优先任务。为此,美国政府积极把安全领域作为构建印度洋—太平洋安全体系的推进重点。2018 年 5 月,美军"太平洋司令部"改名为"印太司令部",走出了"印太"战略实质化的第一步,使美军防守与管辖水域从太平洋延伸至印度洋地区,进一步扩大了美军作战范围。同年 6 月,美国国防部长马蒂斯第二次到香格里拉峰会演讲,首次全面公开阐述了"印太"战略,强调印太是美国最关注的地区,也是美国的利益所在。[36]美国"印太"安全体系重点关注海洋公域的安全与自由,优先加强联盟与伙伴关系成为美国构建"印太"安全体系的中心任务。美国通过帮助伙伴国提升海军和海上执法能力,加强对海上公域的监控和保护;向盟友提供先进防务装备以及加强安全合作,增强必要时操作对方装备的能力;强化法治、市民社会以及透明治理;由私营部门引领经济发展四个方面完成"印太"安全体系的构建,塑造印太地区秩序,维护美国的主导地位,防止地区均势发生不利于美国的变化。

美国构建"印太"安全体系侧重军事与经济手段的运用,辅之以价值观作为整合盟友的重要基础,针对中国主要体现在两个方面,即在安全上聚焦南海问题,继续围绕南海问题展开规则博弈;在经济上削弱和降低中国"一带一路"倡议的地缘影响。

特朗普上台以来,利用台湾问题牵制中国的战略意图明显。2017

年底,美国《国家安全战略报告》将涉及台湾内容列入"印太区域战略"的"军事安全"之下,强调美台"共同价值观"以及加强台湾"防御能力"与"反遏制能力"。2018 年美国出台《亚洲再保证倡议法案》,直接将中国台湾地区列为美国在亚洲的"经济、政治与安全伙伴",首次将"六项保证"《与台湾关系法》与中美三个联合公报并列。《2019 年度国防授权法》规定,美国国防部长应考虑派医疗船访问台湾地区;而且,特朗普批准对台出售包括 66 架 F-16V 战机以及 M1A2 坦克在内的武器,规模成为"史上最大"。[37]美台军事联系进一步升温,必将导致中美关系紧张升级。

2018 年 8 月,美国国务院发表《美国在印太区域的安全合作情况说明书》,明确提出以确保海上与空中自由为主的五大具体目标,以共同打造一个符合美国意志与利益的所谓的自由、开放、包容、法治的印度洋—太平洋安全新秩序。同年 11 月,《东亚和太平洋联合地区战略》正式出台,重点阐述美国在印太地区的三大优先事项,支持基于规则的印太地区秩序,确保印度洋—太平洋地区的政治与安全体系能强化东盟的核心地位;促进美国与东盟地区关系,在平衡中国影响力的同时,应对中国崛起的挑战。

二、积极打造印度洋—太平洋地区海权联盟,强化美国主导地位

美国积极寻求加强与印度洋—太平洋地区的长期盟国——日本、澳大利亚、韩国、菲律宾和泰国的合作,[38]强化战略伙伴关系。美国通过所谓"离岸控制"(off-shore control)战略,积极加强与日本等盟友的合作,切断中国的能源和商品进出口通道,提高中国军事行动的成本,[39]通过大幅增加美国海军舰船规模,强化美军第三舰队和第七舰队的协同作战能力,共同遏阻新兴海上大国的崛起。

美国政府新海洋政策目标是积极打造印度洋—太平洋地区并使之成为美国主导"两洋"事务的战略支点,在地缘政治和地缘经济领域牵制新兴海上大国,强化在亚洲建立以美国为主导的多边海权军事联盟。[40]美国在印度洋—太平洋地区的海权联盟体系成为美国维持其在该地区主导地位和保持在该地区海上优势的重要工具之一。

美国积极在加强构建以美国为核心的"轴辐"联盟体系的同时,期冀形成大月牙形同盟与伙伴国网络,并将某些东南亚国家作为美国亚太海权联盟的准盟国或伙伴国,构建高度制度化的海上联盟,强化美国在印度洋—太平洋地区的海上军事存在。美国政府积极利用多边合作加大对中国周边国家掌控程度,以降低中国对周边国家的影响力,进一步强化美国对印度洋—太平洋地区的主导权。

同时,美国对加强印度洋—太平洋地区基础设施投资显露了积极姿态,美国积极举办印度洋—太平洋商业论坛。借助印太扩大美国商业利益,强化实质性的经济合作。2018 年 7 月底,美国国务卿蓬佩奥在美国商会"印度太平洋"发展论坛上公布最新的印度洋—太平洋区域投资计划,美国将向该地区国家提供 1.13 亿美元的投资,用于新技术、能源和基础设施建设。该计划由美国国务院和国际开发署联合推出,旨在鼓励公私合作,帮助印度洋—太平洋地区各国发展数字基础设施,完善监管政策和网络安全。除了首期投资款,美国政府还将推动国会通过一项开发法案,该法案将建立一个新的金融发展公司,以帮助私营企业向这些发展中国家投资。尽管该计划暴露出影响力欠缺等问题,但它可能标志着美国政府的一种新型经济战略,以应对中国在印度洋—太平洋地区不断增长的区域经济影响力。随后,美国国务卿蓬佩奥在新加坡与东盟外长会谈时,再次表示美国对中国在南海军事化的"担忧",他宣布为了巩固印太地区的安全,美国将向印太地区追加投资近 3 亿美元。

2018 年 11 月,美国副总统迈克·彭斯(Mike Pence)与日本首相安倍晋三会谈,商定要合作打造"自由开放的印度洋太平洋"[41],将投入最多 700 亿美元的经费,协助发展印太地区基础建设。美国欲用加大投资等措施制衡中国在该地区不断增加的影响力。

三、积极组建四国联盟

(一)美国积极推动美日印三边防务合作

随着美国陆续从伊拉克和阿富汗撤军,奥巴马政府提出了新军事战略构想,将其战略重心转回亚太地区,特别是将中心放在了东亚地区。为此,美国进一步加强了美日韩同盟,积极在东亚地区布势,依托第一岛链对东亚大陆崛起的国家进行钳制与封锁。但是,传统的"岛链"战略有可能已经无法封堵正在崛起的亚洲大国。在此战略背景下,美国开始积极谋划建立一个类似北大西洋公约组织的新的战略同盟。目前阶段主要是组成以美国、日本、澳大利亚和印度4个国家为核心的准军事联盟。

2011年12月19日,美国、日本、印度政府在华盛顿举行围绕亚太地区问题尤其是海上安全问题的首次三方会谈,备受各方关注。尽管三方会谈的议题有意模糊指向为"有共同利益的地区与全球性问题",但是针对中国的战略目的不言而喻。

美、日、印三国有意定期轮流主办三方会谈,并考虑今后将会谈升级为部长级会谈。此次三方会谈增进了三国之间"共享的价值观与利益",标志着三国间一系列磋商的开端。该机制的启动表明大国在亚洲的竞争日趋白热化。借助该平台,美、日、印三国共同形成了一个非同寻常的新三角,力图遏制中国的政治和外交资源。日本外相玄叶光一郎在与美国国务卿希拉里·克林顿(Hillary Clinton)会谈后表示:"美日确认两国正在加深同印度的战略关系。"[42] 而且,美国支持印度在国际社会(尤其是亚太地区)发挥更大的作用和影响。而印度也表示乐见日本在亚太安全中发挥中心作用。美日印首次三方会谈有意对在东海、南海及印度洋扩大影响力的中国形成制约或打压作用。

另外,为求在东海、南海及印度洋对中国形成全面制约,美、澳、印三方会谈也在积极酝酿之中。在包括全球民众的安全、海上安全与反恐等一系列事务上,美、澳、印三个国家之间显然存在利益的一致性。而且,澳大利亚正积极推进自身建设同盟关系。2011年11月,澳大利亚同意美国在其北部的基地部署2 500名海军陆战队员,此举进一步促进了美澳持续多年的同盟关系;同时,澳大利亚也已经在努力与日本加强防务合作。

奥巴马上台以来,美国外交重心越来越明显地转向亚太地区。2010年,美国高调介入南海争端,强化与日、韩等国的同盟关系。2011年下半年以来,美国外交更开启所谓"亚太时代":奥巴马首次参加东亚峰会,希拉里第十次出访亚太地区、发表了第五次亚太政策讲话、历史性地访问了缅甸,进一步强化美国在亚太地区角色成为"美国外交重点再平衡的核心"。

同时,美国在亚太地区积极展开了军事布局,加快优化亚太基地布局,强化关岛基地的核心角色,驻军澳大利亚;推动与菲律宾的军事合作并寻机重新驻军;美日澳、美日印以及美国与东盟多国的军事合作已逐步形成机制化与长期化的态势,多方联合军演也空前频繁。

在历经反恐战争、金融危机乃至中东北非变局之后,美国亚太战略布局正由"重返"进入新一轮的"塑造"阶段,其目标直指中国。

近年来,美国依赖更多的地区盟友承担更多的安全责任。遵循这一战略,美国积极鼓励印度在东亚和东南亚地区发挥更大的作用。而印度也做出了积极的回应,强化其"东向"政策,目前,印度的"东向"政策已从第一阶段的发展经济与贸易进一步演变为强化安全关系的第二阶段。印度"东向"政策的重心已从过去"分享中国经济繁荣"转向"防范中国势力扩张",而这种"东向"政策的关键在于越南。为此,印度不断提升了与越南的双边关系,除经贸与防务合作外,印度方面也希望抓住越南与中国因南海油气资源开发而产生摩擦的有利时机,提升两国的战略合作。

并非主权声索国的日本,却在敏感的南海问题上表现亢奋,和东盟有关国家打得火热,做出联合对抗中国的姿态。几乎同期,印度与越南政府在新德里签署一项为期3年的南海海上油气资源开发协议,无视中国的一再反对,执意介入南海事务。在美、日相继介入南海事务后,越南又将印度拉入南海问题争端,使南海问题更趋复杂化,并不断推动南海问题国际化,而各方牵制的目标无一不指向中国。

无论是美日印、美澳印还是美日印越,其目标都是对处在快速发展中的中国形成强大的现实上或心理上的打压,在一定程度上抑制、削减中国对全球及亚太政治经济秩序的影响。这一冷战思维不利于西太平洋地区的和平发展。中国必须对美国"重返亚太"战略保持高度警觉,同时对美国在亚太地区编织这种针对中国崛起的同盟做出积极的理性反应。

（二）重视印度地缘优势，强化海上合作

近年来，美国重视印度地缘优势，不断强化与印度的战略关系，以维护美国在"两洋"的优势战略地位。随着中国经济不断持续快速增长，美国积极鼓励印度在印度洋乃至太平洋发挥更为积极的作用。

第一，强化与印度的安全合作，共同牵制中国。

近年来，随着印度"东向"政策不断深入，印度积极参加世界其他大国打压中国的活动，暴露出意欲扩大在东亚地区政治、经济与安全影响力同时抗衡中国的战略意图。而印度积极涉足南海事务，强化与南海周边国家的联系，使中国解决南海争议更趋复杂化。

2016 年 3 月，时任美国国防部长阿什顿·卡特（Ashton Baldwin Carter）不到一年再度访问印度，与印度国防部长讨论了两国在航空母舰、喷气式战斗机和喷气式发动机上的合作进展等事宜。这些会谈根据 2012 年美印安全合作协议，在美印"国防技术和贸易计划"框架内进行，其重点聚焦技术共享问题。在访印前夕，美国就已经派出团队赴印评估双方合作生产战斗机的可能性。卡特访印期间，美、印双方不仅讨论了两国军事装备合作问题，还重点讨论和敲定谈判已 12 年之久的《后勤保障协议》，为美国战机和军舰使用印度机场或港口、美国进出印度洋创造更为便利的条件，有助于美国"打通印度洋"，使美国在大西洋和太平洋的战略部署连成一体。

奥巴马执政时期，美国积极推行"亚太再平衡"战略，以继续维护其在全球事务中的主导地位，而印度凭借与中国相邻的独特地缘战略位置成为美国合适的棋子。美国认为在印度洋和亚太地区，印度已经是一个非常有影响力和实力的力量，印度在美国全球战略布局中的重要性直线上升，美国希望与印度达成尽可能紧密与强劲的关系，把印度拉入其全球战略布局，以服务于美国战略重心东移的大思路。为了使印度支持美国这项旨在针对中国的战略，美国主动向印度示好，不仅解除了自印度核试验以来的所有制裁措施，还主动参与印度的采购招标，先后已向印度出售 P-8I 反潜巡逻机、AH-64D 武装直升机、M777 轻型榴弹炮、C-17 运输机等先进装备；同时与印度军队进行技术含量高的联合军事演习，以提高印度军事实力，强化美印战略合作，期冀借助印度从南翼牵制中国。加强美印关系并极力促进军售成为美国总统奥巴马的工作重点。美国极力向印度兜售多用途空中优势战斗机 F-16V 战机和可用作印度新型航母的 F/A-18 舰载战斗机。印军装备这款战机将拥有足够的对付周边力量特别是中国战机的能力。

美印两国原则同意共享军事后勤基地。一旦《后勤保障协议》达成,美印两国军队将共享军事基地和补给等设施,两国军队就可以在对方陆海空军基地进行后勤补给、维修和休整。美国战机和军舰在必要时可使用印度机场或港口,美国进出印度洋将更为便利。该协议签署有助于美国"打通印度洋",使美国在大西洋和太平洋的战略部署连成一体。

《后勤保障协议》是美印两国谈判的三个基础性协议之一,双方就该协议的具体内容从 2004 年磋商至 2016 年,长达 12 年之久。印度军方一些人士担心,如果与美国走得太近,印度会失去战略主动权。卡特不到一年内两次访问印度,2015 年还在五角大楼设立了加强与印度合作的专门机构,反映了美国对印度的重视程度在上升。

2016 年 3 月初,美国太平洋司令公开表态将现阶段一年一度的美印联合军事演习扩展为横跨亚太地区的联合行动,深化与印度的安全合作。

2018 年 9 月,美印两国在印度举行首次外交与国防"2+2"对话,双方讨论了两国在所谓"印太"战略架构下的合作,并就强化联合军事演习、武器采购、技术合作等事宜交换了意见。美印双方签署了通信兼容性和安全协议,允许美国向印度转让先进武器和通信系统,以实现美印两国在指挥、控制、通信、计算机情报、监控和侦察相关领域的数据共享。美印双方还同意将共同促进"印太"战略的实体化。美印"2+2"对话机制的建立,标志着美国将与印度的关系从双边防务关系提升至"与美国最亲密盟国和伙伴国的关系"同等水平。

美印两国防务关系不断深化,军事合作包括了武器转让、联演联训、反恐行动、军事交流等诸形式,基本涵盖了军事合作的全领域。2019 年 9 月,首批 8 架美制"阿帕奇"武装直升机列装印度空军,这是目前为止世界最先进的攻击直升机,可以压制对方的防御力量和参与空对空支援,将极大地提高印度空军装备的现代化水平。从 2013 年到

2017年的五年间,美国向印度出口的武器比前五年增加了5倍。美国对印度的军售达到180亿美元。

而且,印度积极构建三位一体核力量,不断加强与世界军事强国的战略合作,不仅积极加强与美国的伙伴关系,而且加强了与澳大利亚、日本以及美国在亚太地区其他盟友的伙伴关系。

实际上,无论奥巴马的"亚太再平衡"战略还是特朗普的"印太"安全体系都与印度"东向"政策在遏制中国上利益日趋一致且有所重叠。近年来,美印两国军事互动频繁,两国防务合作日趋紧密并不断深化。美印合作各有所图,各有侧重。美国希望加强与印度的战略合作,旨在建立全球战略布局中的南亚支点,将印度打造成为南亚和太平洋地区重要的代理人,以完善其全球战略布局;美国积极拉拢印度并使之成为制衡中国的重要一环,以牵制中国不断崛起。美印两国强化安全合作将使亚洲地区安全局势更趋复杂化。就印度而言,印度希望向美国获取更多关键性技术,提高本国武器的自主研发能力,并把"印度制造"引进防务生产。而且,与美国更紧密的防务关系意味着印度可以获得更多、更新的美国军事技术。

印度作为南亚的国家,根本没有必要跑到南海来搅局。而且,中国政府坚持直接当事国谈判解决,反对"把争议拿到多边场合炒作"。印度这种做法,表面上是发展与东南亚国家合作关系,实际上趁机捣乱,浑水摸鱼,不利于南海争端的解决。中国政府决不允许任何国家搞乱南海。

印度应该认清南海局势,从稳定地区大局出发,摆正位置,积极发展对华关系。印度应改变对中国"一带一路"倡议的怀疑态度,积极呼应和支持这一互利共赢战略,以推动本国落后的基础设施建设,带动本国经济发展。

第二,将联合军事演习常态化和机制化,抗衡中国。

随着中国不断崛起,出于抗衡中国影响力的战略需求,印度正成为美国"亚太再平衡"战略中的一个积极分子,在安全上加强与美国的合作,不断搅局南海事务,以共同制衡中国。

2016年6月,美国、日本和印度三国海军在位于日本九州地区长崎县的驻日美军佐世保基地,进行了代号为"马拉巴尔-2016"的海上联合军事演习。应日本的要求,这项军演在冲绳周边的东海进行,演习项目包括反潜战、水面战、防空战、海上搜救训练等,以加强美日印三国的防务合作。反潜、海上封锁和防空成为本年度的演习重点,意在增进三国海军之间的合作能力,并对"海上安全行动"的程序形成共同认识。

美国"约翰·斯坦尼斯"号核动力航空母舰战斗群、日本海上自卫队直升机准航母"日向"号驱逐舰及远程海上巡逻机和印度海军一艘导弹驱逐舰参加此次联合军事演习。这是美日印三国间最大、最复杂的联合军事演习之一。此次联合军事演习反映了日美印三国加强合作、联合防范中国海洋军事行动的战略意图。

而在2015年的"马拉巴尔"联合军事演习中,美国派出"西奥多·罗斯福"号航母、"诺曼底"号导弹巡洋舰、"自由"级"沃斯堡"号濒海战斗舰、"洛杉矶"级"库帕斯克里斯蒂城"号核动力攻击潜艇;日本派出海上自卫队5 000吨"秋月"级"冬月"号驱逐舰;印度则派出海军"迪帕克"级"莎蒂"号补给舰、"雅鲁藏布江"级"贝特瓦"号导弹护卫舰、"拉吉普特"级"蓝维杰伊"号驱逐舰、"海洋之吼"级"辛都拉耶"号和"什瓦里克"号柴电潜艇等。

"马拉巴尔"军演由美印两军于1992年发起,在印度洋及日本附近海域等地实施。2007年美国刻意把日本等亚太盟国拉进这个原本的双边联合军事演习之中,日本海上自卫队首次应邀参加。2007年和2009年,该军演又把演习地点从印度洋扩展到西太平洋,2016年日本是第五次参加。2014年,日本作为观察员国参与了该年度的联合军事演习;2015年10月,"马拉巴尔"海上联合军事演习在孟加拉湾举行,该军演包含一系列复杂、高端的作战演习,皆为推进多国海上关系和共同安全而举行。2015年"马拉巴尔"联合军演最大特点是"最先进的空中海上侦察"。美印两国海军都派出了最先进的海上侦察机P-8"海神"反潜巡逻机。该型侦察机能在海上大范围搜索地方舰艇,并利用卫星数字系统迅速与友军舰艇联络。

自2015年以来,日本永久加入原美印双边年度"马拉巴尔"海上联合军事演习,使其成为美日印三方联合军事演习。日本政府有意携手美国与南亚大国印度在安保领域紧密合作。日本高调参加2016年度的联合军事演习,其战略目的是进一步配合美国"亚太再平衡"战略,积极借助他国力量加大封锁中国的力度；同时，进一步加强美、日与其他国家之间的反潜联合能力。

美日印三边联合军事演习已成为一年一度的常态化安全合作机制，联合演习有助于增进三国之间的军事协同、协调和磋商，提升三国的协同能力与联合反潜能力。而遏制中国成为该机制最大的目标。

扩大联合军事演习覆盖面也是近年来印度防务政策的重大转变，更是印度向西太平洋迈出的一大步。美国积极拉拢印度，开展"马拉巴尔"联合军事演习。美国通过"马拉巴尔"联合军事演习在亚太地区加强了与日本和印度的军事合作，不仅加剧了地区的紧张局势，而且将促使亚太国家新一轮军备竞赛。

2019年9月，美印两国军队在美国华盛顿州举行代号为"准备战斗"的第15轮联合演练，近700人参与其中。2019年9—10月，美日印三国在日本九州佐世保至关东南部海域举行代号为"马拉巴尔-2019"海上联合军事演习。日本海上自卫队派出"五月雨"号通用驱逐舰、"鸟海"号宙斯盾驱逐舰以及"加贺"级直升机航母参演，美国海军则派出一艘"伯克"级"麦坎贝尔"号驱逐舰。此外，三国海上力量还各出动一架喷气式反潜巡逻机。

2019年11月，首次美印海陆空演习举行。500名美国海军陆战队员和水兵以及大约1 200名印度陆军、海军和空军人员参加了这次联合军事演习。演习重点为救援救灾做准备，包括搜索夺取和实弹训练。印度直升机在孟加拉湾降落在一艘美国军舰甲板上，成为美印伙伴关系深化进展的标志。

第三，印度"东向"政策使南海问题更趋复杂化。

冷战结束以来，印度积极发展了与东盟各国之间政治、经济、军事和防务合作。2014年印度总理莫迪上台后，将"东向"政策强化为"东向行动"政策，不断拓展和丰富"东向行动"内容，使"东向行动"政策涵盖了经济、政治、安全合作等领域。"东向行动"政策聚焦于地缘政治和地缘战略目标，已不再仅仅是传统经济领域合作的战略，正转变为全方位介入东亚、东南亚地区的综合性战略。

从地缘政治考量，美国"亚太再平衡"战略以遏制中国崛起为目标，而印度"东向行动"政策亦以拓展印度在东亚影响力为主，共同防范、牵制和遏制中国崛起成为美印两国共同的战略目的,美国"亚太再平衡"战略与印度"东向行动"政策不谋而合。美国视印度为"亚太再平衡"战略中重要一环和重要伙伴,利用印度共同牵制中国崛起,积极鼓励印度参与东亚事务,推动亚太地区防务合作,期冀印度在亚太地区发挥更大、更主要的作用,与美国形成战略抗衡合力。正是以防范和牵制中国为共同战略目标,美印关系发展异常迅速。

近年来,印度明显加快了"东向"政策步伐,印度海军频频派出军舰进入南海海域和西太平洋地区,积极插手南亚、东南亚和东亚事务,表明印度政府 20 世纪 90 年代初期提出的"东向"政策正转变为"东向行动"政策,反映了印度不甘心居于南亚一隅,迫切争当世界大国的政治雄心,凸显了印度加大参与亚太地区事务的意愿与决心。与"东向"政策相比,"东向行动"政策除继续重视发展与东南亚国家的政治经济关系外,更加强调发展与东北亚国家包括日本的政治军事关系,重视发挥在南中国海的大国平衡作用,并取得了丰硕成果。

印度向南中国海和西北太平洋频派舰队从表面上来看是加强军事外交关系,提高与其他国家海军之间的操作协同性。但从地缘战略考量,印度积极呼应和助力美国实施"亚太再平衡"战略,正加大干涉中国南海问题的力度和范围,主动发展同相关国家合作关系,特别是加强与中国存在南海岛屿主权争端国家的政治、经济、军事、文化上的联系,在南中国海争议海域与和中国有争议的国家共同开发油气,并加强了印度海上力量在南中国海及其附近海域的存在,提升印度与南中国海及其附近海域各国的海上安全合作,形成一个横跨南亚、东南亚、东亚的南部包围圈,暴露出了印度欲利用南海问题形成对中国牵制的局面,并有可能改变现有东亚地区的地缘政治、安全格局。

对印度加大涉足南海事务的行径,中国应保持高度警觉,在与印度搞好双边关系的同时要防止印度干涉南海问题,要做好应对预案与准备,以合作促发展,努力推动中印关系健康有序发展。

特朗普政府以强调印度洋和太平洋之间日益密切的整体性联系为由,通过强化与印度的战略合作关系和对印度崛起的支持,积极提升印度作为海上战略支点的地位,将印度纳入美国全球战略,着力构建一个将印度拉入东亚太平洋事务中来的"两洋"体系,把美印两国打造为印度洋—太平洋地区东、西两端的"灯塔"。[43]在牵制中国在印度洋活动的同时,达到维护美国在"两洋"优势战略地位的目标。

四、强化在印太地区的军事存在

2018年5月底,美国正式将"太平洋司令部"更名为"印度洋—太平洋司令部"。美国将印太地区作为整体,加大推行"由海向陆"的战略力度,形成关岛、澳大利亚达尔文港和印度洋中部的迪戈加西亚岛三地颇具进攻性的V型威慑。这成为美国印度洋—太平洋安全体系推进的重要成果,标志着印度洋地区在美国全球战略中的地位显著上升。

美国在印太地区军事存在的大致轮廓与结构已经形成,特朗普执政以来更呈现一种战略稳定态势。其新海洋政策重要内容之一就是积极试图构建以美国为首,日本、印度和澳大利亚为合作中心的次区域菱形安全战略架构,即在东部以日本为战略支点、在西部以印度为战略支点、在南部以澳大利亚为战略支点,与中国"一带一路"倡议形成战略竞争态势,通过强化与盟友和伙伴国的军事合作达到强化海上安全的战略目标,从而实现美国在印度洋—太平洋地区遏制和围堵中国海上力量发展及影响力的战略意图。

简而言之,特朗普政府的战略意图就是要打通太平洋和印度洋战略纵深,使印度洋—太平洋连为一体,扩展美国的战略发展空间,强制性扭转目前渐显不利于美国的国际格局,进一步重塑有利于美国的利益分配规则和亚太地区秩序,遏制中国的海上崛起。为此,美国主要采取以下五个关键路径全方位遏阻中国。

第一,利用南海问题不断挑衅中国。特朗普政府的南海政策是美国印度洋—太平洋安全体系的重要组成部分之一。[44]特朗普上台以来在南海地区强硬"巡航"挑衅中国,在南海问题上保持一定政策延续性的同时,继续强调"以规则为基础"的地区秩序,加大所谓"航行自由"行动频率,针对所谓"灰色区域"问题加强对华制衡;[45]加强海上安全合作,积极拉拢盟友和伙伴加入"航行自由"行动,实质性战略互动明显加强;推动"航行自由行动"常态化,不断提升美国军力部署的预置性、灵活性、坚韧性和威胁性,以彰显美军在南海地区军事存在,为美国后续强化在南海的军力存在造势,使南海地区紧张气氛陡然上升。

第二,全方位对中国持强硬态度,遏制中国崛起。美国已经在经济与安全等领域构筑了防范中国的一整套体系。中、美两国在政治、安全、经贸、外交以及地区热点问题上的竞争与博弈持续呈现更为激烈的态势。遏制中国崛起已成为特朗普政府的共识。

第三,继续彰显"美国优先、美国第一"的对外政策逻辑。进一步加强多边安全合作,坚持以利益界定威胁。特朗普政府强化若干多边和双边安全合作,强化美国对印太地区主导地位,同时也使中国南海成为中国周边国家作为各自对华战略调整的切入点,为中国的周边国家发展军事、高调介入南海事务提供了"合适"的借口。

第四,投入财力支持地区伙伴进行能力建设抵御"中国威胁"。特朗普开展一系列军事行动的战略意图是改变中国南海政策的态势。为应对中国快速发展的军事力量,美国国防部正在考虑向东亚部署美国快速反应部队的重要组成之一——海军陆战队远征队。这是继《国防战略报告》公布以来,国防部加强美军亚洲存在的首批具体步骤,也成为美国全球战略调整的一部分,目的是提高美国在东亚地区的战斗力,应对中国的崛起,反制中国与日俱增的影响力。

第五,强化与东盟国家在南海地区联合军事演习,目标旨在中国。尽管美国与东盟国家在南海地区举行的联合军演大多在非传统安全领域展开,演习不针对第三方。但是,美国一直在推动应对中国在亚洲日益增长的影响力,把南海作为其推行"印太"战略的一个重要支点,并不断加大插手、干预南海问题的力度。联合海上军事演习已成为美国推进印度洋—太平洋战略的一部分。美国在运用政治、军事、外交等综合手段有效阻遏新兴海洋大国崛起的同时,不断扩大并强化美国在印太地区,尤其是在东盟和南海地区的政治、经济影响力,提高美国在东盟地区的存在感,彰显美军在南海地区军事存在和美国在该地区的掌控能力,为美国后续强化在南海的军力存在造势,影响并牵制东南亚国家的战略趋向与战略发展,进一步促进并强化美国与东盟各国的军事合作,继续维护美国在印度洋—太平洋地区秩序中的主导地位。

美国政府试图在东盟地区建立一个以美国为首、以盟友和伙伴国为主干的制约中国的联合阵线,试图将东南亚打造成"印太"战略的重要支点。[46]2019—2024 年,美国将全面强化与东盟的军事关系,积极推动与东南亚国家军演规模的升级,并将菲律宾、泰国、印度尼西亚、新加坡等国列为其安全网络的核心伙伴,将某些东南亚国家作为美国亚太海权联盟的准盟国或伙伴国,构建高度制度化的海上联盟;利用南海问题挑衅中国,积极通过联合巡航等方式不断对中国施压,推动某些国家在南海问题上采取更加偏向东盟的立场,以增加应对中国的筹码,[47]增大南海问题与其他涉华敏感问题的联动性,包括在与中国进行经贸谈判时打"南海牌",以迫使中国在某些问题上让步。

第四节　本 章 小 结

美国政府新海洋政策的战略目标主要通过积极扩展印度洋—太平洋地区安全利益,深化与盟国及伙伴国之间的海洋合作,提升美国海军远程投射部署能力建设,在继续维持美国全球优势地位的同时,确保美国在全球海域的主导地位,重塑美国主导下的全球海洋战略体系,以继续强势维护美国海上战略优势。

一、美国新海洋政策地缘影响深远

美国新海洋政策给国际和地区海洋治理带来了一定的冲击,其地缘影响逐渐显现。

在全球层次上,美国新海洋政策为未来世界大国海洋博弈奠定了基础,反映了特朗普实用主义至上、美国利益优先的本质。海洋及其相关问题将成为美国与世界其他海洋大国战略竞争的重要领域。这种以本国利益为上的海洋政策,以意识形态、敌我阵营划界的冷战思维为中心构建"印太"安全体系的理论基础和行为模式,[48]与全球化大潮中经济一体化、文化包容化、政治多元化、利益共享化等时代诉求背道而驰,将给全球海洋治理带来严重的地缘影响。

美国新海洋政策加剧了全球海洋治理的难度与复杂性,不利于全球海洋保护与海洋开发,是一个逆全球化的倒退之举,对当前国际海洋治理的原则、理念和行动产生重大影响。全球海洋治理面临更为严峻的考验,特朗普海洋新政策颠覆了奥巴马政府建立的以生态保护为核心的海洋综合管理机制,是对美国乃至全球海洋生态保护的一种破坏。松绑海洋油气开采、削减海洋环保开支、高调退出与海洋关系紧密的国际条约或涉海国际组织等一系列"自我否定"式的前后矛盾之举,不仅会直接降低全球海洋公共产品的供给水平,更有可能诱发其他国家的效仿与追随,产生严重的负面示范效应。[49]相关国家将不得不深陷海洋治理与海洋生态保护的战略困境,全球海洋治理面临更多的不利挑战。而且,特朗普政府新的海洋油气开采政策将削弱能源市场,[50]还会造成新的海洋污染,对当地人民健康、环境和海洋生物造成严重损害,并重创这些地区的海滨旅游、度假与娱乐产业。

美国海洋新政策使得沿海地区更难参与区域规划,[51]因为需要沿海地区、州和联邦机构作为这项新海洋政策区域规划机构的共同规划者一起工作的机制已经不复存在。此举将进一步加深沿海地区与地方政府和联邦政府共同进行海洋治理的矛盾,不利于推动区域海洋管理的可持续发展。

在地区层面,美国新海洋政策进一步增加了亚太地区安全局势的危险性因素,尤其在海上安全方面,美国新海洋政策将直接导致东亚地区和南亚地区海上冲突系数上升,新的海洋冲突在所难免。

就美国而言,美国新海洋政策充分体现了"让美国再次伟大"的理念,确保美国在海洋科技领域中的领先地位,反映了特朗普政府"美国第一"的本质,与全球海洋治理理念和海洋保护相违背,对美国国内海洋管理体制和活动冲击较大,将深刻影响美国的海洋产业长远发展。

美国政府积极推动海洋经济发展,强调海洋资源开发,以促进美国经济增长,保障国家能源安全;但同时特朗普政府又弱化海洋环保。这种强调海洋资源开发利用,而忽视保持海洋生态系统的功能与生产力的新海洋政策,是一种缺乏战略远见的政策,与奥巴马强调"保护、维护和恢复海洋、海岸带和五大湖生态系统的健康"背道而驰。美国海洋政策降低了奥巴马时期对海洋保护和气候的重视程度,"使海洋政策退回到了20世纪60年代",同时也是"一个掠夺性和不负责任地利用海洋的政策",[52]使美国的海洋政策在方向上发生了根本性逆转,直接冲击了美国海洋资源和沿海经济的可持续、以科学为基础的管理工作,给美国经济和就业将带来毁灭性的长期影响,将使美国失去与其他国家开展合作保护海洋的机会,也不利于海洋生态长期可持续发展。

美国政府将海洋保护和可持续发展让位给海洋开发与利用、让位给军事安全和经济利益的政策,完全背离了其前历届美国政府所倡导的可持续发展海洋政策方向,也偏离了世界各国平衡发展海洋保护与开发利用的正确轨道。特朗普新海洋政策冲击了美国国内的海洋管理秩序,已经给美国的一些涉海部门运作带来了不利影响,同时也给全球海洋治理造成一定的负面影响。

美国新海洋政策对中国安全环境产生了一定的地缘影响。美国首次将"中国威胁"列在重要性与迫切性排序的首位,首次视中国海军为美国海军维持对西太平洋地区深海控制的重大挑战。[53]中国军事现代化建设,包括中国海军现代化,已成为美国国防规划和预算的主要焦点。这导致中国所面临的地区安全格局发生重大变化。"制衡中国崛起"已成为美国政府构建"印太"安全体系的主要战略目标,这种扬弃多边主义的自利霸权行为不利于现有国际政治、经济秩序的发展,直接增加了中国崛起的不确定性与复杂性。美国视中国为首要战略威胁,中国将不得不面临着美国更大军事压力。特朗普对外以"印太"安全体系为抓手,防范中国为其战略重点,不断窃取中国专属经济区海洋环境要素资料,通过军事侦察船、军舰频繁侵犯中国领海,严重威胁到中国的国家安全,不断挤压中国海洋战略空间,积极强化与日本、澳大利亚、印度等国关系,利用地区性冲突牵制中国。

特朗普上台执政以来,频繁介入南海争端,强化在南海周边军事存在,加大与东盟军事合作,在深入加强与菲律宾、新加坡、马来西亚等国家传统关系基础上,以中国为假想敌大力渲染地区军事威胁,并借防务合作极力提升与东盟国家的安全合作水平,加紧战场环境准备,威胁中国海上通道安全。同时,美国积极加大了对东南亚地区的经济参与力度,以削弱中国对东盟国家的经济影响力,增强东盟国家整体抗衡中国的实力;不断增加对湄公河流域国家的战略资源投放力度,派海警船来往南海,直接挑战了中国在南海的岛礁主权和对相关海域的管辖权;促使南海问题向多边化、国际化和多元化、复杂化方向发展,以此维持南海地区的战略平衡,实现从海上和陆上两个方向挤压中国在东南亚地区影响力的战略目标,在南海地区打造以美国为中心的军事优势地位,增加中国解决南海问题的难度,削弱中国在该地区的影响。美国还借助钓鱼岛问题挑起中日矛盾,并借此不断强化美日同盟关系,以保持其在西北太平洋海域的主导地位,使东亚国家互相制衡、彼此牵制。

美国积极介入南海事务,给中国带来了巨大而直接的军事压力和海上通道安全风险,中国的地缘战略压力陡然上升,中国的崛起将不得不面临更为严峻的海上挑战。美国政府在继续维护美国全球海洋优势地位的同时,形成全方位、多维度牵制中国的行动,中国海上战略通道与贸易航线的安全风险将上升。

美国综合使用政治、安全与经济等手段,以遏制中国为重点,全方位展开与中国的战略竞争,尤其是美国主动强化了在西太平洋地区对华施压力度,强化在军事上的投入与部署。美国海军采取一系列行动对抗中国海军的现代化努力,多次派军舰穿越台湾海峡,炫耀武力,美军在南海、台海的自由航行已经常态化。美国政府更关注中国在南海地区岛礁建设对美国贸易流通、盟国安全和地区稳定等带来的实质性影响,强化自身在南海地区的军事存在,力图遏止中国岛礁建设。[54]美军在南海的宣示性行动将更直接,更具进攻性,加强在南海"航行自由"的行动力度与强度,宛如冷战时期美国对苏联所采取的进攻性战略。这导致中、美两国在南海和台海两个方向的对抗烈度加剧,美国与中国的战略竞争将进一步长期化、复杂化和激烈化。中国海上力量发展面临非常严峻的挑战,中国海上力量建设将更为艰辛。

借助印度洋的延伸阻止中国"一带一路"倡议成为美国新海洋政策的真实战略意图。美国加速整合联盟打造全新体系,利用地区盟友和安全伙伴来制衡中国,积极利用"战略搅局"和"代理人"避免与中国正面冲突,运用多种手段,通过海岸警卫队等准军事力量来制衡中国,强化海岸警卫队执法作用,通过贸易、投资、能源、金融以及发展援助等经济政策工具,介入地区事务并对中国形成压力。[55]

中美两国应合作构建一个约束竞争的框架,[56]积极寻求海洋安全治理合作,降低竞争与冲突的风险。中国应密切关注美国政府新海洋政策动向及其影响,积极应对美国在南海地区的一系列挑战,早做各种应对准备,采取更有效措施和实际行动坚决维护国家主权与领土完整。

二、美国"印太"安全体系目标直指中国

"印太"在地缘战略上将印度洋和太平洋连为一体。美国政府强调印度洋—太平洋区域是美国拓展海上利益的战略地区,积极运用政治、军事、外交等综合手段,在继续强化与盟国关系的同时,主动发展与该战略弧线上战略位置突出的澳大利亚和印度之间的关系,以塑造这一新的地区安全架构。美国利用印度洋—太平洋安全体系积极谋局,这不仅是对奥巴马时期"亚太再平衡"战略的颠覆,而且成为"亚太再平衡"战略的升级版。

"印太"安全体系实质上是美国整合盟友体系,重塑美国霸权,拓展对印太地区安全控制权的战略手段,其战略目的是继续主导世界海洋事务。中国应积极准备,主动采取有效举措减少美国新海洋政策给中国崛起带来的战略压力。中国需要积极开放经济领域,不断加深与世界各国的经济相互依存。中国应全面提升海洋治理的能力,加快推进本国海洋强国建设,做好海洋战略规划,加快海洋开发与利益保护,推进海洋科技与创新的可持续发展,最大限度地维护好国家海洋权益。

三、"印太"安全体系的不确定性与局限性并存

尽管美国的印度洋—太平洋安全体系尚处于起步与不断充实之阶段,且缺乏实质性的内容,存在极大的不确定性和战略模糊性;但其战略意图逐步明晰,印度洋—太平洋地区将成为美国力推的一个重点区域。在印度洋—太平洋安全体系构建进程中,遏制与围堵中国已成为美国对华政策的主旋律。美国对华策略呈现更为强硬的全方位态势,对冲和削弱了中国在印度洋—太平洋地区的政治、安全与经济影响力,进一步强化了美国与亚洲盟国和其他国家的海上合作,提高了美国在"两洋"地区的影响力与凝聚力,使中国崛起将面临更为复杂与艰难的局面。

到目前为止,美国积极主导构建的"印太"安全体系仍处于成型之中,面临诸多不确定性和局限性。

第一,由于在"印太"地缘概念与战略目的上的差异,美国以共同价值和共享观念构建"印太"安全体系面临巨大困难。

第二,美、印、日、澳四国更多地追求各自利益导致相互依赖具有较大的松散性,四国战略互动与合作存在集体行动困境,[57]影响着美国与其他盟国及伙伴之间的战略目标与合作效果,并制约和拖累"印太"安全体系的进程。

第三,出于"世界一流大国"的战略需求和在印度洋建立排他性秩序的战略目标,印度对由美国主导的"印太"安全体系存在着一定的疑虑。印度的暧昧态度与战略走向成为美国"印太"安全体系成功的关键,[58]也是美国"印太"安全体系中的最大变量。而美国在印度洋地区缺少正式的同盟国,难以有效地支持美国的战略延伸。

第四,美国希望合作伙伴特别是盟友更多地分担海上安全合作的成本,在一定程度上动摇了盟友及相关国家对美国在安全上的依赖度,[59]也降低了美国的可信度。

第五,美国"印太"安全体系是针对中国崛起的排他性制度制衡,未来美国"印太"安全体系的成功与否取决于中国是否会被地区视为"共同威胁"。

第六,美国加紧推进"印太"安全体系,地区安全主导权竞逐加剧,大国地缘博弈更趋复杂,并导致全球治理供求失衡加剧。[60]"美国优先"令全球治理供给减少、赤字凸显。

美国"印太"安全体系构建已经对中国安全环境产生极为不利的地缘影响,导致中国所面临的地区安全格局发生重大变化。美国与中国的战略竞争将进一步长期化、复杂化和激烈化,中国海上力量发展面临非常严峻的挑战,中国海上力量建设将更为艰辛。"制衡中国崛起"已成为美国政府构建"印太"安全体系的主要战略目标,中国将不得不面临更为严峻的海上挑战。

四、中国的应对

中国应积极准备,采取有效举措抗衡美国"印太"安全体系给中国崛起带来的战略压力。中国应更积极主动地扩大开放,不断加深与世界各国的经济相互依存,避免中、美两国陷入美苏形式的"新冷战"。[61]

借助印度洋的延伸阻止中国"一带一路"倡议成为美国"印太"安全

体系的真实战略意图。美国积极利用"战略搅局"和"代理人"避免与中国正面冲突。特朗普上台后着力于提振美国经济，不谋求与中国直接对抗，而是通过加速整合联盟打造全新体系，利用地区盟友和安全伙伴来制衡中国，以降低与中国正面直接冲突的风险，达到遏制中国的战略目的。

美国政府积极构建"印太"安全体系，聚焦海上安全、人道主义援助和减灾、维和能力提升、打击跨国犯罪四大领域，[62] 以东南亚和太平洋岛国为重点，并加大对孟加拉湾沿岸国尤其是斯里兰卡的投入，与印太地区建立"新伙伴关系"，与中国展开地缘竞争，全面制衡中国"一带一路"倡议。

因此，中国对美国借印度洋—太平洋之名、行遏制中国之实应保持高度警惕，应尽早做好战略上的应对准备，防范美国"印太"安全体系对中国在地区安全与经济合作上的不利影响；继续强化与东盟各国的友好合作关系，不断巩固中国在南海地区已形成的战略优势，通过大力支持以东盟为主的亚太多边机制建设，削弱以美国为主的印太机制；通过改善与印度、日本及澳大利亚的双边关系，积极发展与印度和澳大利亚的双边关系，不断提升中印、中澳关系的质量，实现瓦解美国的印太结集。[63] 同时，中国应深入推进"一带一路"建设，进一步强化与缅甸的战略合作，形成通往印度洋新的战略通道；积极布局和不断完善中国海上战略支点建设，不断拓展中国新的出海口，以有效保障中国的海上安全。

而且，中国必须高度警惕，积极应对美国在南海地区的一系列挑战，早做各种应对准备，采取有效措施和实际行动坚决维护国家主权与领土完整。

注释

1. 张景全：《民粹主义思潮下的特朗普政府内政与外交》，载《人民论坛·学术前沿》2018 年第 11 期。

2. "Surface Force Strategy: Returning to the Sea", *The U.S. Navy Report*, The U.S. Navy, January, 2017.

3. Thomas Rowden, *A Return to Sea Control*, The U.S. Navy, 12 August, 2016.

4. The 2018 U.S. Defense Strategy Report, *The DOD Paper*, the U.S. Department

of Defense，19 January，2018.

5. Alexander Gray and Peter Navarro, "Donald Trump's Peace through Strength Vision for the Asia-Pacific", *Foreign Policy*，7 November，2016.

6. Robert Kaplan, "US Security Policy Will Focus on Naval Strategy", *The Washington Post*，13 March，2019.

7. Loren Thompson, "For the Defense Industry, Trump's Win Means Happy Days Are Here Again", *The Forbes*，9 November，2016.

8. 美国海军正考虑取消对其 6 艘最老的巡洋舰实施延长服役寿命的计划，以减少零部件老化等维护难题。到 2022 年，美军巡洋舰将从现有的 22 艘减为 16 艘。参见："The U.S. Navy Considers Cutting Those Old Cruisers", *Navy Times*，19 March，2019。

9. Chris Osborne, "New Submarines, Destroyers and More：The U.S. Navy Will Be Much Bigger", *National Interest*，1 April，2019.

10. "US Navy Released the New Offensive Missile Strategy", *US Navy Academy*，15 April，2019.

11. "US Navy Speeding up the Construction of Warfleets, Three Boke III Are Building", *The News of The Naval Academy*，24 December，2018.

12.《美国隐形战舰下水》，中国新闻社 2019 年 4 月 28 日电。

13. 傅梦孜、李岩：《美国海洋战略的新一轮转型》，载《中国海洋报》2018 年 12 月 13 日。

14. "US Navy Wants to Let the Robots Fleet Against China or Russia", *National Interests*，16 April，2019.

15. 该体系指美国海军实施电磁频谱作战以及夺取电磁战斗空间优势所必需的政策、监管、装备、流程、条令、信息、设施、训练和物资。

16. Bryan Clark, Peter Haynes, Bryan McGrath, Craig Hooper, Jesse Sloman and Timothy A.Walton, "Restoring American Seapower：A New Fleet Architecture for the United States Navy", *Center for Strategic and Budgetary Assessments*，2017.

17. James E.Fanell, "The Trump Maritime Strategy", *Geopolitical Intelligence Services*，7 March，2019.

18. David B.Larter, "Trump just Made a 355-Ship Navy National Policy", *The Defense News*，13 December，2017.

19. Marisa Schultz, "Trump to Loosen Restrictions for Vets to Join US Merchant Marine", *The New York Post*，4 March，2019.

20.《美国在地中海同时部署双航母战斗群》，中国评论通讯社北京 2019 年 4 月 23 日电。

21. 郑璇、王逸：《以"执法"为幌子 美国海岸警卫队到南海"挑事"》，载《环球时报》2019 年 6 月 13 日。

22. 美媒：《美国海岸警卫队推出北极新战略制衡中俄》，载《参考消息》2019 年 4 月 24 日。

23. "New Focus on the Important Strategic Point in Pacific", *The Washington Daily*，3 April，2019.

24. 房琳琳：《开发海洋资源，美国基础研究做了什么》，载《科技日报》2018 年 7 月 12 日。

25. 李景光：《特朗普海洋政策"大反转"及其影响》，载《中国海洋报》2018 年 10 月 11 日。

26. Sarah Carr, ed., "New Trump Ocean Policy Throws a Curveball into Current US

Regional Ocean Planning Efforts", *Marine Ecosystems and Management*, 3 August, 2018.

27. David Malakoff, "Trump's New Oceans Policy Washes away Obama's Emphasis on Conservation and Climate", *Science*, 19 June, 2018.

28. 傅梦孜、李岩:《美国海洋战略的新一轮转型》。

29. Timothy Puko and Benoit Faucon, "U.S. Seeks More Time for Ships to Switch to Cleaner Fuels", *The Wall Street Journal*, 18 October, 2018.

30. Suzuki Yoshikatsu, "Abe's Indo-Pacific 'Security Diamond' Begins to Shine", *Nippon*, 8 Feburary, 2016, 参见 https://www. nippon. com/en/column/g00339/(访问日期:2019 年 1 月 10 日)。

31. 苗吉:《"印太"视角下的日印关系》,载《当代世界》2019 年第 2 期。

32. 梁芳:《美国推"印度洋—太平洋"构想,到底想干什么》,载《环球时报》2017 年 11 月 28 日。

33. Ashley J. Tellis: *Protecting American Primacy in the Indo-Pacific*, Senate Armed Services Committee, 25 April, 2017, 参见 http://carnegieendowment. org/2017/04/25/protecting-american-primacy-in-indo-pacific-pub-68754(访问日期:2019 年 1 月 12 日)。

34. 吴敏文:《"印太"战略将何去何从》,载《中国青年报》2018 年 2 月 22 日。

35. 李峥:《美"印度洋—太平洋"战略是对"亚太再平衡"的颠覆性创新》,环球战略智库 2017 年 11 月 14 日。

36. 刘琳:《"印太"战略与南海:焦点中的焦点》,载《世界知识》2018 年第 13 期。

37.《明报社评:一带一路与印太　中美博弈　台海生波》,载《联合早报》2019 年 3 月 24 日。

38. Tracy Wilknson, Shashank Bengali and Brian Benett, "Trump Crosses Asia Touting a 'Free and Open Indo-Pacific', a Shift in Rhetoric if not Actual Strategy", *Los Angels Times*, 10 November, 2017.

39. T. X. Hammes, "Strategy for an Unthinkable Conflict", *The Diplomat*, 27 July, 2012.

40. 夏立平:《论 21 世纪美国亚太海权联盟体系》,载《同济大学学报》(社会科学版) 2017 年第 6 期。

41. 郭伟民、卢周:《美日在印太投 700 亿基建援助》,载《环球时报》2018 年 11 月 14 日。

42. 贺超:《美日印首次举行三边对话　欲打压中国亚太影响力》,载《中国青年报》2011 年 12 月 21 日。

43. 陆佳飞、周而捷:《莫迪访美:探索特朗普时代印美关系》,新华社华盛顿 2017 年 6 月 26 日电。

44. 夏立平、马艳红:《特朗普政府建立南海"议题联盟"初论》,载《东南亚研究》2018 年第 6 期。

45. Michael Green, Kathleen Hicks, Zack Cooper and John Schaus, "Countering Coercion in Maritime Asia: The Theory and Practice of Gray Zone Deterrence", *Center for Strategic and International Studies*, Rowman & Littlefield, May, 2017.

46. 胡志勇:《美国与东盟海上联合军事演习意在中国》,中国评论通讯社 2019 年 9 月 10 日电。

47. Victor Cha, "Testimony before the Senate Armed Services Committee", *Council on Foreign Relations*, 25 April, 2017.

48. 吴敏文:《"印太"战略将何去何从》。

49. 崔野、王琪:《全球公共产品视角下的全球海洋治理困境:表现、成因与应对》,载《太平洋学报》2019 年第 1 期。

50. George Landrith,"Trump's Maritime Fuel Policy Will Sink Energy Markets",*Westside Gazette*,6 March,2019.

51. Sarah Carr, ed.,"New Trump Ocean Policy Throws A Curveball into Current US Regional Ocean Planning Efforts".

52. David Abel,"Trump Rescinds Obama-Era Ocean Policy",*Globe*,22 June,2018.

53. 余东晖:《美报告称美海军控制西太冷战后首遇中国挑战》,中国评论通讯社华盛顿 2019 年 9 月 7 日电。

54. 陈慈航:《美国在南海问题上的对华政策转向——基于强制外交与威慑理论的考察》,载《当代亚太》2019 年第 3 期。

55. 贺凯:《美国印太战略实质与中国的制度制衡——一种基于国际关系理论的政策分析》,载《现代国际关系》2019 年第 1 期。

56. Stephen John Hadley, "The Strategic Competition between China and US Doesn't Hinder Their Strategic Cooperation",*Foreign Policy*,April,2019.

57. 朱翠萍:《"印太":概念阐释、实施的局限性与战略走势》,载《印度洋经济体研究》2018 年第 5 期。

58. 贺凯:《美国印太战略实质与中国的制度制衡——一种基于国际关系理论的政策分析》。

59. 胡波:《改善中美海上战略互动的路径在哪》,载《环球时报》2019 年 2 月 27 日。

60. 中国现代国际关系研究院世界政治所课题组:《世界大变局深刻复杂》,载《现代国际关系》2019 年第 1 期。

61. 贺凯:《美国印太战略实质与中国的制度制衡——一种基于国际关系理论的政策分析》。

62. 赵明昊:《美国正赋予"印太"战略实质内容》,载《世界知识》2019 年第 5 期。

63. 贺凯:《美国印太战略实质与中国的制度制衡——一种基于国际关系理论的政策分析》。

第七章

新兴国家海洋安全治理研究

在"海洋世纪"的影响下,新兴国家的海洋意识日渐浓厚,相比于传统海洋国家,它们对制度有着明显的偏好,在积极进行制度设计、分享与扩散的同时,还在实践中注重海上力量发展与海洋外交的平衡。

关于海洋安全治理,传统国家与新兴国家的观念并非一致,因而它们在治理制度设计与路径选择方面有着明显的差异。由于面临的海洋安全环境及自身所处的地位有所差异,新兴国家与传统国家相比有其独特的观念、制度与路径依赖。尽管如此,新兴国家仍然构成全球海洋安全治理过程中的重要角色,在海洋意识不断觉醒的牵引下,对海洋治理领域的权力意识也不断加强,在日益深入参与全球海洋治理的同时,发展出一条独特的制度性权力构建路径。

第一节　新兴国家海洋安全治理的环境与观念

如今,"21 世纪是海洋的世纪"已然成为一种全球共识,海洋日益成为国家之间对话与发展的纽带,国家的生存、发展与交往日益离不开海洋。[1]与"海洋世纪"相同步,新兴国家在参与全球化发展的过程中日益兴起为全球经济发展与全球治理的重要力量。新兴国家在参与全球治理特别是全球海洋安全治理中承担着日益重要的角色,而这一角色定义的根源在于这些国家面临的全球海洋政治环境及在这一环境影响下形成的海洋安全治理观念。

新兴国家参与海洋安全治理是史无前例的,而其参与海洋安全治理面临的全球海洋政治环境也是前所未有的。以往,全球海洋国际政治最大的特点便是传统海上列强间存在海洋要道控制、海上力量角逐与海洋霸权竞争及海外殖民地争夺。与以往不同,当今全球海洋国际政治,随着全球化的发展及广大新兴国家的兴起,有了新的时代内涵,而这恰恰构成新兴发展中国家参与全球国际政治博弈与海洋安全治理的大环境。

"海洋世纪"最首要的特征便是海洋重要性的凸显。海洋重要性的凸显集中彰显在两个层面:一是海洋成为国家生存与发展的需要;二是海洋是国家间往来与联系的纽带。受此影响,海洋正在成为国际战略竞争的新高地。特别是21世纪以来,随着新兴经济体崛起步伐加快,海洋成为包括中国在内的世界主要大国关注的焦点。[2]与此同时,随着陆地资源开发趋紧及人类对海洋认识的不断增多,对海洋的系统性研究与合作开发已经迫在眉睫且具有显著可能性,这就意味着海洋资源的开发与利用已经成为国家经济发展与社会进步的重要推动力量。无疑,这将加剧世界各国,特别是沿海国家,在海洋资源及其他经济利益方面的博弈与争夺。

中国等新兴国家越来越将海洋视为发展新高地的背后,折射出来的是新兴国家海洋意识的普遍觉醒,而这也是当今海洋国际政治呈现出的第二个重要特点。与传统的发达国家不同,新兴国家的海洋意识觉醒较晚,对海洋的大规模利用或战略性运用普遍不足。然而,随着新兴国家融入全球化程度的不断加深、与世界关系的紧密程度不断增强,在这一过程中,海洋扮演的角色愈发重要。而这促使新兴发展中国家重新认识海洋并重新审视海洋在其对外交往过程中的价值。在这一背景下,中国、印度、印度尼西亚等新兴国家海洋意识普遍觉醒。随着沿海新兴国家大规模的海洋意识觉醒,现有国际海洋格局和秩序安排正发生改变。其中,亚太海域众多沿海国家海洋意识觉醒最为突出,这正在深刻作用于地区现有的海上力量格局与秩序。对此,作为主要新兴国家之一的印度,在一份名为《不结盟2.0:印度21世纪外交与战略》报告中认为,由于美国在亚太海域的大规模军力部署,日本在海上力量发展方面的日渐活跃和强势,中国海上力量的后来居上,以及亚太地区其他沿海国家,如印度尼西亚、越南、马来西亚、澳大利亚等国海上力量建设的发展,亚太海域既成为大国博弈的舞台,又成为众多中小国家在亚太事务中谋求地位与维护既得利益的角力场。[3]不仅如此,海洋意识的普遍觉醒也构成产生海洋领土争端与权益纠纷的重要原因之一。

　　在前述因素的影响下,新兴国家在实现海洋安全与参与海洋安全治理方面面临着的任务既紧迫,又繁重多样。一方面,海洋安全日益成为影响新兴国家经济安全、边海疆安全与战略安全的重要构成因素。这就意味着重视海洋安全应该构成新兴国家维护国家安全的题中之义。而从内容上来看,海上安全包括海上传统安全与海上非传统安全两个部分。这使新兴国家实现海洋安全与参与海洋安全治理的任务既是多样的,也是综合与全面的;既包括保护海洋运输通道的安全,捍卫正当合理的海洋权益与展开海洋安全外交,还包括实现海洋生态安全与应对海盗、海上恐怖主义等。同时,现今的全球海洋政治形势与海洋的公域性质也揭示了新兴国家实现海洋安全与开展海洋安全治理必须经由一条有别于以往海上争霸与海上强权博弈的道路,在"海上舞台"保持良性竞争的同时,也需要在海洋安全治理方面展开合作。也就是说,在作为"海洋世纪"的今天,新兴国家参与海洋安全治理进程中秉持的是一种综合的、共同的、合作的安全观。这一海洋安全治理观念在指导新兴国家进行海洋安全治理制度设计的同时,也影响着这些国家参与海洋安全治理的路径选择。

第二节　新兴国家海洋安全治理的制度偏好

　　在海洋安全治理层面,新兴国家由于海洋意识兴起不久,总体来说还相对薄弱,在主体上落后于传统的发达国家,而在内容上对海洋安全治理的关注比较晚、投入也相对比较少。因而,新兴国家与传统发达国家不同,它们在关注海上安全力量建设的同时,对海洋安全治理的制度建设与规范塑造给予了很大的关注。从历史的角度来看,如今新兴国家参与海洋安全治理对制度与规范的偏好也是有其传统的。

　　新兴国家主要独立于第二次世界大战以后,作为独立的主权国家,在20世纪四五十年代海洋权利意识开始在全球范围觉醒的背景下,通过制度与规范的路径来捍卫国家海洋权利与维护海洋安全。

　　印度尼西亚是当今新兴国家之一,也是全球最大的群岛国家。然而,它的群岛国家身份得到其他国家及国际社会的认同却经历了漫长的过程,这一过程实际上和印度尼西亚借由制度层面捍卫自身海洋权利与维护海洋安全的努力是同步的。1957 年 12 月,印度尼西亚处于朱安达·卡塔维查亚(Djuanda Kartawidjaja)内阁时期。以《朱安达宣言》(Djuanda Declaration)的公布为标志,印度尼西亚有了最早的涉及海洋的正式制度性文件,而这份宣言的核心即是向国际社会宣示印度尼西亚的群岛国家地位。印度尼西亚当时公布这一宣言,主要有两个目的。其一,以印度尼西亚群岛国家身份的确立来维护印度尼西亚的海洋安全。《朱安达宣言》第一次明确将印度尼西亚群岛之间的水域认定为印度尼西亚国土不可分割的一部分,而这些水域很大一部分在荷兰殖民统治时期被视为公海。显然,此举有益于印度尼西亚国家海洋安全的维护。其二,迎合全球海洋权利意识觉醒,在国际海洋秩序确立过程中清楚地表达自己的声音。在印度尼西亚这份宣言公布的第二年(1958 年),国际社会在日内瓦通过了包括《领海与毗连区公约》《公海公约》《捕鱼与养护公海生物资源公约》与《大陆架公约》在内的奠定当时国际海洋制度基础的四个公约。尽管印度尼西亚清楚地阐述了自己的制度与观点,但由于这一时期国际海洋秩序依旧主要维护的是传统海洋大国的要求与利益,[4] 印度尼西亚依旧不得不为其群岛国家身份的确立及得到国际社会承认继续努力。

日内瓦四公约虽然奠定了彼时国际海洋秩序的基础,但并未得到广大发展中国家的认可。包括印度尼西亚在内,这些发展中国家持续通过制度的方式来维护其海洋权利及实现国家海洋安全。1960 年 3—4 月,第二届联合国海洋法会议召开。在此之前,印度尼西亚通过并对外公布《领水法第 4 号法令》(Act No.4 of 1960,Indonesian Territorial Waters,1960 年 2 月 18 日)。该法令的核心内容包括两个方面:其一,明确印度尼西亚 12 海里的领海宽度;其二,明确印度尼西亚群岛间水域与资源完全的、排他的主权。尽管印度尼西亚此举遭到美英等传统海洋国家的反对,认为此举违反了所谓"自由航行",但在第二届联合国海洋法会议上,印度尼西亚依旧坚持自身的观点并反对西方国家主张。不仅如此,印度尼西亚还以直线基线的方式确定了印度尼西亚的群岛基线及 12 海里的领海宽度,在此后进一步要求外国船只通过印度尼西亚领海时须事先通报。印度尼西亚的制度努力最终在 1982 年第三届联合国海洋法会议后实现。《联合国海洋法公约》对群岛国、群岛基线及群岛水域的法律地位持肯定态度。[5]

　　海洋作为纽带将战后独立的新兴国家与传统国家联系在一起。对于新兴国家而言,此时海洋安全治理的根本任务是维护国家海洋权利及以此来实现海洋安全。而通过战后数次联合国海洋会议,以及印度尼西亚这样的新兴国家实现自身海洋权利诉求的过程,我们可以认为,新兴国家与传统国家之间的实力差距(包括海上力量差距)并未构成新兴国家参与全球海洋治理及构建海洋秩序的障碍。通过制度性参与,新兴国家与传统国家在海洋方面的利益诉求在总体上得到了平衡,而新兴国家或广大发展中国家在推动制度构建方面甚至起到了决定性的作用。作为当代国际海洋制度纲领性文件的《联合国海洋法公约》的形成便是新兴国家借由制度来参与和积极推动的结果。[6]这一时期,以印度尼西亚为代表的新兴国家在参与全球海洋治理与制度设计过程中的偏好为其实现了维护国家海洋权利的诉求,进而对海洋安全环境的塑造产生了积极的影响。受此影响,新兴国家对持续参与全球海洋治理有着非常明显的制度与规范偏好。

第三节　新兴国家海洋安全治理的制度设计

　　新兴国家能够借由制度参与来维护自身的海洋权利,在根本上得益于全球海洋治理领域主权平等原则的确立。[7]在这一原则下,新兴国家与传统海洋国家在全球海洋制度设计中拥有同等的地位。新兴国家不但同样获得领海、毗连区和大陆架,而且还获得持续参与全球海洋治理的平等权利。不仅如此,随着冷战后全球化与地区化的深入发展,多边主义与地区主义呈现出一片欣欣向荣之势。在这一背景下,新兴国家在海洋安全治理层面进行制度设计有了更为有利的条件。

　　在《联合国海洋法公约》形成过程中,集团外交是新兴独立的发展中国家倚重的重要方式。而在冷战之后的新兴国家参与海洋安全治理过程中,基于多边主义与地区主义的一系列多边机制则构成这些国家进行制度设计的平台。

　　作为新兴国家参与的重要国家集团,东盟历来在海洋安全治理方面付出了不少努力。东南亚地区印度尼西亚等在内的新兴国家认为，"海上安全问题与关切"在性质上属跨境问题，因而在地区内寻求多边协商应对或在东盟框架下实现地区性方式来解决是比较理想的应对方式。[8]在东盟的框架下，多边协同应对地区海上安全问题成为重要规范，而海上安全问题也构成东盟构建安全共同体的一项重要内容，与东盟主导下的规范重塑与分享密切相关。2003年，东盟以《巴厘第二协约宣言》为标志步入了构建共同体的新时代，而这一宣言的第二个领域便是海上安全。在宣言中，东盟国家指出海上安全的不可分割性和东盟国家在海上安全议题上加强合作的重要性，强调东盟国家就海洋安全议题展开合作应成为建设东盟共同体的重要推动力量。[9]此后，在东盟主导的会议文件中，关于地区海上安全、维护地区海上和平与确保航行自由的规范一再出现。例如，针对成员国之间或成员国与非成员国之间出现的海上争端及有可能带来的海上威胁，东盟的态度十分明确，即将这些议题作为冲突预防的重要内容，而建立冲突预防机制则成为东盟处理海上安全议题的重要规范与制度选择。[10]

除了规范的塑造以外，东盟还十分强调海上安全问题规范的传播与分享。在成员国之间，东盟借由东盟峰会、东盟外长会议、东盟国防部长会议等地区多边机制实现这些规范的传播与内化。而在东盟与其他国家之间，例如中国、美国、印度等，东盟除了在双边渠道传播规范与制度，还通过东盟地区论坛（ARF）、东亚峰会、东盟与中日韩领导人会议以及东盟防长扩大会议等多边场合，宣导东盟在处理海上安全议题层面的制度与规范。东盟是多边框架的"驾驶员"，其"中心性"地位的确立和维持与东盟的海上安全问题地区协商应对规范得到其他大国尊重大有帮助。因此可以说，类似于东盟这样的新兴国家集团，它在参与海洋安全治理过程中进行制度设计是基于规范的塑造、传播、分享与学习达成的。

与传统海洋国家不同，新兴国家面对的海上安全问题要多一些，它们必须对海洋争端、纠纷及各种海上非传统安全威胁给予充分关注。因而，对于新兴国家来说，它们在海洋安全治理方面的制度设计在内容上既包括传统的海上争端、海上力量建设，又包括大量的非传统安全威胁。近年来，随着中国等新兴国家海上安全力量的兴起，这些国家在海上传统安全领域的制度设计方面也开始有所建树。正是在中国的积极推动下,2014 年中国等新兴国家与美国等传统海洋国家一同达成《海上意外相遇规则》。在中国和东盟国家的努力下,这一规则正在南海与东南亚海域得到落实。而在非传统安全领域,海盗、海上跨国犯罪、海上环境污染、海上救助等领域则成为新兴国家进行制度设计的主要针对对象。《关于应对自然灾害的互相救助宣言》《组织和控制滥用和非法贩运毒品的东盟地区政策和战略》《关于反海盗合作及其他海上安全协议的声明》和《东盟反恐公约》等规范与制度的确立表明,东盟国家在应对和参与海上非传统安全治理方面取得了显著的制度性成就。

在多边主义和地区主义的激励下,以东盟国家为代表的新兴国家在海洋安全治理中进行了积极的制度设计。这些制度与规范的确立、重塑与分享构成新兴国家参与海洋安全治理制度化路径的主要步骤。新兴国家在海洋安全治理层面的制度设计,在一定条件下构成这些国家获得制度性权力的根源,而在实际中,这也是新兴国家开展海洋安全治理实践的出发点。

第四节　东盟"印太构想"及其意义

2019 年 6 月,在泰国首都曼谷举行的东盟峰会通过"印度洋—太平洋构想"草案,这是东盟作为一个地区组织整体第一次对外就"印太构想"表达自己的诉求和愿景。该构想由印度尼西亚主导。东盟期冀在由美国主导的印度洋—太平洋地区战略下发挥一种主导性作用。

众所周知,东盟自成立以来,积极以平等、协作的精神,共同努力在促进本地区的经济增长、社会进步和文化发展,促进本地区的和平与稳定,提高人民生活水平方面进行更有效的合作。但是,事与愿违,由于东盟地区自身复杂的原因和发展动力不足等问题,东盟在国际与地区事务中并没有发挥很大的影响力,在国际舞台上只能是一种"小马拉大车"的缓慢前行,东盟提出的诸多计划没有得到很好的落实。

此次峰会提出了"东盟印太愿景规划",将东盟定位为印太地区的"核心",以获取最大利益,发挥"中心性、战略性作用",恐实在勉为其难。东盟十国中除了新加坡经济发展较好以外,其他国家仍是发展中国家,有几个成员甚至被国际社会列为世界上最不发达的国家,处于工业化初始阶段,贫困问题十分严重。

因此,就东盟总体实力而言,要想在由美国主导的所谓印度洋—太平洋地区发挥中心性与战略性作用恐有难度。但尽管如此,由于东盟地区重要的地缘战略位置,在未来,东盟将成为美国、日本、澳大利亚、欧洲国家以及中国海上合作的重要地区之一。

东盟一致积极追求地区稳定,积极与世界其他国家加强经济合作,利用发达国家的技术、经济等优势推动东盟地区自身发展,东盟地区论坛将美国、中国等世界主要国家纳入其中,为世界各国的战略博弈提供了一个讨论、互动的平台,有助于缓和世界紧张局势,也有利于提升东盟的国际地位和影响力。

随着"一带一路"不断深入发展,中国在东盟地区经济与政治影响力不断扩大,"中国威胁论"在东盟内部也不断上升。为平衡中国不断扩大的影响力,东盟内部某些成员国积极与域外大国发展战略伙伴关系,以削弱中国的影响力。随着中国与东盟各国经济合作日益加深,东盟与中国在经济领域的"向心力"越来越大;但与此同时,东盟与中国在安全和政治领域的"离心力"也越来越大。东盟施展的"在经济上依赖中国、在安全上依赖美国"的"二元战略"就成为东盟发挥平衡外交作用的核心。

近年来,美国积极推动印度洋—太平洋地区构想以制衡和削弱中国"一带一路"成果,利用印度洋—太平洋地区把中国周边地区囊括其中,以实现围堵、遏制中国快速发展的战略目标。东盟也被列入印度洋—太平洋地区构想的重要地区。未来东盟在印度洋—太平洋地区构想中发挥什么样的作用,值得国际社会拭目以待。

第34次东盟峰会于2019年6月在泰国曼谷闭幕,通过了《东盟印太展望》文件,其宗旨是使东盟在印太地区发挥主导作用,明确将东盟的中心地位作为推动印太区域合作的根本原则,强调东盟的中心地位与主导机制,为周边大国提供对话合作的平台,以避免陷入大国的战略竞争中。

此次峰会首次明确提出了东盟自己的"印太"战略,表达了东盟对美国牵头的"印太"倡议的立场,强调东盟主导的东亚峰会等机制是这一战略运行的平台,强调依法谋求和平解决问题的必要性。东盟领导人一致同意合作推进区域经济与安全,在地区紧张关系不断升温之际强化东盟的地位与应对能力,期望东盟领导的区域机制能成为对话和印太合作的平台。

东盟认为印太地区是一个对话合作而非对抗竞争的地区,更是一个所有人都共同发展繁荣的地区。东盟对印太前景的设想是:"亚太和印度洋地区不是相邻的领土空间,而是紧密融合、相互关联的地区。"

美国与日本积极鼓噪的"印太"战略,对印太地区构成了现有与新兴的地缘政治挑战。印度洋—太平洋地区正成为国际政治新的重心,也是美国加紧全球海洋安全布局的一个重点区域,是特朗普政府实现"美国第一""美国优先"的重点区域,以有效制衡中国崛起。

与美、日等国将政治与军事色彩嵌入"印太"战略不同的是,东盟主张通过海上合作来和平解决争端。东盟强调与伙伴的广泛务实合作,主张印太合作应以东盟地区为中心,将未来合作的重点放在社会经济领域,并列出了四大重点领域,分别是海上合作、互联互通、联合国2030年可持续发展议程和南南三方合作。《东盟印太展望》表达了东盟国家对改善互联互通、加快海上合作以及采用沿用已久的原则指导发展的愿景。

构建印度洋—太平洋安全体系的理论基础与行为模式,反映了美国以意识形态、敌我阵营划界的冷战思维,但与全球化大潮中经济一体化、文化包容化、政治多元化、利益共享化等时代诉求背道而驰。美国强调"印太"是美国最关注的地区,也是美国的利益所在。美国加紧推进"印太"安全体系,地区安全主导权竞逐加剧,大国地缘博弈更趋复杂,并导致全球治理供求失衡加剧。美国理所当然地认为亚太地区许多国家充分支持其在亚洲的目标。但2019年香格里拉对话会表明,美国存有一种"香格里拉谬见",亚洲国家不会支持美国鲁莽煽动中美对抗的做法。

随着中美贸易争端不断升级,东盟国家一再表明了各自中立的态度,许多国家不支持美国"打压"中国企业的立场。由于规模经济与价格优势,中国的技术企业仍然能够具备竞争力并盈利,也深受东盟国家欢迎。

第 34 届东盟峰会重视加强地区经济建设,同意加强合作推进区域经济与安全,强化东盟的地位与应对能力,提出在 2019 年内完成《区域全面经济伙伴关系协定》的谈判,以应对全球贸易保护主义影响。但后来由于印度临阵拒绝签字,《区域全面经济伙伴关系协定》无法在规定的时间内签署。东盟各成员国希望尽快完成该协定的谈判,也希望印度回心转意。因此,《东盟印太展望》符合地区实际情况与利益需求。

实际上,东盟峰会通过的与美国截然不同的《东盟印太展望》文件,表明东盟国家完全不愿意在大国博弈中选边站队,地缘政治意义远大于实际意义。

第五节　本　章　小　结

一、新兴国家参与海洋安全治理的实践及其不足

在全球海洋意识觉醒的"海洋世纪",新兴国家给予海洋安全问题越来越多的关注。不仅如此,新兴国家还将海洋安全治理的制度参与和海上治理力量提升、海上安全合作密切结合起来,在应对海上安全问题方面有着不俗的表现。

亚太地区广泛的新兴海上力量崛起日渐成为地区显著的地缘政治特点。如若从海洋安全治理的角度来看,这无疑构成新兴国家参与海洋安全治理的基础。也即,新兴国家海洋安全治理的实践基于制度,但实际上始自海洋安全治理力量的重构与加强。新兴国家海洋安全治理力量的发展与加强包括两个方面。一方面,新兴国家在过往加强了对涉海部门的重构与统筹。以印度尼西亚为例,印度尼西亚涉海部门的整合与统筹是新兴国家海上综合治理部门统筹协调的缩影。印度尼西亚在 2005 年成立海上安全协调委员会(Maritime Security Coordinating Board),重组海军、警察、交通与海关等涉海安全部门,加强海上执法和维护海上安全。在 2014 年佐科政府提出"海洋轴心"战略之后,海洋意识的再度加强促使佐科政府持续重构涉海部门。海事统筹部因此设立。该部是佐科内阁的新设部门,统筹海事及渔业部、旅游部、交通部、能源及矿业部四个部门;主管兴建码头、建造船只、发展国内外海运、开

发岛屿成为旅游区、加强海域边界的防御、开发海上油矿等与海洋有关的事务,并协助渔业发展;与外交部、国防部也存在职能交叉。由此来看,由于涉海安全的综合性,改变涉海部门的多头管理是新兴国家加强涉海部门重构的方向,而相比印度尼西亚海上安全协调委员会,海事统筹部则承担着海洋经济发展与海上安全建设等多重职能,成为印度尼西亚实现海洋强国和加强海洋安全治理的最重要驱动力量。

另一方面,海上安全力量的建设与增强是新兴国家参与海洋安全治理不可缺少的条件与基础,而加强海空力量建设则构成了新兴国家推进海上安全力量建设的着力点。以东亚地区的新兴国家为例,海、空军力量建设与发展得到了印度尼西亚、越南、马来西亚、新加坡等国家的重视,而这也在某种程度上成为导致地区出现"逆裁军"趋势的主要根源。然而,由于大多数新兴国家在技术层面落后于西方发达国家,这些国家在海空力量发展方面受到传统国家显著的战略牵引。根据美国国防部的说法,美国近年来不断加大对地区国家的军事援助,2015 年美国投入多达 1.19 亿美元帮助发展东南亚国家的海上能力,而 2016 年该项资金则增加到 1.4 亿美元。其中,印度尼西亚、马来西亚、越南和菲律宾最具代表。

对于新兴国家而言,海洋安全治理实践与海洋外交的开展是同步的。海洋外交主要包括四个方面的内容:一是缔结海洋条约与协定;二是参与地区与国际海洋事务;三是推进海洋军事外交;四是和平解决海洋权益争端。[11]实际上,这四个层面也构成了新兴国家直接参与海洋安全治理的主要方式。

针对海洋安全问题缔结海洋协定是新兴国家参与海洋安全治理最普遍的方式。在东南亚海域,印度尼西亚、马来西亚与新加坡周边海域是当前东南亚海盗的重灾区,也是全球海盗袭击与抢劫事件最频发的海域。近些年,东南亚海域的海盗武装抢劫形势虽然有所好转,但从全球范围来看,东南亚海域依旧是当今世界为数不多的海盗多发区域。以 2015 年第一季度为例,全世界发生了 54 起海盗事件,而东南亚水域发生的海盗事件占 55%,超过总数的一半。[12]对此,印度尼西亚、马来西亚与新加坡等新兴国家有着相同的威胁感知。因而,泰、马、新、印度尼西亚四国早在 2008 年就在曼谷签署了《海上和空中巡逻合作协议》,

而四个国家在海洋安全治理方面的积极协调虽然并未彻底根除海盗等威胁,但仍随这一海域非传统安全形势的发展产生了积极作用。

参与地区与国际海洋事务,特别是海洋安全事务,也有助于新兴国家参与海洋安全治理。作为其中的典型,2004年印度洋海啸后的救援与2008年以来的亚丁湾巡航则一再体现了新兴国家在海洋安全治理层面的作用。2004年12月26日印度洋海啸发生后,中国在第一时间向受灾地区伸出了援助之手。这次救援在当时被称为中国最大规模对外救援工作,也是中国积极参与印度洋海洋安全治理的体现。中国参与海洋安全治理的另一重要方面则是针对索马里海盗的海洋安全治理。索马里海盗发生在主权国家水域,而索马里政局长期震荡导致政府无力应对,结果索马里海盗问题日益恶化。最终,在索马里政府的请求下,经过大国协调,联合国安理会在2008年以来相继通过了第1861、1838、1846、1851、1950号多个专项决议,授权有能力的国家、区域组织和国际组织积极参与打击索马里沿岸的海盗和海上武装抢劫行为。[13]随后,包括中国、印度等新兴国家在内的多个国家向亚丁湾海域派遣了护航舰队,而中国在其中还扮演着举足轻重的角色,构成了这一海域安全治理的一支中坚力量。

双边、多边海上军事安全交流、演习与合作是新兴国家常见的对外军事外交活动,而这一过程对海洋安全治理来说也是极其重要的。印度尼西亚作为新兴海洋国家,其"海洋轴心"的根源在于作为"两大洲和两大洋之间的国家"的定位。因而,将印度尼西亚在地理上作为两大洲和两大洋中心、枢纽的战略位置转化为地缘上的"海洋轴心"成为印度尼西亚海洋强国战略的核心内容。为实现这一目标,印度尼西亚加强双边和多边海上军事安全合作。一方面,印度尼西亚相当重视加强海洋强国的地区与国际环境建设,延续并发展大国的"动态均衡",在积极发展与中、美、日等国家海上合作关系中实现大国的动态平衡。另一方面,印度尼西亚还十分注重东盟和环印度洋组织(IORA)等多边机制的作用。佐科政府不仅积极参与东盟主导下的地区多边海上军事交流,还积极借助2015—2017年印度尼西亚担任环印度洋组织主席国的机遇来推动印度尼西亚与印度洋国家之间全方位的海洋合作。

海洋争端长久未决对地区安全的潜在威胁也是新兴国家参与海洋

安全治理的重要内容。然而,由于亚太地区海洋争端在大国角逐中地位凸显,例如南海议题,包括中国、印度尼西亚在内的新兴国家在就这些议题深入开展海洋安全治理的过程中不得不面临传统大国的挑战。而传统海洋大国与新兴国家在这一层面海洋安全治理的分歧主要在于,传统海洋国家惯于用"航行自由"与"公海治理"来介入地区国家海洋争端与地区海洋安全治理,进而构成新兴国家在区域内开展海洋安全治理的干扰。

综上所述,新兴国家参与海洋安全治理既需要从自身治理能力方面着手,还需要处理好由于海洋权益争端带来的问题。同时,新兴国家的海洋安全治理力量建设与海洋安全治理实践进程始终面临传统海洋国家的战略牵制。不仅如此,由于传统海洋国家的干扰以及新兴国家对海上安全威胁感知程度的不一致,新兴国家尽管在制度层面获得一定的权力,但它们现有的海洋安全治理能力与协作程度还不能完全满足地区与全球海洋安全治理的需要。

二、新兴国家参与全球海洋安全治理依旧受制于传统海洋国家

在全球海洋安全治理中,新兴国家是一个特殊的群体。这些国家一方面通过制度设计在当今全球海洋安全治理中获得一部分制度性权力,另一方面也在发展海洋安全治理力量与开展治理实践层面做出努力及加强合作。虽然如此,新兴国家在参与全球海洋安全治理方面依旧受制于传统海洋国家。虽然有西方学者在审视亚太海洋竞争时强调,中国、美国及其他亚洲国家在竞争的同时,仍不可避免地开展海洋合作。[14]但地区海洋安全的形势状况却一再表明,传统海洋国家与新兴国家之间的竞争依旧显著,而传统国家对新兴国家参与海洋安全治理的战略牵引无疑也是显著的。这是新兴国家参与海洋安全治理进程中面临的最突出难题。

中国作为一个新兴国家,已经明确就海洋安全治理表达过看法。2014年6月20日,中国国务院总理李克强在希腊出席中希海洋合作论坛时发表了主题为《努力建设和平合作和谐之海》的演讲。在演讲

中，他强调了三点：共同建设和平之海；共同建设合作之海；共同建设和谐之海。[15]归结来看，中国海洋安全治理的主要原则包括：其一，海洋安全治理的目标在于实现和平海洋，其基础是公平海洋秩序的构建；其二，通过合作的方式来共同应对海上安全问题；其三，强调海洋安全治理的和谐内涵，海洋安全治理主体之间要实现和谐共处，理顺人类与海洋之间的关系。基于此，中国与其他新兴国家在海洋安全治理过程中在制度、力量与关系建设方面还有不少需要克服的难题。

注释

1. 赵青海：《可持续海洋安全：问题与应对》，世界知识出版社 2013 年版，第 1 页。

2. 张文木：《"海上丝绸之路"西太平洋航线的安全保障、关键环节与力量配置》，载《当代亚太》2015 年第 5 期。

3. Sunil Khilnani, Rajiv Kumar, Pratap Bhanu Mehta, Lt. Gen. Prakash Menon, etc., "Non-Alignment 2.0: A Foreign and Strategic Policy for India in the Twenty First Century", Printed in India, 2012, pp.12—13.

4. 高之国等主编：《国际海洋法的理论与实践》，海洋出版社 2006 年版，第 2 页。

5. 参见《联合国海洋法公约》第四部分。

6. 赵隆：《海洋治理中的制度设计：反向建构过程》，载《国际关系学院学报》2012 年第 3 期。

7. 沈雅梅：《当代海洋外交论析》，载《太平洋学报》2013 年第 4 期。

8. [菲律宾]鲁道夫·C.塞维利诺：《东南亚共同体建设探源：来自前任秘书长的洞见》，王玉主等译，社会科学文献出版社 2012 年版，第 308 页。

9. 参见 ASEAN, "2003 Declaration of ASEAN Concord II", Adopted by the Heads of State/Government at the 9th ASEAN Summit in Bali, Indonesia, October 7, 2003。

10. ASEAN, "ASEAN Security Community Plan of Action", Vientiane, Laos, November 29, 2004.

11. 沈雅梅：《当代海洋外交论析》，载《太平洋学报》2013 年第 4 期，第 42 页。

12. 国际海事局：《东南亚地区成为海盗事件新热点》，中国新闻网，2015 年 4 月 22 日，http://www.chinanews.com/gj/2015/04-22/7225187.shtml。

13. 陈志瑞、吴文成：《国际反海盗行动与全球治理合作》，载《国际问题研究》2012 年第 1 期。

14. Andrew S.Erickson, "Can China Become a Maritime Power?", in Toshi Yoshihara and James R.Holmes, eds., Asia Looks Seaward: Power and Maritime Strategy, London, Praeger Security International, 2007, p.108.

15. 李克强：《努力建设和平合作和谐之海——在中希海洋合作论坛上的讲话》，新华网，2014 年 6 月 21 日，http://news.xinhuanet.com/world/2014-06/21/c_126651068.htm。

第八章

其他域外国家海洋政策研究

一直以来,海洋安全研究侧重于领土主权、海洋划界等传统安全领域,权力制衡、地缘竞争、危机管控等构成主要的话语体系。同时由于海洋安全问题的复杂性、多样性,非传统安全问题的重要性不断提升,优先解决此类问题成为各国出台海洋政策的可行性路径之一。

海洋领域的非传统安全涵盖内容非常广泛,包括海盗、海上恐怖势力泛滥,许多濒海国家面临海平面上升侵吞国土的严峻威胁,海洋环境污染的不断加剧,海洋生态危机不断加剧,围绕海洋资源的利益分配引发国际争端等几大方面。[1]

随着海洋不断被人类重视,世界各大国围绕海洋利益与安全展开形式多样的博弈与角逐。大国对海洋权益的角逐严重影响地区稳定,不仅大大增加了争议海域主权议题的复杂性,而且使中国解决相关海洋争端面临着显著的外交与国际舆论压力。

本章选取两个发达国家日本、澳大利亚和新兴发展中国家印度作为研究案例,详细分析和探讨这三个国家的海洋政策演变及其地缘影响。通过认真梳理和分析,评估日本、澳大利亚、印度等域外国家海洋政策演变与调整,有助于我们更好地了解和掌握域外国家海洋政策动向,做到知己知彼,更好地为中国海洋事业服务,更好地维护国家海洋权益,推动海上合作与海洋治理有序发展,维护好地区安全与稳定。

自近代以来,日本就开始探索"海洋立国"的方略和具体政策。经过不同历史时期长时间的酝酿、积累、争论、挫败和调整,21 世纪以来其海洋战略目标和方向日益明晰,政策行为日见具体,并形成一套为之服务的决策体系。日本海洋战略作为一项国家综合性战略,其核心是日美海权同盟,具体而言即以日美同盟为主轴,联合其他国家形成全球性海洋伙伴联盟,将日本的国家力量和国际影响扩至世界各大主要海域,最终建立一套确保日本国家安全、经济利益的海洋综合安全保障体系,在新的国际海洋秩序中实现海洋大国的梦想。当今日本政治出现保守化趋向,其海洋战略及政策行为也给东亚地区的战略稳定带来严峻挑战,亟须引起相关国家和国际社会的高度关注与警惕。

经过长期的历史发展,澳大利亚正在形成自己的海洋战略。其基本构架是在对当前战略环境评估的基础上,对国家战略利益进行重新界定,依靠不断发展的海军力量、多兵种协同以及民事执法能力,围绕着美澳同盟关系逐渐发展与完善起来的。未来澳大利亚海洋战略的完善还需要克服战略"独立性"与"依附性"之间的转换困境、海洋战略目标与手段之间的匹配困境、双重身份叠加与冲突产生的认同困境等。伴随着海洋战略的发展,澳大利亚在亚太地区海洋权力结构中将扮演更加重要的角色,其战略效果取决于在中美之间的角色定位及目标确定。

随着印度"东向"政策不断升级换代,我们很清晰地认识到印度积极利用此政策将战略触角延伸到中国的周边地区。"东向"政策不是严格意义上的海洋政策,但是,印度通过推行此政策,获得了诸多海洋领域的利益。因此,有必要将印度"东向"政策演变进行客观、准确的剖析,以更好地理解这一政策的战略意义与地缘影响。

"东向"政策成为印度大国发展战略的一个重要步骤,融国家发展战略、国家安全战略于一体,涉及政治、外交、经贸、文化、军事等各个方面。同时,印度借助东盟合作平台,积极推动文化外交,成功地建立了与东亚地区区域经济合作与安全合作机制,提高了印度的"软实力"。"东向"政策使印度开始立足于亚太地区,走出印度洋,以实现印度从南亚大国到印太大国的转型。

第一节　日本海洋政策及其影响

日本一直高度重视海洋问题,海洋资源、海域环境与安全直接关系到日本国家利益与国家发展前景。战后以来,日本一直以海洋国家作为国家身份的定位,注重制定海洋战略。日本的国家战略总体上是一种"西太平洋战略",希望采取各种措施而使日本作为西太平洋的海上强国再次崛起。[2]

日本形成和出台国家海洋战略有深刻的国内和国际背景。在国内层面,日本战后很长一段时间未制定海洋战略和完整的海洋政策,也不存在实施海洋战略、执行海洋政策的综合性海洋管理机构,一直采用垂直纵向分割方式应对海洋问题。在国际层面,随着《联合国海洋法公约》的生效以及全球化的进一步深化,国家开发利用海洋的重要性日益提升,维护海洋秩序的重要性也日益凸显。同时,日本与中国、韩国、俄罗斯等多个国家之间存在海洋问题争议,包括岛屿主权归属争议,需要处理和应对。特别是冷战后,美日同盟的内涵日益展现为"构建美日主导下的国际海洋新秩序",这既为美国构建未来海洋霸权奠定了基础,也为日本实施其国家海洋战略铺平了道路。海权同盟旨在建立一个由美日同盟为核心、众多伙伴为依托的共同监管全球海洋的新秩序。作为日本国家海洋战略核心的海权同盟,极大地提升了日本在日美同盟全球性拓展方面的地位和作用。日本通过参加美国所倡导的全球性海洋伙伴关系(GMP),作为更加对等的伙伴国介入全球海洋活动。美国因素在将日美同盟从过去东亚地区的军事同盟转为全球性同盟关系的同时,也决定了日本的海洋国家战略具备地区性与全球性的双重特征。

一、日本的海权思想传统与海洋战略

作为一个典型的海洋国家,近代以来,日本形成了自己独特的传统海洋战略观。第二次世界大战后期,美国对日本进行海上封锁、令其国民经济崩溃并最终输掉战争的惨痛记忆,对日本的"海洋立国"战略产生了重要影响。战后,日本向新综合海权观和海洋战略转变。

马汉的理论和主张对美、英、德、日等国的海洋认识和海军发展乃至国家战略都产生了深远影响。[3]在日本,金子坚太郎最先把有关"海权的要素"摘抄下来送给时任海军大臣西乡从道,呼吁人们多读马汉著作,使日本"掌握太平洋海权"。秋山真之和佐藤铁太郎两人可谓得到马汉海权思想真传。[4]与日本陆军以苏俄为对手不同,佐藤将美国定为日本的假想敌,断言日美海军必有一战,这与马汉的日美必然冲突论一脉相承。[5]

此外,日本国内也出现过许多关于海权的思想与理论。早在18世纪后期,在"西洋冲击"的危机意识下,日本出现了"海防论"。明治维新以后,日本感受到了美国海军准将马修·佩里(Matthew Perry)黑船来航的威胁,意识到必须改变闭关锁国的政策,全力发展海军。而在此过程中,马汉"海权论"的影响,与日本本土的海权思想及对外扩张相结合,最终形成了日本传统的海权观及海洋战略:日本及世界的未来取决于海洋,海洋的关键是制海权,制海权的关键在于海军的强大,海军战略的关键是通过舰队决战击溃敌方。此后,由于陆军的强硬政策,日本走上了一条"陆主海从"的道路,但"海洋第一"战略依然存在。

战后,日本开始海陆兼备的战略转型。20世纪70年代以后,传统意义上的"海权论"重新复活,并逐渐与战后的"海洋国家论"合流。这一时期日本出现了一批地缘政治理论入门书,如春名干男的《核地政学入门》等。[6]另一方面,日本还将"文明史观"与海权论相结合,形成新的海洋文明史观。"文明史观"的前提是,人类古代文明归于大陆文明,而近代文明世界是与海洋国家的崛起息息相关的。与欧洲文明在"脱伊斯兰化"中得以确立一样,日本的海洋文明是在不断摆脱中国影响——所谓"去中国化"过程中诞生的。以川胜平太为代表,日本逐步建立了海洋史观的分析框架。[7]1995年,川胜平太发表《文明的海洋史观》,倡导"海洋文明史观",提出了最为现实的"21世纪日本国土构想",即从鄂霍次克海开始,经过日本列岛,包括朝鲜半岛、中国内地的东部地区和台湾地区、东海、南海,直到东盟的大部分区域和澳大利亚的北部,是所谓"海洋丰饶半月弧"地带,日本在这个半月弧地带中的关键位置上,这个地带将在21世纪发挥主导作用,日本将在其中发挥重要作用并开拓自己的海洋国家道路。[8]而伊藤宪一则勾勒了具体的战略目标:"日本应该积极探索,强化海洋同盟——日美基轴的基础,遏制中国,通过强化东盟的坚定性,开拓建立东亚多元合作体制。如果能做到这一步,日本就实现了名副其实的海洋国家的历史使命。"[9]

从上述日本海洋战略观的历史发展可以看出,近代以来,日本的海洋战略思想以海权论思想的引进、发展等为脉络,经历了一个相对较长的演变过程,形成了作为岛国日本的独特的海洋战略思想内涵,是日本国家战略思想的重要组成部分。

二、日本海洋战略的形成和发展

日本海洋战略的形成和发展经历了一个很长的过程。近代以来,日本围绕国家战略,出现了两种不同的政策主张,即"海主陆从"战略与"陆主海从"战略。前者主张以海洋扩张为主,以大陆扩张为辅;后者则主张以大陆扩张为日本主要的发展战略。日本决策层在"海权论"与"陆权论"、"海洋国家路线"与"大陆国家路线"之间经历了较长时期的战略选择过程,并最终选择了一条"陆主海从"战略,实行大陆扩张政策,侵略朝鲜、中国,直至第二次世界大战败亡。

战败以后,日本在新的内外条件下走上了"以经济建设为重心"的道路。基于惨痛的历史教训,日本意识到,作为资源贫乏的"边缘地区"国家,日本不能重走大陆国家或与大陆国家(德国等)结盟的道路,而必须致力于维护"基于海洋价值观的世界秩序"[10]。为此,日本开始在与海洋国家美国结盟的日美同盟框架下,逐步实施海陆兼备的国家战略。在美国的占领保护下,日本实施土地改革、民主化改革,特别是吉田茂制定了"轻军备、重经济"的战略路线,开始了战后多年的和平发展。吉田路线明确了日本作为海洋国家的身份定位,并指出了发展方向,即"日本是一个海洋国,日本在通商上的联系,当然不能不把重点放在经济最富裕、技术最先进而且历史关系也很深的英美两国之上了……总之,这不外乎是增加日本国民利益的捷径"[11]。此后,大平正芳内阁提出了"田园都市构想"和"环太平洋合作构想"的内外政策。1978年,中曾根康弘再次申明了日本的海洋国家的身份定位,他明确指出:"从地理政治学的角度来看,日本是个海洋国家。"[12]因此,遵循吉田茂的海洋日本观,战后的日本在日美同盟大框架下,积极开展对外贸易,发展经济,从而迅速崛起为世界第二大经济体。第二次世界大战后日本的振兴被认为是"海权论"的成功范例,日本与海洋国家美国结盟,是维护自身安全、实现经济持续高速发展的重要保证。

在此期间,日本国内掀起了研究海洋战略的热潮。20世纪60年代,高坂正尧提出"海洋国家日本的构想",提倡建立一种在限制军备条件下的"海上通商国家"模式。这一构想成为战后日本研究海洋国家问题的先声。随后,各种有关海洋学、海洋安全与海洋开发等论题的调研报告、研究著作相继出版,如防卫研究所在1967年和1978年先后推出的《海洋战争论参考》和《新海洋法秩序与日本安全保障》,曾村保信的《世界之海:近代海洋战略的变迁》《海洋与国际政治》等。[13]各种机构如科技厅资源调查会、日本经济调查协议会、石油开发公团,也纷纷提出了各自关于海洋开发的报告。一些海洋系列出版物也相继面世,如鹿岛研究所出版社推出的、由日本海洋产业研究会编写的《海洋开发问题讲座》《前进中的海洋开发》,东京大学出版社的《海洋学讲座》以及东海大学出版会的《海洋科学基础讲座》等。冷战结束后,由于世界范围内两大阵营对抗消失,日本开始"全盘反思国家战略的前提和政策基础"[14]。"冷战时期两极对立构造的结束,迎来了混乱的时代,基于对我国的历史、传统和文化的重新思考和评价,有必要重新构建我们国家的身份。"为此,日本确立了"堂堂正正的有信义外交——强化作为海洋国家日本的战略外交"[15]。

为了推进海洋战略,日本智库开展了积极的研究。其中,以濑岛隆三、武田丰为顾问,今井敬为会长,伊藤宪一为理事长的财团法人日本国际论坛(The Japan Forum on International Relations, Inc.)发挥了重要作用。从1998年4月开始,他们花费长达四年的时间,以"海洋国家研讨小组"为名启动了系列研究项目,参加者包括政界、学界的主要官员、专家,如秋山昌广、田中明彦、五百旗头真等,先后出版了三本著作:《日本的身份:既不是西方也不是东方的日本》(1999年)、《21世纪日本的大战略:从岛国到海洋国家》(2000年)、《21世纪海洋国家日本的构想:世界秩序与地区秩序》(2001年)。[16]这些研究和著述在理论上梳理了近代以来的日本国策得失,以日美同盟和走向海洋战略的成功为背景,构建了日本作为海洋国家的战略构想以及地区和世界愿景。

三、当代日本海洋战略的基本形态和功能

进入 21 世纪后,日本更加重视海洋问题,并将海洋问题提升为国家战略。经过各方努力,以日本海洋政策研究财团于 2005 年 11 月 18 日向政府提交的《海洋与日本——21 世纪海洋政策建议书》(以下简称《建议书》)为代表性文件,日本的海洋战略已经成型。[17]

在《建议书》中,海洋政策研究财团会长秋山昌广阐述了基本宗旨,意谓日本是个依赖海洋程度很高、其发展离不开海洋赐给优越条件和环境的国家。世界海洋格局已经发生很大变化,各国都在大幅度地调整为实施海洋管理和可持续发展的综合性海洋政策,日本应该紧跟时代步伐抓紧时间制定海洋政策。《建议书》以"真正的海洋立国"为目标,强调三个基本理念:(1)海洋可持续开发利用;(2)引领国际海洋秩序和国际协调;(3)综合性海洋管理。其基本的政策思路是:制定海洋政策大纲;制定海洋基本法,推进海洋管理体制建设;管理海上扩大的国土,进行国际协调。具体做法包括:首先是制定作为海洋管理基本法律制度的海洋基本法;其次是组建综合推进海洋政策所需的行政机构;另外,建立海洋管理必不可少的海洋信息机制。《建议书》还设想了国家推行海洋政策的组织机构的具体方案:设置海洋阁僚会议,任命海洋大臣,设置海洋政策统筹官以及海洋政策推行室、开展涉海省厅联络协调会议、海洋咨询会议等。

可见,《建议书》构建和勾画了当代日本海洋战略的基本形态,既是对既往国家海洋战略发展的梳理和总结,又提出了进一步的前瞻性战略目标。其实,作为日本总体国家战略的一环,迄今日本的海洋战略从思想观念到制度形态、从组织机制到海洋立法,已经相当完备。兹举要者概述如下。

第一,进行文化界定,强化日本作为海洋国家的战略观念与身份认同。

1996 年,日本政府正式确定增加一个国民节日,把每年 7 月 20 日(后来改为 7 月的第三个星期一)定为"海之日"。政府提出设置这个新节日的理由是:"在感谢大海恩惠的同时,祝愿海洋国家日本的繁荣。" 2006 年 7 月 17 日,时任首相小泉纯一郎专门在"海之日"设置 10 周年

之际发表祝词:"我国是四周环海的海洋国家,从古至今享受着大海的丰富物产,并通过大海进行人与物的往来,是蒙受大海恩惠逐渐发展起来的……现在世界的海洋,充斥着海难事故、海盗、环境污染等大量问题。我认为,作为海洋国家的日本,为了解决这些问题,应该在不同领域内做出积极的贡献。"[18]

第二,制定相关的海洋立法。

冷战结束后,在舆论的推动下,制定综合海洋战略的时机终于成熟。日本采取了引导海洋宏观战略、立法及时跟进的做法。通过"海外派兵法"《周边事态法》和"有事法制"等一系列相关军事法案的确立,日本自卫队彻底摆脱了"专守防卫"的限制与束缚,将其防守范围由以日本为中心的200海里扩展到整个亚太地区。

2005年11月,以秋山昌广为会长的海洋政策研究财团提出《海洋与日本——21世纪海洋政策建议书》,强调"海洋立国"的当务之急是制定《海洋基本法》,完善与海洋相关的行政机构。[19] 2006年4月,自民党将党内原来的"海洋权益特别委员会"改组为"海洋政策特别委员会",直接以制定《海洋基本法》为目标;同月,正式发起成立以武见敬三为代表、以石破茂和栗林忠男为主席的"海洋基本法研究会",汇集各党派议员以及学界、财界等知名人士,目的是提出日本海洋政策大纲,起草《海洋基本法》。此后,研究会正式提出了《海洋政策大纲》与《海洋基本法案概要》。2007年4月3日,日本众议院国土交通委员会通过了《海洋基本法案》,同时还通过了《推动新的海洋立国相关决议》。其中要求政府"全面保护我国正当拥有的领土,同时为保护作为海洋国家日本的利益而构建海洋新秩序,为此必须全力推进外交以及各种政策"[20]。2007年4月20日,日本国会以特别程序高票通过《海洋基本法》和《海洋建筑物安全地带设置法》。[21]这两个法案的出台,基本完成了日本"海洋立国"的目标、措施、行动和成果的法律化。从本质上来说,海洋法规的出台,"是日本在加强对海洋利益全面控制现有基础上的又一个法律战略抓手"[22]。

《海洋基本法》阐明了日本"海洋立国"的方针,提出海洋开发和利用是日本社会存续的基础,日本的海洋计划应包括开发利用海洋、维护海洋生态环境、确保海洋安全、提高海洋科研能力、发展海洋产业、实现海洋综合管理以及参与海洋领域内的国际协调等方面。针对目前日本海洋战略的现状，新法要求日本完善海洋体制和机制建设，设立由内阁总理大臣为本部长、官房长官和海洋政策担当大臣为副本部长、全体内阁成员参加的综合海洋政策本部，在内阁中增设新的海洋政策担当大臣并推动制定"海洋基本规划"。另外，法律要求日本加大海洋相关领域的投入和保障，以全面维护日本国家利益，尤其强调防范对日本海上专属经济区的权益侵害，重视远海离岸岛屿在保护日本领海及专属经济区方面的重要作用，采取措施保护这些离岸岛屿的海岸，并完善其居民生活条件等。[23]

《海洋建筑物安全地带设置法》规定，国土交通大臣可在专属经济区内的海洋建筑物的周边海域划定半径为 500 米的安全地带。该法把在专属经济区内的作业物体和进行大陆架开采的船舶（为商业目的而停止前进的船舶）都纳入"海洋建筑物"之列。未经国土交通大臣允许，任何人均不得进入安全地带，否则将处以一年以下徒刑或 50 万日元以下罚款。有专家指出，《海洋建筑物安全地带设置法》的一些内容，已明显超出《联合国海洋法公约》规定的沿海国管辖权的范围。该法中关于"海洋建筑物"的定义、"安全地带"的地位、国土交通大臣的授权等规定，实际上是利用《联合国海洋法公约》中的空白、灰色区域和模糊之处，进行于己有利的扩大解释。而禁止外国人在其专属经济区勘探资源、设立安全地带、保护开发企业安全等一系列条款，与近年中日东海油气资源争议升级有直接关系。该法的有关规定改变了部分海域的国际法律地位，扩大了日本在海上的管控据点。日本通过强化其西南诸岛 200 海里专属经济区和大陆架的管理、主张冲之鸟礁的专属经济区等行为，将东京以南 1 700 多公里内的海域连成一片。该法关于海上安全地带及其管辖措施的规定，更进一步挤压了其他国家在周边海域的活动空间，使周边国家在该地区进出太平洋的海上通道均处在日本"管辖"之下，对亚洲邻国海上运输安全、海洋科学研究乃至海上战略发展空间都构成潜在威胁。

2013 年 4 月，日本政府公布了新修订的作为之后五年海洋政策方针的《海洋基本计划草案》，[24]这是自 2007 年日本颁布《海洋基本法》后制定的第二个海洋基本计划，是在过去 5 年工作的基础上，面向之后推出的海洋政策与行动蓝图。该计划细化了《海洋基本法》规定的六个理念,提出了推进海洋政策的 12 项具体措施,成为 2013 年后五年指导日本海洋事务的行动方针。

该草案强调推进海底资源开发,规定日本在 2013—2016 年致力于调查日本周边海域甲烷水合物及稀土储藏量,争取在 2018 年确立甲烷水合物商业化开采技术。该草案强调加强周边海域警戒监视及重大事态应对体制,确立岛屿情报搜集与警戒监视体制,装备海上保安厅与自卫队舰机,加强海上保安厅与海上自卫队情报共享。此外,在地图和海图上对名称不明确的离岛使用统一名称,对确保日本海洋资源的重要离岛采取特别管理与振兴措施。

2018 年 5 月,日本政府内阁会议通过了作为日本 2018—2022 年海洋政策方针的《海洋基本计划》。[25] 为应对日本周边海域"可能出现恶化"的安保环境,日本拟采取在西南岛屿部署自卫队及强化海上保安厅的领海警戒体制等策略,并将通过增加自卫队军机、增设沿岸地区雷达、充分利用日本宇宙航空研究开发机构的先进光学卫星等手段来强化情报收集能力。而且,为确保海上交通要道的安全,日本也将向有关国家提供装备、技术等援助。

作为一个海洋国家,海洋政策的演变是日本社会发展和外交走向的重要风向标。而周边海洋安全环境的变化促使日本制定出有别于以往的海洋基本计划。此次《海洋基本计划》的通过,表明日本海洋政策发生了重大变化,更加侧重于海洋安全的综合性保障,显示其已不再只是简单描述日本海洋发展的政府文件,而是日本政府在基于对周边安全环境评判前提下进行的一种海洋安全战略设计,标志着日本海洋政策从过去以海洋资源开发及保护等为主的经济发展向安保、领海及离岛防卫等综合性安全保障领域方向倾斜。此次海洋政策的调整在日本历史发展进程中具有里程碑意义,表明日本政府在海洋资源开发与保护方面团结一致保护日本领海及海洋权益的战略意图。而且,此次《海洋基本计划》还首次提出"朝鲜威胁",为其在内阁会议获得通过埋下伏笔,反映出日本已将其海洋政策转向聚焦于朝鲜核开发以及中国的海洋活动的战略意图,标志着日本重点防卫区域由北方转向西南方向,明确日本加强西南诸岛及离岛保护的强度与力度。

日本 2018 版《海洋基本计划》的通过,使中国在维护钓鱼岛领土主权及东海、南海的海洋权益上面临严峻的挑战,破坏了印太地区海洋安全平衡态势,加剧了印太地区海洋竞争,并使东亚安全局势、尤其是朝鲜半岛局势更趋复杂化。

第三,完善海洋政策管理体制。

以往日本的海洋管辖涉及经济产业省、农林水产省、国土交通省、外务省、防卫省等八个省厅,彼此之间存在职能的条块分割,相关法律不完备,情报收集和分析能力欠缺。"作为海洋国家,至今没有对基本法制定表现出强烈的关心,没有超越省厅的主管大臣,就等于完全没有海洋战略。"26

为此,日本政府设立了海洋开发审议会,作为最高咨询和决策机构,保证政府在海洋问题上的主导和统一。文部科学省内设海洋开发分科会(属科技学术审议会),其日常机构设在文部科学省海洋地球课,中长期的海洋开发构想和推进方略都由该分科会征集、研究、确定。2004 年 6 月,根据自民党提出的《维护海洋权益报告书》的建议,日本政府设立了海洋权益相关阁僚会议,成员由首相和相关省厅的大臣等官员构成,下设相关省厅会议和干事会,建立信息共享系统,并且负责制定和组织实施保护领土、领海和海洋权益的战略。2007 年 7 月 6 日,安倍晋三正式下令成立综合海洋政策本部,任命国土交通大臣冬柴铁三兼任海洋政策担当大臣。同年 10 月 18 日,第一次综合海洋政策本部会议召开,福田康夫首相作为本部长亲自出席,开始全面筹划日本海洋基本计划的制订。此后,随着日本国家紧急事态应对程序的建立和完善,以及情报搜集整理水平的提高,日本版的"国家安全委员会"也应运而生。

四、日本海洋战略与东亚安全

日本海洋战略的形成与东亚安全结构之间存在紧密的联系,其中涉及日美同盟、中国崛起等综合因素。近年来,日美两国不断加强海权同盟,特别是自 2010 年以来,美国高调"重返亚太",其安全战略的核心是建立新亚太安全保障机制,增强与日本、韩国等传统盟友的安全合作关系。尤其是在海洋事务方面,美国正在打破双边接触谈判的模式,以三边主义的框架介入日本与中国的钓鱼岛主权争端,客观上使东亚的海洋问题更加复杂化。

(一)日美同盟

1995年,时任美国助理国防部长的约瑟夫·奈(Joseph Nye)与副国务卿理查德·阿米蒂奇(Richard Armitage)共同推出了《东亚战略报告》(又称《阿米蒂奇—奈报告》),否定了当时美国流行的看法,即"美日同盟已经随着苏联的解体而寿终正寝",强调美日同盟仍然是东亚稳定的基础,促使美日双方重新强化同盟关系,推出安保合作新指针。2007年,约瑟夫·奈和阿米蒂奇再次牵头撰写了研究报告《美日同盟——让亚洲正确迈向2020》,意在超越美日双边关系,为美日同盟发挥地区乃至全球作用勾画蓝图。日本主流开始严厉批评"脱美入亚"的观点,并以海洋国家为媒介来论证日美同盟的合理性和持久性,把所谓海洋国家与大陆国家彻底对立起来。日本认为,作为海洋国家,最现实的道路是在美国掌握海洋霸权的当下,不断强化日美同盟,进而建立基于海洋价值观的世界秩序。

日美海权同盟着眼于构建未来的国际海洋秩序,而日本则希望扩大日美同盟在海洋领域的合作范围来推行其国家海洋战略。2008年3月、7月和2009年4月,日美两国举办了三次由两国政界、学界和产业界代表参加的日美海权同盟对话会议,主要围绕"海洋国家同盟:美国与日本"为主题展开讨论。会议议题涉及以下三个方面。第一,海洋资源的开发与利用,关乎全球环境机制和气候变化问题。第二,海盗猖獗、海上恐怖主义对海上运输通道形成威胁;沿海国对海洋资源提出管辖权要求引发国家间关系的紧张;新兴国家海军力量的增强改变地区现有的力量格局。第三,海洋大国必须发挥领导作用,确保海洋生态的可持续发展及海洋安全环境的稳定。日美双方提出将双边同盟扩展至海洋,成为世界和平繁荣的公共产品。最后,会议内容被草拟为一份政策建议报告提交各国政府,要求尽快建立全球性海洋伙伴关系来确保海洋安全与发展。2009年4月17日,战略与国际问题研究中心太平洋论坛、日本海洋政策研究财团和世川和平财团共同主持了海上力量对话第三次年会,与会者达成了"美日海洋稳定与繁荣海上力量联盟"的计划。

(二)中国因素

目前,中日两国海事冲突表现为两个方面:钓鱼岛领土争端与东海油气田开发。日本宣称钓鱼岛为其"领土",主张以"中间线"划分东海海域界线,加之中日两国在东海油气田共同开发等问题上存在争议,致使中国国家利益和海洋权益受到侵害。从发展趋势看,日本妄图实质性控制钓鱼岛,并不惜动用军事力量。在东海资源开放问题上,日本固守所谓"中间线"原则,并尽量谋求与中国协商,争取东海海域更大范围的资源开发权利。

钓鱼岛主权归属问题是中日东海海洋权益之争中最突出、最棘手的问题。特别是冷战结束后,随着国际环境和日本国内政治的发展,日本对钓鱼岛的政策也发生了显著变化,在中日原有共识与默契的基础上严重倒退,甚至否认中日领导人有过"搁置争议"的共识。日本领导人多次公开表示,钓鱼岛是日本"固有领土",甚至说中日之间已不存在领土问题,"对日本来说,领土问题仅指北方领土问题和竹岛问题"[27]。

2010 年钓鱼岛事件发生后,中日军舰与战斗机在东海对峙,日方在我海监与渔政执法过程中频频引发冲突与摩擦。2011 年 3 月 30 日,文部科学省公布 2012 年春季起使用的初中教科书的检定结果。包括地图上的标记在内,社会科公民课的全部七册教科书均把中国主张拥有主权的钓鱼岛以及韩国主张拥有主权的独岛作为日本领土。2012年以来,围绕钓鱼岛主权的归属问题,中日争端不断升级。2012 年新年伊始,日本地方议员和东京议员先后登岛活动和绕岛"视察",日本政府于 1 月 16 日宣布暂定命名四个钓鱼岛附属岛礁。2 月下旬,在日本内阁向国会提交的《海上保安厅法》修改案中,增加规定由海上保安官代替警察行使职权,对远离本土的海岛不法入侵者进行搜查和逮捕,执法对象岛屿包括钓鱼岛在内。尤其是 4 月 16 日,在美国访问的石原慎太郎突然抛出东京都要购买钓鱼岛的计划,把中日两国民众最为敏感、最为关切的领土争端问题再次推到舆论的风口浪尖,加速了日本野田内阁的"国有化"进程,最终野田内阁于 9 月 10 日就钓鱼岛问题召开特别内阁会议,正式确定钓鱼岛"国有化"的方针。[28]"购岛"闹剧激起了中国政府和人民的强烈抗议。其后,中国在钓鱼岛海域巡航,有效开展维权斗争。

(三) 东亚相关国家的安全与利益

第一,海上通道安全。由于历史和现实的原因,战后日本始终把保卫海上运输线安全,特别是通道安全,作为重要的战略任务。日本经济对外依存度高,战略资源和产品市场均严重依赖海上运输通道,而且海上通道范围越广、穿越时间越长,发生安全问题的概率就越大,维护安全就愈发困难。为此,日本加强了海洋安全的国际合作,包括打击恐怖主义活动,以确保海路畅通。

第二,海洋资源开发。日本拥有较为先进的海底资源勘探、开发、加工技术,因此,日本总体上寻求与相关国家的技术合作与资金合作。近年来最突出的一个案例是中日东海共同开发。2008 年 6 月 18 日,中日两国政府就东海问题达成《中日东海问题原则共识》。从战略层次上,以东海油气田的合作开发为突破口,中日已经选择以合作为重的战略。但是,共同开发是一个临时措施,按照《联合国海洋法公约》第 83条规定,争议双方可采取临时对策来处理划界分歧,直至第二次磋商。中日东海油气争端涉及领土主权问题和资源问题,国家领土和主权问题谈判与资源谈判不是一回事,但也不能完全分开。[29]《中日东海问题原则共识》签署之后,中日双方进入条约谈判阶段,日本希望早日推进这一具体工作,以便落实安排日本相关的石油企业早日投资到位,进行实质性开发工作。但是,由于中日双方关于共同开发与合作开发问题的相互认识出现分歧,谈判进展缓慢。

因此,中日在东海共同开发上迈出的第一步,只是一个"过渡性安排",双方的立场并没有因此而发生变化。中日双方还需要通过谈判,不断累积共识,循序渐进,为最终解决东海争议积极创造条件。

第三,海洋领土争端。日本与周边国家多存在海上岛屿领土争端,主要集中在三个方面,即与俄罗斯的北方四岛之争,与韩国的独岛之争以及与中国的钓鱼岛之争。在领土问题上,日本总体上采取了十分强硬的政策,一边谋求促进与各个相关国家发展双边关系,一边对领土主权问题不松口。

日本近年来不断强化"主权主张",这一局面的形成有着重要的历史渊源。不管是北方四岛、独岛和钓鱼岛之争,都是 20 世纪历史问题的延续。此外,国内外形势的变化促使日本政府的主权意识日益突出。首先,从国际上看,美国霸权以及美国对美日军事同盟的重视,让日本增加了筹码和自信。其次,最重要的也是最为根本的原因是日本国内的变化。民族主义再次抬头,越来越多的日本政治家宣扬政治民族主义和爱国主义,以期获得更多的政治支持。在小泉政府几年的精心培育下,日本国内已经逐步摆脱了第二次世界大战结束后一直奉行的和平主义和谨慎姿态,更加强调日本利益。之后各届政府尽管部分纠正了忽视亚洲的外交政策,但是在领土问题上丝毫没有松动,国家利益优先的原则成为 21 世纪以来日本新生代政治家的共同政治理念,而领土主权问题是日本国家利益中的重中之重,对于领土主权归属奉行强硬政策是日本政府的一贯立场。

五、国际危机管理与日本海洋战略的延伸

从国家利益的层次来看,海洋利益是各国的重大利益。美国学者罗伯特·阿特(Robert Art)认为,国家利益决定了国家的基本方向,决定了国家资源需求的类型和数量,也决定了国家实现目标所必须遵循的资源运用方式。[30]国家实现利益的资源是有限的,因此,需要对国家利益进行排序,确保把有限的资源用在最需要维护的国家利益上。

日本是一个类似于英国那样四面环海的岛国。海上安全对于日本国家利益来说有着特别重要的意义。冷战时期,日本主要依靠以"搭便车"为手段的近海防御。由于战后和平宪法的限制,日本在实施海洋战略的同时受到许多法律制约。但是,冷战后不断出现的海洋安全问题,使日本找到了推动危机立法的契机。1991 年日本海上自卫队前往波斯湾扫雷,1992 年日本为前往柬埔寨参加联合国维和行动,专门通过

了《国际和平合作法》。1999年3月能登海域出现来历不明船只,同年5月日本通过了《周边事态法》。2001年美国"9·11"事件后,九州西南海域出现来历不明船只,日本在此前后修订了《协助联合国维和行动法案》(PKO法案)和《自卫队法》,通过了《反恐特别措施法》。2003年伊拉克战争爆发,为保证海上自卫队能给美军提供后勤援助,日本政府通过了"有事法制三法案"和《伊拉克重建支援特别措施法》。以上国际合作活动的开展和相关法案的制定,为日本海洋战略的顺利实施提供了法律保证。

不同时期日本防卫计划大纲主旨的变化,也可印证日本海洋安全战略的逐渐变化和不断延伸。日本一共出台过四份《防卫计划大纲》。1976年问世的《防卫计划大纲》提出了"基础防卫力量构想"的建军理论,强调日本应对"有限的、小规模的侵略事态";1995年出台的《防卫计划大纲》将防卫日本、对付大规模灾害、参与国际安全事务规定为自卫队的三项任务;2004年出台的《防卫计划大纲》将自卫队到海外执行任务升格为"本职活动"。根据《关于2005年度以后的防卫计划大纲》(即2004年《防卫计划大纲》),从2005年开始的很长时间内,日本海军力量将保持一个非常可观的规模:主力部队包括机动作战的护卫舰部队4个集群共8个大队,区域作战的护卫舰部队将有5个大队;潜水艇部队有4个大队;扫雷部队1个大队;预警巡逻有9个大队。合计护卫舰47艘、潜水艇16艘、战斗机大约150架,[31]其中包括先进的"村雨"级多用途驱逐舰、"金刚"级宙斯盾导弹驱逐舰、"白根"级直升机驱逐舰、"亲潮"级潜艇和E-767空中预警机。根据新防卫大纲"多功能、有弹性、实效性"的要求,日本以"参加国际维和行动"和应付"新的威胁、复杂事态"为由,准备"继续推动装备速度更快、续航距离更长的新型运输机"[32],增强远程续航和机动投放能力。2010年的《防卫计划大纲》,用"机动防卫"的概念取代沿袭多年的"基础防卫力量构想",意味着日本自卫队将更具攻击力。与《防卫计划大纲》一起通过的《中期防卫力整备计划》明显加强了海空作战力量,包括在全国部署"爱国者-3"型地对空导弹,将海上自卫队的潜艇由16艘增加到22艘,提升"宙斯盾"护卫舰的性能。值得关注的是,该《防卫计划大纲》断言,中国军事力量的发展已成为地区和国际社会的"担忧事项",首次将日本列岛南部及西南诸岛列为防卫重点,将航空自卫队部署在冲绳的作战飞机增加一倍,并强调要与美国、韩国、澳大利亚等拥有共同价值观的国家加深防卫合作。

冷战后,日本新的"综合安全保障"构想是,"日本安全保障的第一目标是防止直接威胁波及我国,在排除可能威胁的同时,将其损失降到最小;第二个目标是改善国际安全保障环境,努力使我国免受威胁"[33]。因而,在海洋安全战略上,日本主要是以《日美安保条约》为基础,以保卫 1 000 海里海上交通线为主要任务,积极挺进海外,显示军事实力,参与联合国的维和活动。参与和加强国际危机管理,增强了日本海洋安全战略的合法性与有效性,促成日本重新出海。近年来,日本大力发展远洋作战力量,其海上自卫队已经悄然建设成为一支居世界前列的、强大的进攻性海上力量,实力远不只限于满足本土防卫,而正在向具备"海外军事干预"能力的现代化进攻型海军方向发展。在"国际贡献论"和"普通国家论"的影响下,日本自卫队开始走出国门,参加柬埔寨维和、波斯湾扫雷活动、在印度洋为美军提供补给等。这一方面是出于日本外交和国际形象的考虑,但另一方面也着眼于扩展日本海洋军事战略的具体手段和能力,如在战时封锁海峡与反潜护航。1996 年在日本防卫研究所召开的国际会议上,日本提出了"海上维和"(Ocean Peace Keeping, OPK)构想,并逐渐丰富发展成为"海洋治理"(Ocean Governance)战略,即在亚太地区各国专属经济区与公海范围内,为管理和合理利用海洋资源、保护海洋环境、维护海洋可持续发展、保障海上贸易通道的安全,与区域内各国的海军和海上警察机构进行广泛的国际合作。[34]近年来,日本还多次派观察员或海军舰艇赴东南亚参加多边联合军事演习;与菲律宾就建立战略防御伙伴关系达成协议,构建磋商框架并举行联合防御演习;与新加坡、越南等国达成深入合作的意向,在东南亚的军事存在逐步制度化和长期化。在新军事战略指导下,日本正抓紧实施海上力量"南下西进"的战略步骤。

六、建立"共同价值观"海洋国家联盟的大战略观

日本海洋战略在实施过程中,还呈现出一个重要特征,即建立"共

同价值观"海洋国家联盟的大战略观。

2000年《中央公论》连载了白石隆的《海洋帝国》,其中作者把大陆国家与海洋国家的对立进一步引申到"海洋亚洲"与"大陆亚洲"的对立。日本与中国分别被认为是两种亚洲的代表。白石隆认为,海洋亚洲是基于共同价值观念的日本、韩国、东南亚和美国的联合,战后亚洲的稳定繁荣有赖于美国为主导的安全保障体系,日本的未来取决于在海洋亚洲国家共同利益基础上构建的机制中取得更多的行动自由。[35]

在小泉纯一郎执政时期,所谓日美协调为主的"海洋民主主义联邦"的观点甚嚣尘上。安倍晋三在上台前推出了《致美丽的国家》,其中就提出了更为具体的设想:"召开日美印澳四国(亚洲大洋洲三大民主国G3+美国)首脑或者外长级会议,为在其他国家,特别是在亚洲形成普遍的价值观做出贡献、推动合作,如果能就此从战略观点出发进行协商是再理想不过的事情了。日本有必要在此过程中发挥领导作用。"[36]此后麻生太郎首相提出"自由与繁荣之弧"[37],其主要精神是倡导在"日美基轴"的基础上,重视"民主主义、自由、人权、法治、市场经济"的"价值观外交"。为此,日本主张,与位于重要贸易航路巴士海峡两翼的中国台湾地区和菲律宾加强合作,与扼守马六甲海峡的印度尼西亚和新加坡加强协调,澳大利亚和新西兰尤其是有利于日本与东南亚岛国合作的强有力的同盟对象。

2011年9月,野田佳彦首相上任后不久,继续推进"共同价值观"海洋国家联盟。[38]9月21日,美国总统奥巴马在纽约出席联大会议期间,与野田举行首次会晤,两人都强调美日同盟的重要性;针对中国加强在南海维护海洋权益的举动,双方还确认将努力保障这一海域的航行自由。9月27日,野田与到访的菲律宾总统阿基诺会晤后发表声明,强调确保海上安全是两国的共同战略利益,主张在中国与菲律宾存在领土争议的南海群岛的"航行自由",并决定提升两国副部长级战略对话层次,讨论海洋防卫合作问题。[39]尽管该声明本身未明确表示针对中国,但日本媒体以及海外媒体皆指出其实质是"牵制中国的海上发展力量"。11月中旬,在印度尼西亚召开东亚峰会,日本与东盟签署《日本东盟共同宣言》,强调海上安全问题,倡议东海、南海的航行自由与安

全,共同警戒中国。[40]此外,日本倡议设立东亚峰会下属机构东亚海洋
论坛,[41]旨在针对中国与周边国家在东海、钓鱼岛以及南海的领土争端
摩擦,牵制中国。日本质疑在 2010 年钓鱼岛事件后,中国不断向东海
派遣渔业监视船、巡视船等强硬措施,与中国政府重视同周边国家协调
关系的主张是不一致的,使东亚各国对正在崛起的中国在今后的方向
性感到不安。[42]2012 年 1 月 29 日,日本政府内部确定了包括 4 座钓鱼
岛附属岛屿在内的 39 座无名岛屿的名称。2012 年 2 月 10 日,日本防
卫省防卫研究所发表所谓分析中国海洋活动动向的《中国安全保障报
告 2011》,[43]指出与紧张的南海局势相同,中国在日本周边的东海也有
可能提升军事力量、采取强硬姿态,必须注视中国人民解放军的动
向。[44]总体来说,日美同盟是 21 世纪日本海洋安全战略显著的外交推
动力,以及无法替代的外交权力。

　　进入 21 世纪以来,日本加快了国内海洋立法步伐,尤其是在海洋
政策、海洋安全、海洋国土以及海洋资源方面的立法,加快推行新的海
洋战略。2005 年,日本提出新时期的海洋战略——海洋立国。2007 年
4 月,日本国会通过了《海洋基本法》,作为实现海洋战略目标的政策与
方针。由日本内阁综合海洋政策本部牵头制定的《海洋基本计划》,是
日本政府在《海洋基本法》框架下对具体海洋政策的制定、落实等予以
规范与指导的纲领性文件,也是日本政府在评估其面临的海洋形势及
海洋政策效果后通过的政策文件。日本《海洋基本计划》2008 年首次
制定,每 5 年修改一次。2008 年版和 2013 年版的《海洋基本计划》重
在海洋综合管理服务的基础性工作。2018 年(2018—2023 年)版的《海
洋基本计划》将日本海洋政策的重点领域从过去的资源开发调查转向
领海警备、离岛防御等安全保障领域,突出警队合作、日美联手以及与
东南亚国家结合的大范围海洋监视活动,加大收集处置掌控海上实时
信息的力度,进一步强化维护领海主权、应对海洋灾害和保护离岛等内
容。其针对性更强,突出日本加大对海洋的监视范围,自卫队与海上保
安厅联手与美军建立共享机制等。在为日本与中国和其他国家解决相
关岛屿之争和海洋划界获取更多有利的战略筹码的同时,也使中国在
拓展海洋战略空间、维护海上通道安全以及和平解决海洋争端等方面
面临严峻的挑战。

日本《海洋基本计划》的不断推出和修订,反映出日本海洋政策调控的连续性和常态化,使日本的国家海洋战略目标通过具体的海洋政策加以贯彻实施。日本海洋政策的不断调整,标志着日本防卫理念由静态转为动态。即由过去的本土防御转换为周边海洋防御。日本将中国与朝鲜视为 21 世纪日本海洋安全战略的主要战略对手,表明日本海洋战略发生了根本性变化。

在当前中日关系出现的积极态势中,"一带一路"倡议可以成为中日关系转圜回暖的有效工具,[45]更可以成为中日关系提升扩展的重要领域。"一带一路"建设欢迎日本参与,同样也能为日本提供巨大的商机和利益。中日两国可以优势互补,围绕"一带一路"倡议开展合作,共同开拓第三方市场,实现互利共赢和多赢。

第二节　澳大利亚海洋政策及其影响

澳大利亚作为亚太地区的一个重要海洋国家,其海洋战略的形成经历了较长时期的历史演变。在世界经济权力中心从西向东转移的今天,澳大利亚已成为占据从印度洋到太平洋之间海上贸易生命线的"海洋战略之锚"[46]。近年来亚太地区海洋安全形势日趋复杂严峻,澳大利亚从战略上到行动上都彰显了其独特的逻辑。与当前战略现实相对应,国内学界对于澳大利亚海洋战略的研讨也越来越多。[47]这些研究大多从安全战略方面切入,为澳大利亚海洋战略研究奠定了很好的基础。在西方国家特别是澳大利亚,就澳大利亚海洋战略的关注和研讨也从未间断,已经形成了一个学术共同体。他们定期开会研讨,相互交流观点,并相继发表了一大批学术论文和著作。澳大利亚皇家海军海权研究中心从 2013 年开始组织国际知名海洋战略、海洋安全方面的专家学者,就建立澳大利亚的海洋战略流派不断进行探讨,发表海权研究系列报告,为澳大利亚海洋安全政策与战略提供学术支撑。与其他国家相比,作为中等强国的澳大利亚海洋战略有何独特之处? 涵盖哪些核心要素? 在发展过程中又面临什么困境? 这些将是本节要着力回答的问题。

一、澳大利亚海洋战略构建的历史演进

美国海军战争学院知名教授罗杰·W.巴内特(Roger W.Barnett)曾直言:"如果一项新的海洋战略可以成功的话,那么它必须同海军的战略文化取得共鸣。"[48]从地缘来看,澳大利亚是一个典型的海洋国家,但却很难被称为海洋强国。这与其近代历史经验以及由此形成的战略文化密切相关。从1788年到1901年的一百多年间,澳大利亚一直是英联邦的殖民地,完全由英国提供相关安全保障。1901年澳大利亚联邦成立后,国防建设开始成为其重要的政治议题。一方面,澳大利亚政治家们仍然将国防视为整个大英帝国责任的一部分;另一方面,澳大利亚也在马汉等海权战略家的影响下,秉承"海军至上主义"的理念,开始发展澳大利亚皇家海军。[49]据澳海军将领雷金纳德·亨德森(Reginald Henderson)估计,到1930年早期,澳大利亚皇家海军大约拥有40艘水面舰艇、12艘潜艇和15 000名海军人员,实现了从地区性军事组织向区域性舰队的转型。[50]第一次世界大战的爆发中断了这一势头,取而代之的是对战争中"澳新远征军"带来的新型作战模式的崇尚。澳大利亚政府开始削减对海军的投入,转而增加陆军建设。到1923年,澳大利亚皇家海军的军舰从战时的23艘削减为11艘,而且大部分仅有非作战任务,活动范围也有很大局限。1924年4月,曾经是澳海军骄傲的"澳大利亚"号战略巡洋舰也被废弃。[51]此后很长一段时间里,澳大利亚都依靠"新加坡战略"来确保自己的国家安全。[52]对于这种状况,澳大利亚战略家们开始感叹:"通常岛国民众所应有的海洋意识和对周边环境的敏感性我们却没有。"[53]

第二次世界大战对日作战早期,英军无力将舰队送达新加坡以及接下来"新加坡战略"的失败,导致澳大利亚转向美国寻求援助。从此,澳大利亚就成了美国海军和陆军太平洋行动的主要基地。到1943年中期,部署在澳大利亚的美军总数达到250 000人。他们驻扎在布里斯班、悉尼、墨尔本以及一些小城镇。[54]在整个第二次世界大战期间,美国海军开始取代英国成为澳大利亚的保护伞。尽管之后约翰·柯廷(John Joseph Curtin)总理改变了之前的兵役政策,授予澳大利亚士兵到西南太平洋地区作战的权力,但是在实际战斗中他们发挥的作用仍

是辅助性的。这一段经历为之后美澳同盟关系的建立奠定了基础。而从另一方面来看,美军的介入不仅未改变澳大利亚国防战略的依附性特征,相反更加强化了这一取向。同时派出远征部队的作战模式成为澳大利亚战略界的一个共识。战略家们口中的"海洋盲点"便是这一时期澳大利亚海洋安全战略的生动写照。[55]

1959 年在对美国和澳大利亚两国进行比较时,澳大利亚学者哈里・C.艾伦(Harry C.Allen)就感慨:"美国具有伟大的海洋传统,而澳大利亚由于太长时间依靠于自己的母国(英国),实际上并没有这样的传统。"[56]在整个冷战期间,尽管澳大利亚从政治到经济方面面都对外进一步开放,开始更多地利用海洋国家的地缘优势,但是"大陆主义"和"远征模式"仍然主导着澳大利亚的国防战略思想。1986 年澳大利亚国防部长任命保罗・迪布(Paul Dibb)为负责人,对澳大利亚的国防政策进行全面回顾总结,并就国防能力的要求提出建议。1986 年迪布递交给澳大利亚国防部长的《防务能力评估报告》,即著名的"迪布报告"(Dibb Report),明确指出澳大利亚性命攸关的国防利益在于其他国家对于澳大利亚大陆、领海和领空的威胁,这是国家主权和安全的基石。尽管报告中也提到了要保卫海上资源和海上通道,但是对于海军力量建设等方面并没有着重论述。[57]受此影响,1987 年发布的《澳大利亚国防报告》也显示了"大陆主义"的倾向。该报告强调"防御澳大利亚北部的重要性,主张增兵北部,建立空军基地,并在西澳增加一个澳大利亚舰队"[58]。著名的战略学家休・怀特(Hugh White)评价道:"这两份报告并无新意,防卫澳大利亚大陆仍然是国防政策的核心问题,或者可以说在狭隘的大陆主义视角下的澳大利亚战略利益与目标和更大的视野之间进行转换。"[59]

澳大利亚长期存在"海空力量鸿沟"(Air-Sea Gap)。从 20 世纪 80 年代开始,澳大利亚政府一直强调发展短程的攻击和防务能力,而缺少对远程投射能力的关注。1997 年新上台的自由党联合政府呼吁:"鉴于澳大利亚独特的地理位置,海洋战略而非陆地战略才能更好地反映我们的地缘战略。"[60]尽管首次提到了发展海洋战略的重要性,但是在战略学家迈克尔・埃文斯(Michael Evans)看来,"这份报告仍侧重陆地战略,只是加入了一些重要的海空元素"[61]。之后的霍华德政府逐步改变防务政策的方向,突出发展系统性的海洋战略。2000 年 6 月,霍华德政府发表了新版《防务评估报告》。该《报告》一方面延续了 1997 年报告中对海洋战略需求的表述,另一方面首次承认对海空的控制需要各军种之间的联合行动,强调海洋力量在维护海洋安全中的核心地位,这包括保卫港口,支持海上执法和侦察行动。"我们从根本上需要制定海洋战略。"[62] 2004 年 6 月,澳大利亚议会的"外交、国防与贸易联合委员会"在听取众多专家建议的基础之上,发布了首份《澳大利亚海洋战略报告》,对澳大利亚海洋战略进行了全面的梳理、系统的归纳,并提出了切实而全面的建议。[63] 在实践上,霍华德政府不断加强在海洋能力建设上的投入,扩大预算,特别重视对海军两栖作战能力的提升。2007 年,澳大利亚政府花费巨资从西班牙购买了 5 艘新型军舰,计划把澳大利亚海军打造成亚太地区最强大的海军之一,这就是重要的例证。

在随后几年的澳大利亚国防白皮书中,海洋战略所占的比重和篇幅逐年上升。2009 年的国防白皮书强调海洋战略对于澳大利亚国防军的根本意义。[64] 2013 年国防白皮书强调正在形成的印度洋—太平洋战略区域的重要性,并在这一地区部署联合作战部队,保护海洋通道安全。[65] 而在 2016 年国防白皮书中,澳大利亚国防开支增长幅度明显加快,加大了对尖端海空装备的需求,并表达了对东海、南海等亚太海洋争端的高度关注。在澳大利亚"战略政策研究所"(ASPI)举行的评估会议上,多位专家将"提高澳大利亚自身的军事力量应对急剧变化的印太海洋安全形势"作为未来澳大利亚国防政策的重点。[66] 尽管如此,澳大利亚海洋战略的发展并不是线性发展,尤其是澳大利亚近几届政府(包括在国防白皮书的表述中)从各自的需要出发,在海洋战略上并非前后一贯,时而集中表述,时而束之高阁,反反复复,曲曲折折。可以说,作为中等海洋强国的澳大利亚,距离构建符合自身战略定位、带有鲜明特色的海洋战略还有一个漫长的过程。

二、澳大利亚海洋战略的基本构架及其内容

理解澳大利亚的海洋战略可以从战略环境、战略目标、战略力量和战略援手四个方面入手。首先,澳大利亚海洋战略与其对国际、地区和

国内战略环境的认知密不可分。在历届国防白皮书中,对战略环境的展望都是首要部分。2004 年的《海洋战略报告》指出,冷战的结束赋予美国及其盟友前所未有的能力来利用海洋,而且不用面对严重的挑战。因此,海洋战略的焦点从应对这些挑战转为自由地在全球沿海和内陆的利益所在之处施展权力。该报告还指出 2001 年"9·11"事件的爆发是冷战后战略环境变化的转折点,以恐怖分子为代表的非国家行为体成为国家安全防范的重点,也影响了国家安全与海洋战略的着力方向。[67]

从之后几年的国防白皮书内容可以看到,澳大利亚对于战略环境的复杂性认识在上升。一方面,全球权力格局,尤其是大国关系的变化对澳大利亚国防政策和海洋战略的影响日益上升。2016 年国防白皮书专门写道:"到 2035 年之前,美国与中国扮演的角色,以及两国之间既竞争又合作的关系,将是塑造澳大利亚安全环境的六个因素之一。而国家之间尤其是大国之间的竞争以及对各自利益的追求,对国际规则的破坏则是另一重要因素。"[68]另一方面,非传统安全威胁的范围不断扩大。除了恐怖主义之外,"脆弱国家"、网络、太空、气候变化、资源等方面的安全威胁日益凸显,成为促使澳大利亚海洋战略向国家大战略层面发展的重要推动力。此外,从国内战略环境来看,突出澳大利亚作为海洋国家的独特地理优势,结合不断变化的综合国力,以及政府更迭带来的国内政治变革,都成为澳大利亚海洋战略制定的出发点。

其次,澳大利亚海洋战略与其对国家战略利益的界定密不可分。2010 年澳大利亚海军发布"海上原则",将海洋战略利益主要归纳为(1)保卫澳大利亚本土安全,防止遭受直接的军事进攻是澳大利亚战略利益的根基;(2)确保临近地区的安全,主要包括印度尼西亚、新西兰、东帝汶以及南太其他岛国;(3)保障亚太地区战略稳定,特别是东南亚地区以及整个亚太地区的海洋环境;(4)打造稳定的、基于规则的全球安全秩序。澳大利亚需要与其他国家共同应对全球性挑战,联合国与《联合国宪章》是这一秩序的基础。[69] 2013 年国防白皮书保留着这四点,只是将第三点亚太地区换为印太地区,将印度洋纳入海洋战略防卫的重点区域。在 2016 年国防白皮书中,澳大利亚将战略利益压缩为三点,并以此为基础确立了战略目标。

在众多战略目标中,维护海上航道安全对澳大利亚海洋战略至关重要。澳大利亚对外贸易发达,国际贸易在国民经济中占有重要的地位,海洋运输则是对外贸易的主要通道。海上航道安全对于澳大利亚的繁荣与稳定至关重要。[70]历届政府发布的国防白皮书都对航道安全的重要性有专门的论述。在澳大利亚政府和学界看来,海洋战略中的海上控制就是对航道安全的保障。[71] 2016 年国防白皮书更是将航道安全视为基于规则的全球秩序的核心。"稳定的基于规则的地区秩序对于保障澳大利亚进入公开、自由、安全的贸易体系,减少可以直接影响澳大利亚利益的强制与不稳定的风险至关重要;稳定的基于规则的全球秩序可以应对那些可能对澳大利亚形成现实威胁的潜在威胁,使澳大利亚可以自由自在地进出贸易通道,保障安全的海上通道和运输,支持澳大利亚经济发展。"[72]白皮书还表达了对亚太海洋争端的高度关注,认为东海和南海的领土争端给整个地区"造成不确定性和紧张",特别强调澳大利亚反对将南海岛礁进行填海改造并用于军事目的,反对相关国家违反国际法。可以说,从海洋战略考量,对所谓"航行自由"和航道安全的担忧是澳大利亚在亚太地区海上争端中逐渐"选边站"的一个重要原因。

第三,澳大利亚海洋战略主要依靠的是其不断发展的海军力量和多兵种协同能力。海军是澳大利亚海洋战略力量发展的重点。早在 2001 年出台的《21 世纪的澳大利亚海军发展规划》(又称"蓝色计划"),就要求澳大利亚海军尽快提高海上快速作战能力、支援登陆作战能力和区域防空能力。除了海军之外,陆军、空军以及信息化部队等都是其中关键的要素。近年来澳大利亚国防开支增长幅度明显提高。2015 年国防预算约占国内生产总值的 1.8%,2016 年国防白皮书则计划进一步提高增长比例。从 2016 年到 2026 年,这 10 年间澳大利亚国防总预算预计将高达 4 470 亿澳元。其中,2016—2017 财年的国防预算为 323 亿澳元,2025—2026 财年将升到 587 亿澳元。此外,澳大利亚政府还将在 2016—2026 年额外增加 299 亿澳元国防开支。届时,国防预算总额将从 2016 年占国内生产总值的 1.8% 增加到 2%。[73]此外,2016 年国防白皮书中对先进军事装备需求表现得更为强烈,要用 12 艘新式潜艇来替换现有 6 艘陈旧的"柯林斯"级潜艇,它也被称为"澳大利亚史上最大防务采购合同";还包括增加 9 艘护卫舰和 12 艘近海巡逻舰,到 2020 年底将购买 72 架 F-35S 战机,采购用于作战和侦察的无人机,增强军队太空战、电子战和网络战的能力等。国防预算的增加与陆海空及新疆域领域的投入,给予澳大利亚越来越大的信心和底气,加快由"防御型"向"主动型"海洋战略的转型。

众多民事执法机构也是澳大利亚海洋战略不可或缺的组成部分。这些机构包括澳大利亚海关、警察、海上安全机构、检验检疫局、外交事务与贸易部、移民与边境保卫部、环境部、渔业管理部门等。他们的职责是"侦察、报告和应对潜在的或正在发生的在沿海或离岸区域的违法行为"。国防部与这些机构之间有定期的情报分享,共同担负着保卫澳大利亚国家安全的重任。[74] 伴随着海上非传统安全威胁日益突出,这些机构的战略地位不断上升,军民协同的力度也在加大。在一些海洋战略报告中,商业船只也被视为海洋战略力量的组成要素。在一些海外行动中,例如 1999 年的"东帝汶事件",澳大利亚军方使用商业船只作为后勤力量。尽管澳大利亚海事组织等航运机构对商业船只参与海洋安全维护并不乐观,但是澳大利亚议会仍建议政府在国防白皮书中加入商业船只的内容。[75] 2005 年澳大利亚专门设立边境保护指挥部,加强海洋事务的统一管理,同年还启动澳大利亚"海上识别系统"(Australian Maritime Identification System,AMIS),用以掌握毗邻水域船只的有关资料,分阶段地获取过往船只的国别、船员、货物、方位、航道、航速和目的港口等信息,及时报告给边境保护指挥部[76]。

第四,美国是澳大利亚国防战略的首要援手,美澳同盟是澳大利亚海洋战略的基石。"澳大利亚强大、紧密的同盟是澳大利亚安全与防务政策的核心。美国仍将是世界上超级军事强国,继续扮演着澳大利亚最重要的战略伙伴的角色。""澳大利亚欢迎和支持美国在维护印太地区稳定中发挥的关键作用。"[77] 在国防能力建设上,澳大利亚对美国有很高的依赖程度。澳大利亚国防军包括战斗机、运输机、海军作战系统和直升机在内的大多数高精尖武器装备都是从美国获得,大约 60% 的装备花费用于美国;与美国的协同行动能力是澳大利亚提升作战效率的关键,澳军目标之一就是能够在水下、水上以及空域与美军实现无缝衔接。

三、澳大利亚海洋战略面临的三重困境

1962年,珍妮·麦肯齐(Jeanne MacKenzie)出版《澳大利亚悖论》一书。在书中,她写道:"通过一系列悖论来看澳大利亚才可以初窥门径。"这些悖论包括"地理上广袤的土地与心理上被放逐国外他处的空虚感;理想化的茂密丛林与实际上的郊区主义;'澳新远征军'传统的强大力量与历史上征兵带来的政治分裂;以及民族灵魂深处物质主义对于形而上的超越"[78]。50多年后的今天在澳大利亚海洋战略中,同样存在一些挥之不去的悖论,不同程度地削弱了其战略效用的完全发挥,也将澳大利亚从理想主义的战略期待拉回到现实主义的战略实践。

首先,战略"独立性"与"依附性"之间的转换困境。作为海洋强国,战略的独立性是应有之意,历年来澳大利亚政府发布的各种政策报告都强调国防战略的自主和独立性。"我们必须依靠自己的力量防卫澳大利亚,不依靠任何其他国家的军事力量。"[79]在接受澳大利亚议会听证会时,迪布直言不讳:"澳大利亚应该寻求发展独立的军事力量——你可以称之为海洋战略或其他任何叫法——不能依赖美国军队跋山涉水前来援助。"[80]

而现实却是澳大利亚不得不依附强国。澳大利亚海洋战略的主要特点之一是"强烈的依附性及集体安全机制作用较大"[81]。澳大利亚所谓战略"独立性"并没有脱离同盟架构的束缚,忠实落实同盟国的义务成为澳大利亚对外战略的重要原则。对于像澳大利亚这样的中等强国来说,维持在大国之间的平衡关系是其重要的生存策略。[82]而对于美国的"依附性"则使其丧失了战略回旋的余地,损害了根本的战略利益。特别是亚太地区海洋秩序正处在新旧交替的关键时期,如何处理好在中美之间的角色对澳大利亚海洋战略的推进显得尤为重要。

其次,海洋战略目标与手段之间的匹配困境。一直以来,目标与手段的匹配都是重要的战略难题。随着澳大利亚海洋战略的不断发展,目标和手段之间难以匹配的问题更加凸显。"澳大利亚有漫长的海岸线,而人口基数很小,国家安全面临极大的挑战。"[83]作为拥有769万平方公里广袤土地的国家,澳大利亚仅有2 300多万人,不仅移民众多,而且正在加速老龄化。根据2016年国防白皮书公布的数字,澳大利亚

军方现有永久职员 58 000 人，大约 19 500 名预备役士兵，17 900 名全职的公务员。尽管未来，这些数字还会增加，但是可挖掘的人力潜力有限。从 2003 年霍华德政府调整国防战略，提出在亚洲"先发制人"，强调澳大利亚的安全不再局限于本土和本地区，而是具有全球性的，海外行动就成为澳大利亚的主要作战任务，防务重点由本土转向海外。根据澳大利亚国防部公布的数字，澳大利亚政府已经派出大约 3 300 名士兵参加 12 项海外行动，未来还要配合盟国参与更多的维和行动。走向海外的迫切需求与部队规模的局限之间的差距短期很难弥合。

国防预算的拮据也造成很大困扰。霍华德政府期间澳大利亚国防预算增加了大约 47%，接近国内生产总值的 2%。陆克文上台后希望加大国防投入，在 2009 年的国防白皮书中提到澳大利亚 2017—2018 年的国防预算将增加 3%，之后到 2029—2030 年每年将增加 2.2%；也提到 2030 年建成更加强有力的海军力量。然而，很快吉拉德取代陆克文担任澳大利亚总理，随之而来的是对国防预算的连年削弱，四年中削减了 55 亿澳元。2008 年之后，澳大利亚深受金融危机影响，国库空虚，财政状况不容乐观，政府面临着社会福利改革等长期的国内问题，压力非常大，在国防预算上也是捉襟见肘。2013 年国防白皮书提到了海洋能力建设，但是却没有足够的资金进行支持。当年澳大利亚国防开支只占国民生产总值的 1.56%，为 1938 年以来最低水平。"澳大利亚的国防预算形势严峻，与期望之间的鸿沟加大。"[84]尽管 2016 年国防白皮书大幅增加了国防预算，但是受全球经济形势和澳大利亚经济状况影响很大，存在较大的不确定性。

再次，双重身份叠加与冲突产生的认同困境。从历史上看，澳大利亚始终在东方和西方之间徘徊。澳大利亚的历史、文化、民族、政治、经济等方方面面与英国乃至整个西方世界渊源深厚，澳大利亚也一直自视为"西方大家庭"的一员，奉行西方的价值观念，以西方视角观察国际事务。在海洋战略的建构上，也秉持美英等国的核心理念。从现实来看，澳大利亚地处亚太区域，与欧洲文明的核心区相距甚远，亚洲的崛起又带给澳大利亚丰厚的经济收益。现实利益推动着澳大利亚不断融入亚太地区，将亚太视为海洋战略最重要的实践区域。然而，理想主义与现实主义的落差，地缘政治与地缘经济之间的矛盾，东、西方之间双重身份带来的困惑和彷徨一直伴随着澳大利亚海洋战略的发展过程。

澳大利亚国立大学中国中心执行主任任格瑞(Richard Rigby)认为20世纪60年代是澳大利亚身份转变的重要时期。当时日本经济迅速发展,所需的钢铁都从澳大利亚进口,两国关系开始更加紧密。而英国加入欧洲共同体之后,澳大利亚传统的贸易联系发生改变,开始逐渐意识到未来要更多依靠亚洲。之后日本逐渐取代英国在澳大利亚经济中的地位。发展同日本的关系是澳大利亚与亚洲关系的实验。地理位置超越了历史、文化的重要性。如果说20世纪60年代澳大利亚还不确定是否属于亚太地区的话,现在它更清醒地认识到其未来必将是在亚洲。[85] 在2011年出版的《走向邻国:澳大利亚与亚洲的崛起》一书中,迈克尔·韦斯利(Michael Wesley)将澳大利亚描述为一个充满矛盾的"孤立的国际主义者",富有、幸运,对未来扮演的角色自鸣得意、漠不关心。[86] 2012年吉拉德政府发表《亚洲世纪的澳大利亚》国防白皮书,其中强调"伴随着亚洲世纪的到来,澳大利亚与亚洲之间的距离将被相邻带来的繁荣所取代"[87]。然而,这究竟对于澳大利亚的海洋战略来说有何意义却只字未提。

一直以来,澳大利亚战略界一直呼吁澳大利亚应该走带有自身特色的"第三条道路"海洋战略。埃文斯就是这一理念的忠实拥护者。他认为"任何一种第三条道路的海洋战略,都需要结合国家的财政状况,西方式的中等强国地位,美国的同盟关系和亚太地区的地理位置"[88]。总的来说,澳大利亚独特的地缘优势、"海洋意识"的逐渐觉醒以及经济实力的发展,为其成为海洋强国创造了条件,然而如何摆脱上述种种困境才是海洋强国能否真正建立的试金石。无论如何,澳大利亚更加积极、主动参与海上事务,以及不断增强的海上力量对于整个亚太地区的海洋形势与权力格局来说都具有战略性的影响。

第三节　印度"东向"政策及其影响

冷战结束后,印度力图在亚太地区发挥更大的作用,首要的目标就是与东盟中的越南、老挝和缅甸等经济落后的国家发展双边关系,从帮助这些落后国家的经济建设入手,通过经济往来扩大印度在东南亚地区的影响。东南亚地区成为印度制定外交政策、战略关注和获得经济利益的重点地区之一。

一、冷战后印度"东向"政策演变

东南亚地区是印度融入亚太地区的重要目标。在印度的外交政策中,东盟占据着越来越重要的位置,东盟的崛起,无论从经济、政治还是安全上都对印度具有强烈的吸引力,是印度经济发展不可或缺的外部战略环境,在印度的对外战略上具有十分重要的意义。

印度进入东南亚地区的战略目标为:防止中国军队在该地区的前沿部署和军事存在;防止中国在东南亚地区的影响力而损害印度的利益。因此,印度应与东南亚地区重要的国家建立战略合作关系。

印度始终把发展与东南亚国家的关系置于应有的优先位置。[89]出于地缘战略考虑,印度把发展与越南、缅甸和泰国等东南亚国家的关系作为其"东向"政策的主线,把加强和扩展与越南的互利关系置于优先地位。印度发展与越南的关系与印度和东盟关系的发展相一致,也与越南不断加强参与一些合作项目一致。

印度的"东向"政策的战略目的是:谋求印度进入东南亚高速发展的市场,吸引该地区的资金;保持和扩大印度在太平洋地区的存在,并向东扩展,扩大印度在国际社会的影响,实现"大国目标";在亚太地区建立一个与东盟有伙伴关系的多边安全秩序。印度"东向"政策的目标与印度在后冷战时期国家战略的定位相一致。

"东向"政策成为印度大国发展战略的一个重要步骤,融国家发展战略、国家安全战略于一体,涉及政治、外交、经贸、文化、军事等各个方面。经过印度多年持续不懈的努力,"东向"政策已取得显著成效,其实质就是以东盟为重点发展与东南亚关系的外交新政策。

始于20世纪90年代的印度"东向"政策分为两个阶段。

第一阶段:印度采取了积极主动的外交措施,全面恢复与东盟的接触,主要以经济、贸易、投资合作为主,包括积极推动与东盟国家的政治接触,重点加强与东盟的经济联系。印度积极通过与东南亚地区的缅甸、泰国、越南等国家的双边经贸合作,加强与这些国家的双边关系,使印度的影响不断进入东南亚地区,经济也较快地融入东亚地区。

第二阶段:从经济领域向安全等领域扩大,印度继续积极提升与东盟的经济合作关系,加强与东亚国家的经济合作关系,积极倡导成立亚洲经济共同体;积极开展与东盟的安全合作,特别是加强了与东盟国家海上安全合作,将势力范围渗透到了亚太地区;在政治上继续深化与东盟的机制性联系的同时,不断扩大"东向"政策的地域范围,与亚太其他地区建立起密切的双边关系,将"东向"从东北亚的中日韩等国扩大到澳大利亚的广大地区,以东盟为核心,不断扩大印度在亚太地区安全中的影响力。

同时,印度借助东盟合作平台,积极推动文化外交,成功地建立了与东亚地区区域经济合作与安全合作机制,提高了印度的"软实力"。"东向"政策使印度走出印度洋、开始立足于亚太地区,从而实现印度从南亚大国到亚太大国的转型,以最终实现"世界一流大国"的战略目标。

印度"东向"政策的宗旨是扩大与东亚的陆地和空中联系,加强与亚洲国家之间的联系,谋求印度进入东南亚高速发展的市场,获得该地区的资金,保持印度在太平洋地区的存在,并向东扩展,积极参与南中国海及太平洋地区的事务。印度的"东向"政策表明印度希望在亚太地区建立一个与东盟有伙伴关系的多边安全秩序。在第二阶段中印度与东盟的安全对话与合作将涉及防止地区冲突、建立危机处理机制和建立互信等领域。2003 年,印度政府提出建立以东盟为核心,加上中、日、韩、印四国的合作新机制,进而发展成为"亚洲经济共同体"的设想,正式标志着印度"东向"政策的地域定位已超越东盟,延伸至整个东亚和南太平洋地区。[90]

印度"东向"政策给印度东部地区发展创造了巨大的机会,特别是2013 年"孟中印缅经济走廊"的提出,为中印经济的相互融合带来了更多的机会。亚太地区各国需求的增长促进了印度东部地区贸易特别是对中国贸易的增长,印度东部海岸也正加快成为全国贸易的货运中心。[91]同时,"东向"政策的目的还在于减轻印度对中国在亚洲占据主导地位的紧张感。

二、以越南和缅甸为重点，印度积极升级"东向"政策

（一）构建多边合作机制，推动印度与东南亚国家发展

1997 年 6 月，在印度的推动与支持下，一个新的次地区性组织——孟印缅斯泰次区域合作组织（BIMST-EC）正式诞生。该组织由孟加拉国、印度、缅甸、斯里兰卡和泰国组成。印度官员把该组织作为联系东盟的桥梁，以推动孟加拉湾地区的贸易与旅游事业的发展。

2000 年 7 月，由印度积极倡导的恒河—湄公河经济合作组织成立，这让印度参与到湄公河流域开发进程之中，提振了印度发展与东南亚国家政治与经济关系的信心。而且，印度还推动成立了有印度、尼泊尔、孟加拉国、斯里兰卡、马尔代夫、不丹、缅甸、泰国参加的孟加拉湾共同体（BOB-COM）。印度还组织了湄公河—恒河论坛，该论坛有缅甸、泰国、老挝、柬埔寨、越南和印度参与，着重在旅游、文化与教育领域开展合作。这些组织与论坛的成立凸显了印度与这些东南亚国家的传统文化联系，而将中国排除在外。

（二）积极实施"东方海洋战略"

印度通过积极实施"东方海洋战略"将其影响逐步渗透进南中国海地区。其目的在于拓展战略空间、扩大自身影响、谋取大国地位，对南海海军权力平衡及区域内外各国海军部署及双边、多边军事关系之发展，将带来相当大程度的冲击和影响。[92]

印度在提出面向 21 世纪的新海军战略"东方海洋战略"[93]时公开宣称"从阿拉伯海的北面到南中国海都是印度的利益范围"，大力发展包括航空母舰和核动力潜艇在内的"蓝水海军舰队"，以达到既能控制印度洋又能远征太平洋的战略目标，维护海外利益和保障能源安全。"东方海洋战略"反映了印度力图掌控从波斯湾到马六甲海峡以东的广大地区、进而将其海上活动范围向东延伸至南中国海乃至整个西太平洋地区的战略意图。为此，印度加强了对印度洋及其周边海域的战略部署，通过"东向"政策积极谋求向太平洋进行渗透，[94]并大力发展海上力量尤其是海上战略核力量。

而且,反潜作战已经成为印军关注的焦点。近年来,美印两国对中国海军特别是中国潜艇活动的警惕性日益上升。

(三)重点发展与越南的伙伴关系

近年来,印越两国高层频繁互访直接推动了双方在外交互通机制、社会经济交流机制和文化机制等多个领域的机制化建设,为两国全方位合作奠定了扎实的基础。印度对越南最大的关注在于防务领域。印度通过为越南提供军事支持获取在东南亚的战略利益。2003 年印度与越南正式宣布建立战略合作伙伴关系,其中强调两国将逐步扩展在安全和防务领域的合作。2007 年 7 月,越南总理阮晋勇访问印度,双方签署了《战略伙伴关系联合宣言》,军事与安全合作成为规划重点。双方表示将加强在装备采购、联合项目、训练合作及情报交换等方面的合作。[95]

印越两国之间军事互动更加频繁。2010 年,印度国防部长安东尼表示愿为越南的军事力量升级提供一切帮助。在越南的积极推动下,2011 年 5 月,印度两艘军舰访问胡志明市,从而迈出在南海地区建立永久性军事存在的第一步。2011 年 6 月,印度政府发言人称,根据印度与越南海军合作框架,越南将准许印度携带导弹的驱逐舰进入芽庄和下龙港,印度则帮助越南海军建造舰船和培训海军人员。7 月,印度"艾拉瓦特"号坦克登陆舰先后访问芽庄、海防等越南港口。印度国防部采购部门负责人率高级军事代表团访问越南,商讨帮助越南训练潜艇和水下军事力量等事宜。印度真正目的是企图构建从安达曼群岛到尼科巴群岛,再到越南金兰湾的南中国海珍珠链战略,[96]旨在保持印度海军在南中国海的长期存在。

2011 年 9 月,印度外长克里希纳访问越南。印越两国政府宣布将进一步增加两国在军事、贸易投资和文化教育等方面的合作。印度最大国有石油公司 OVL 欲与越南合作,在南海两块油气田开发石油与天然气。同年 10 月,印、越两国不顾此前中方的一再反对,在新德里签署了为期三年的在南海争议海域共同开发海上油气资源的合作协议。印、越油气开采合作可追溯到 20 世纪 80 年代。20 多年来,印度曾获得越南在南海个别区块的油气开采权。截至 2011 年 9 月,印度公司 OVL 已经在南海石油勘探项目上投资了 2.25 亿美元。[97]

2011 年 10 月,越南国家主席张晋创访问印度,不仅与印度总理辛格共同强调"两国关系是地区和平与稳定的重要因素",而且共同强调"南海航行安全和自由的重要性"。显然两国战略伙伴关系得到实质性的发展,[98]极大地加深了印度与越南之间的防御与战略关系。

2012 年,印度与越南合作,帮助勘探越南沿海石油矿藏,标志着印度开始介入南中国海争端。而且,印度还积极帮助越南潜艇与水下军事力量的培训。加强与越南的关系是印度 20 世纪 90 年代初提出的"东向"政策的一部分,同时印度以此不断加强与东盟国家的关系。

2014 年 8 月,印度新外长斯瓦拉杰访问越南,联手越南涉足南中国海事务,越南再次强调支持印度"东向"政策。此访问进一步夯实了印越两国之间的战略合作关系,加剧了南海地区的紧张气氛。

2014 年 9 月,印度总统慕克吉访问越南。双方发表联合声明,明确指出"国防合作是两国战略伙伴关系的重要支柱"[99]。印度将大大加强对越南军火和训练合作,并同意向越南提供 1 亿美元的军贸交易出口信贷额度,同时还加强同越南的能源关系。该信贷额度将为两国的防务合作提供新契机。紧接着越南总理阮晋勇访问印度。在联合声明中,国防事务、经贸投资、空间技术、能源、南海事务成为两国五大合作领域。

2016 年 1 月,印度在越南胡志明市建立的卫星追踪和成像中心启用,[100]印度计划将之与其设立在印度尼西亚的另一监测站互联,以追踪并接收印度卫星数据。印度利用在东南亚地区尤其是在越南设立的监测站,可以监视中国在南海的军事行动,该监测站成为印度在南海地区的重要战略资产,是印度在南海地区的战略支点。

过去 10 多年间,印度和越南不断强化军事等多领域合作。[101]印度不仅向越南提供了 1 亿美元信贷额度,帮助越南从印度获得 4 艘海军巡逻艇,还着手向越南船员提供潜艇和战机驾驶培训。除国防合作,印度国有企业印度石油天然气公司维德什分公司还与越南国家石油公司签署协议,共同开采海上油气资源。

（四）不断强化与缅甸的传统关系

自从 1988 年缅甸军政府上台执政以来，由于国内政治等原因，西方国家对缅甸实行了制裁、封锁和禁运。为了扩大外交空间和缓解国际压力，缅甸调整了对印度的政策。缅印两国在各个领域的合作进一步加强。

近年来，印度和缅甸的关系升温。2003 年，印缅两国外交部长实现十多年来的首次互访，两军交往增多，两国双边贸易额逐年增加，印度向缅甸提供的经济援助增加。2004 年，缅甸最高领导人、国家和平与发展委员会主席丹瑞访问印度。2006 年，印度总统卡拉姆访问缅甸。2008 年，缅甸"第二号人物"貌埃访问印度。随后印度副总统安萨里和印度军方领导人对缅甸进行回访。

2010 年 7 月，丹瑞大将对印度进行为期 5 天的国事访问。此次访问成为两国双边友好合作的里程碑事件，有助于提升两国地缘和文化联系。两国签署了五项有关反恐、能源和发展援助等领域的协议。

2011 年 12 月，时任缅甸总统吴登盛应邀访问印度。2012 年 5 月，时任印度总理辛格访问缅甸，这是印度总理时隔 25 年以来的首次访缅。2012 年 12 月，缅甸民盟领导人昂山素季访问印度。2014 年 3 月，辛格借出席"孟加拉湾多部门技术经济合作计划"组织峰会之机再次访问缅甸。2014 年 11 月，印度总理莫迪在赴缅甸内比都参加东亚峰会期间，分别与时任缅甸总统吴登盛和民盟领导人昂山素季举行会晤。2016 年 8 月，时任缅甸总统吴廷觉访问印度，与印度总理莫迪举行会谈。印度表示愿支持缅甸推进和平进程。双方签署涉及交通、医疗和可再生能源等领域的四份谅解备忘录。[102]

印缅两国通过高层互访逐渐形成两国高层不定期的会晤机制，有助于改善和加强双边关系，促使印缅关系进入冷战后的最好发展时期。[103]

（五）积极发展与其他东盟国家关系

印度还积极发展与新加坡的友好合作关系，加强与泰国、印度尼西亚、马来西亚等国的双边关系，例如印度向印度尼西亚出售战场监视和目标指示雷达、坦克、舰艇、重型军火及飞机部件；为马来西亚提供苏-

30 战机飞行员培训等。[104]

2018 年 5 月底,印度总理莫迪访问印度尼西亚,与佐科总统共同签署 15 项协议,主要内容是两国强化海上军事合作,重点投资开发印度尼西亚的深水港沙璜。此举表明印度"东向行动"政策取得重大进展。至此,印度实现在马六甲海峡西端控制安达曼群岛、东端掌控沙璜港的战略目标,极大地提高了印度对这条海上最重要航道的控制力。

(六)军事演习常态化、机制化

印度频繁与南海周边国家举行联合军事演习,并向东南亚国家出售武器装备,以增加在南海地区的军事存在,扩张印度的利益。印度向东南亚国家出口大量印制武器装备,如 2014 年,印度向越南出口海上巡逻艇;2016 年 9 月,印度向越南提供 5 亿美元的军购信贷额度,并向其兜售"阿卡什"防空导弹、"布拉莫斯"超声速巡航导弹以及巡逻艇等多种武器装备。截至 2019 年 6 月,印度已为越南修理并升级约 200 架现役的"米格-21"战斗机,同时印度还为越军的战斗机、海军舰艇、火炮与雷达等提供维修服务。2019 年 12 月,印度向菲律宾出口"布拉莫斯"超声速巡航导弹。印度还积极寻求向马来西亚提供武器装备。

印度还与东南亚国家开展多层次的联合军事演习与军队互访活动,不断充实印度"东向"政策,在积极强化印度在东南亚地区的军事存在、提升印度在该地区的政治、经济与安全等诸领域的影响力的同时,平衡其他大国在该地区的影响力,扩张印度在该地区的利益。

三、印度与东盟的关系成为印度"东向"政策的基石

在印度的对外战略中,东盟占据着越来越重要的地位,无论从地缘战略、经济利益和政治利益考量,东盟地区都是印度对外战略的重点所在,印度政府开始重视发展与东亚国家尤其是东南亚国家的关系,积极实施"东向"政策。"东向"政策符合印度历届政府推行大国战略的要求,是印度追求世界一流大国梦的体现,也是印度平衡中国影响力的战略考量。

印度与东盟的关系成为印度"东向"政策的基石。印度与东盟的合

作伙伴关系得到稳步扩展与深化。冷战结束后,政治多极化趋势不断加强,经济全球化进程加快,地区主义发展势头增快。印度顺应世界变化,及时调整其对外战略,开始推行积极的、全方位、务实、灵活的外交政策,主动加强以东南亚国家为突破口、以改善和发展与亚太国家关系为内容的"东向"政策,并取得了显著成效。"东向"政策在一定程度上促进了印度与亚太地区特别是东盟国家在政治、经贸、军事和安全、外交、文化等诸领域的交流与合作,也提升了印度在东盟地区的政治与经济影响力。

近年来,印度与东盟之间的安全合作日趋密切,在一定程度上达到了平衡中国影响力的战略目的。同时,印度通过积极与东盟国家进行非传统安全合作,凸显印度在东南亚地区的军事存在,提高印度在该地区的影响力。

2004 年 11 月,在老挝举行的第三次印度—东盟领导人会议上,印度总理曼莫汉·辛格与东盟各国领导人共同签署《和平、进步与共同繁荣伙伴关系协定》,除继续开展海上联合军事演习外,东盟国家如泰国、新加坡、老挝还就反恐情报交流等与印度达成共识。2012 年 12 月,东盟与印度纪念峰会在柬埔寨举行,此次峰会发表的声明将东盟—印度伙伴关系提高至战略水平,并重申航行自由对海上交通航线具有决定性意义,支持《联合国海洋法公约》。[105] 这标志着印度"东向"政策取得了重大成果。

事实上,东盟正是通过上述一系列安全合作,提高了印度在地区安全事务上的话语权,[106] 使印度在地区安全中的大国形象得到迅速提升,而这在一定程度上又制约了中国影响力的发挥。

近年来,印度积极强化与东盟的政治、经济关系,深度参与东亚合作。

(一)政治领域

1992 年 1 月,在新加坡召开的东盟第四次首脑会议上,东盟同意与印度建立部分对话伙伴关系。印度开始与东盟在贸易、投资、旅游、科技和人力资源培训等方面的合作。1993 年 3 月,东盟秘书长率领代表团出席了在印度新德里举行的印度—东盟部门对话关系会议。东盟—印度联合部门合作委员会成立,负责处理东盟和印度对话的经常事务,并成立了印度—东盟商务理事会、印度—东盟联合管理委员会。东盟—印度联合部门合作委员会的成立,标志着印度与东盟进入了全面对话伙伴关系。

东盟—印度联合部门合作委员会为印度与东盟之间的经济关系提供了新的推动力,使双方的经济合作进入了全新的领域。东盟—印度联合部门合作委员会在贸易、投资、旅游和科学技术四个方面已形成了定期会晤机制。在贸易与投资领域,与其他地区相比,东盟地区发展速度相对更快。

1995年12月,印度与东盟关系取得了重大突破。东盟第五次首脑会议在泰国曼谷召开,东盟各国同意与印度建立全面对话伙伴关系,印度成为东盟的全面对话伙伴国,印度开始参加东盟与对话国会议。

1996年6月,印度成为东盟地区论坛(ASEAN Regional Forum, ARF)的成员。东盟地区论坛是由东盟领导的多边主义机制化的一个尝试,在地区一体化和地区权力平衡中做出了卓越的贡献。同年11月,东盟—印度联合部门合作委员会第一次会议在印度新德里举行。经磋商后达成一致意见,原先在东盟—印度联合部门对话机制下的各机构继续运作,建立高官政治磋商会议机制,将原先的东盟—印度贸易与投资合作专家组升格为东盟—印度贸易与投资合作工作组,并把贸易、投资、科学与技术、旅游、基础设施、人力资源开发等领域作为双边合作的重点。此次会议标志着印度与东盟之间的双边经济合作对话机制开始正式运转。至此,印度与东盟之间正式形成了全面合作伙伴关系。

1997年6月,印度主导建立了孟印缅斯泰经济合作组织。[107]该组织的建立,成为印度迈向东盟的重要一步。在印度与东南亚各国的关系上,印度采取的主要做法是加强高层互访与对话,就具体问题与这些国家建立相应机构,通过加强对话和磋商来消除东南亚国家对于印度的偏见和误解,争取它们的政治支持,进而谋求更多的经济和军事等方面的合作。

印度与东盟国家间有着较高的经济互补性,在能源、轻工业、农业、信息产业等领域均有广泛的合作前景。2000年11月,印度加入湄公河—恒河合作计划。2002年11月,印度与东盟建立了双方领导人峰会机制,在柬埔寨首都金边举行了首届东盟—印度首脑会议。印度成为东盟首脑会谈的伙伴国。双方约定建立自由贸易区,还正式确定了每年举行首脑会议,双方年度峰会机制化建设形成。这是继"东盟10＋3"之后,第四个"10＋1"合作机制正式形成。

2003年10月,第二届东盟—印度首脑会议在印度尼西亚巴厘岛举行。印度加入《东南亚友好合作条约》,并与东盟签订《印度—东盟全面经济合作框架协议》等文件。

2004年11月,第三届东盟—印度首脑会议在老挝首都万象举行。双方签署《和平、进步与共同繁荣伙伴关系协定》,强调双方应在政治、国防、经济、科技、人力资源发展、社会、文化和其他共同关心的领域,共同建立多方面的密切合作和伙伴关系,促进印度与东盟之间伙伴关系的发展。同时,双方签署《东盟—印度行动计划》,加快实施其中详细列出的工作和项目,全面发展彼此的合作伙伴关系。《和平、进步与共同繁荣伙伴关系协定》的签署,标志着印度在与东南亚国家关系发展方面迈出重要的一步,表明印度的"东向"政策取得重大成就。

印度与东盟所形成的全面对话伙伴关系,是印度"东向"政策的重要成就,在政治与安全领域,凸显印度与东盟对世界事务的看法与相互战略利益之间的某些一致。

2005年12月,印度参加在马来西亚举行的首届东亚峰会。印度成为东亚首脑会议成员。此举标志着印度"东向"政策取得了决定性的成果。

(二) 防务领域

1998年2月,第一次印度—东盟安全战略双边高官会议在印度举行,双方同意进一步加强防务合作,并就本地区和平与稳定加强对话。

2003年10月,在印度尼西亚巴厘岛举行的第二届印度—东盟首脑会议上,印度与东盟发表《打击恐怖主义合作联合宣言》,双方确认将在海上通道、协同打击国际恐怖主义等领域加强合作。

(三) 经济领域

印度独立以来,一直将东南亚地区作为其走向世界的跳板,并将东南亚地区作为印度对外经济政策的重点发展对象。其为印度打开国外市场、扩大对外经济交往创造了机遇。而且，东南亚国家经济的增长以及东南亚地区日益上升的国际影响力，也促使印度积极参与分享东南亚经济增长带来的利益。但是受制于印度综合国力等因素的影响，例如印度国内人口增长过快、教派冲突严重、恐怖主义事件频发等，东盟对印度势力的扩大也心存疑虑，印度与东盟双方经贸合作关系的发展起伏较大。

随着印度与东盟经贸合作关系的不断深化，印度与东盟之间经贸合作呈现不同的层次。既有"印度＋东盟"的区域合作模式，又有次区域合作模式，如孟印缅斯泰经济合作组织、湄公河—恒河经济合作组织、中印缅孟区域经济合作组织等。随着经济全球化不断发展，印度加快与东盟的经贸合作。作为世界上两大新兴市场的印度与东盟贸易增长迅速，双边贸易额和投资额迅速增加，经济融合度不断增强，呈现多样化的特点。印度与东盟双方贸易互补性与竞争性并存，[108]合作潜力较大。

印度与东盟经贸合作关系的发展既为中国崛起提供了机遇，又为中国对外经济发展带来了新的挑战。

1995年，东盟对印度的投资占外国对印投资额的 22.9％，成为仅次于美国的投资者。2008年印度与东盟签署《东盟—印度自由贸易协定》。2010年1月，印度—东盟自由贸易区《货物贸易协定》实施。2010年，印度与东盟双边贸易额达500亿美元。印度与东盟总出口额比重也从1996—1997年度的7.08％上升到2010—2011年度的8.27％。[109]东盟已被印度作为在投资、技术和贸易等方面的重要合作对象。

作为《东盟—印度自由贸易协定》的第一部分，《货物贸易协定》已于2010年1月正式生效。[110]印度没有同整个东盟进行自由贸易区谈判，而是加紧进行双边谈判。2004年9月《印度泰国自由贸易协定》已经生效。2005年，印度与新加坡签订《关于建立更紧密经贸关系的安排》(CEPA)，并于2011年2月与马来西亚签订《关于建立更紧密经贸关系的安排》。印度向东盟出口的产品主要有机械和电子产品。

印度总理莫迪上台执政以来，推出"东向"政策升级版——"东向行动"政策,在政治、经济、安全等方面较"东向"政策凸显了更强的战略主导性,更加重视与东盟经贸与安全合作,与东盟积极开展良性互动。[111]印度与东盟不断深化经贸与安全等领域的合作,取得了显著成效。

第四节　本章小结

第二次世界大战结束以来,日本的海洋战略在多个领域得到丰富和发展,逐步呈现出以下几大特征。

首先,日本"海洋立国"战略具有长期性。自近代以来,日本就开始探索"海洋立国"的方略和具体政策,该方略历经不同历史时期长时间的酝酿、积累、争论、挫败和调整,进入21世纪而臻于成熟。或者说,日本进入了一个新的战略阶段,其战略目标和方向日益明晰,政策行为日见具体,并形成一套为之服务的决策体系。

其次,日本的海洋战略具有综合性。日本海洋战略的设计和谋局,不仅强化和调整传统安全领域的军事力量和机构配置,也注意配合运用非传统安全领域的经济、文化、教育等资源,综合性十分明显。具体来看,日本的综合海洋战略涵盖海洋资源利用、海洋空间利用、海洋环境保护、海洋调查研究与技术开发以及国际合作等很多领域,包括许多综合因素,诸如综合性的海洋政策、相关行政机构的设置、海域管理、水产资源管理、渔业与其他海洋利用的调整、教育研究体制等。特别是针对钓鱼岛、东海海域存在的领土纠纷,日本制定了专属经济区以及大陆架的综合管理细则。

再次,日本的海洋战略具有全球性、区域性影响。海洋权益直接关系到国家的综合国力,对海洋权益的定位与利用方式直接影响到未来日本的国家发展方向。以当今而论,日本以《海洋基本法》等法律法规为基础,制定长期的海洋战略,在美日同盟的框架下,日益加强对亚太地区海洋权益的争夺,加强海洋资源的开发与利用。究其实质,日本的海洋战略与其总体国家战略即"普通国家"战略密切相关。在日本看来,世界正处于历史性大变动之中。[112]国际社会呈现多极化,特别是中国、印度、巴西等新兴国家力量不断上升,出现了大规模的权力转移迹象。这种权力转移,不仅表现在权力分布的多极化,而且尤其表现在自产业革命以来一直占据世界中心的欧洲和美国让位于其他国家的趋向。特别是邻国中国成为历史上罕见的权力转移的焦点之一，使日本感受到巨大的战略焦虑、压力和挑战。因此，日本加强实施海洋战略，甚至摆出咄咄逼人的强硬姿态，不断挑战国际秩序和周边国家海洋权益。这固然是为了缓解内政压力，摆脱国内长期经济低迷、政局不稳的困境，更在于凝聚"海洋国家"的身份和认同，调整国家战略发展方向，抵制和宣泄战略焦虑和压力，并以日本独特的方式谋取海洋利益，维持和谋求所谓的国家利益。而鉴于日本曾给亚太地区带来的惨痛历史和现实的战略考量，当今日本政治的保守化和右倾化趋向，其海洋战略及政策行为也在给该地区的战略稳定带来更大的不确定性和严峻挑战，亟须引起相关国家和国际社会的高度关注。

美国积极从"亚太再平衡"战略向"印太"安全体系转型，试图通过多边平台和双边途径，拉拢或胁迫一些国家与其一道，在西太平洋地区不断扩大军事存在，导致地区安全局势持续紧张。美国作为当今世界唯一的超级大国，在西太平洋地区采取的主要策略是保持地区的均势与平衡，以保证美国在这一地区的绝对影响力。美国强化了对地区安全秩序的主导，助力"亚太再平衡"和"印太"战略实施，在安全上积极扩展新的伙伴关系，同时在印太地区增强其军事力量。中美两国在以南海为焦点的西太平洋地区的战略竞争势必加剧。因此，如何在解决南海问题的过程中跨越中国崛起与美国霸权之间的"修昔底德陷阱"，将是摆在中美两国战略界和决策层面前的重大课题。

澳大利亚应结合国家的财政状况，西方式的中等强国地位，走带有自身特色的"第三条道路"海洋政策，并考虑与美国的同盟关系和澳大利亚在亚太地区的地理位置。总体而言，澳大利亚独特的地缘优势，海洋意识的逐渐觉醒以及经济实力的发展，为其成为海洋强国创造了条件。然而如何摆脱海洋困境、积极推动其海洋政策才是海洋强国能否真正建立的试金石。无论如何，澳大利亚更加积极、主动参与海上事务，以及不断增强的海上力量对于整个亚太地区的海洋形势与权力格局都带来了战略性的影响。

展望未来，澳大利亚海洋战略的推进和海洋政策的制定都将受制于美澳盟友关系。不过澳大利亚实现海洋强国的目标不会改变。从中长期来看,澳大利亚在亚太海洋争端中的进取态势将会日益突出,也将更多配合美日等盟友对中国的海上行动展开遏制。如何应对新时代的国际海洋秩序将考验澳大利亚海洋战略的成效。这就需要澳大利亚谨慎维持在中美两国之间的平衡,以保持其海洋战略的主动性;同时,必须清醒认识到长期政经分离,两面下注的做法难以一直维系。随着亚太地区海洋秩序的变动,澳大利亚应该思考如何成为大国博弈中建设性的第三方因素,塑造自己在亚太地区"海上桥梁"的角色,这样才符合其海洋战略的根本利益和长远目标,同时也有助于维护亚太地区的和平与稳定。

作为美国的忠实盟友,澳大利亚积极跟随美国的"亚太再平衡"战略,响应东盟国家的"大国平衡"政策,这成为澳大利亚国家安全利益所在。作为印太体系地缘政治中的关键国家,澳大利亚积极开展与印度尼西亚、菲律宾、越南等国的海洋安全合作,不断加强与东南亚国家在安全防务问题上的双边、多边关系。美澳两国扩大海洋军事安全合作,对地区安全形势和战略格局产生重大的影响。一方面,美澳同盟关系的加强有利于美国完善亚太同盟体系,巩固其在亚太地区的主导地位;另一方面,澳美两国扩大军事合作不利于建立符合亚太地区特点和历史潮流的合作安全机制,也不利于亚太地区的和平与发展,并对中国周边安全环境构成巨大的挑战。

在美国的亚太同盟体系中,美澳同盟的地位远比不上美日同盟和美韩同盟那样重要。美日同盟是美国亚太同盟体系的核心、美韩同盟地处朝韩对峙前沿,因而日本和韩国均布有重兵,美国在亚太地区的驻军大多部署于此。相比之下,美澳同盟一直是美国亚太同盟体系中一个较为薄弱的环节。随着全球战略重心的东移和美国"印太"战略的实施,澳大利亚的地缘战略地位日益突出,成为美国干涉亚太地区,特别是南太平洋地区事务的一个重要依托。美国认识到,与澳大利亚扩大军事合作,不仅可以巩固其现有的亚太同盟体系,还可获得控制太平洋和印度洋的战略支点。

澳大利亚政府支持美国参与印太地区事务,利用自己的特殊地理位置,在美欧和亚洲之间起桥梁作用。澳大利亚与美国的结盟趋向将对亚太地区的安全形势产生负面影响,增加了亚太国家之间的猜忌和不信任感,不利于地区合作安全机制的建立。澳大利亚扩大与美国军事合作,一个重要目的是提高其地区地位与影响力,建立并主导地区安全机制,这将引起亚太地区其他国家的不安,并对其采取的"融入亚洲"政策的动机产生怀疑。亚太地区包括国际体系中的主要大国,是世界上热点问题积聚的敏感地带。东盟地区论坛、东盟与中日韩领导人会议、东亚峰会等构成亚太安全发展的主要架构,亚太国家都应是构建亚太安全框架的参与者和建设者。澳大利亚不顾亚太安全环境的脆弱性,忽视或排除中国、俄罗斯、东盟来建构同盟安全共同体,给亚太地区带来安全困境。因为结盟之外的国家不会无动于衷甘愿接受现状,而会进一步加强军事实力保卫国家安全和维护所在区域的权益。澳美两国加强军事合作还会破坏东盟长期以来一直小心翼翼采取的"大国平衡"政策。从目前美澳合作的态势来看,美澳同盟势必介入东南亚敏感事务,破坏现有的战略格局,这与东盟维持地区和平与稳定现状的期望是背道而驰的。由此,亚太各方力量在互动博弈中相互猜忌、防备,对建立有效的地区合作安全机制非常不利。

此外,澳大利亚的亚太战略还加深了亚太地区的战略文化困境。随着冷战的结束,亚太安全格局的战略文化主要表现为以美国为主的同盟体系下的对抗型战略文化和亚太多边安全合作下的合作型战略文化。例如遗留冷战色彩的东北亚地区表现出一种对抗型的霍布斯式文化,而东盟国家在东盟方式的基础上共同建构了合作型的战略文化。澳大利亚与美、日等国构建的军事同盟,树立敌意与威慑,寻求对抗与遏制,体现的是一种对抗型的战略文化。很显然,澳美军事同盟化的安全合作加强了亚太地区安全格局的对抗型战略文化,进一步阻遏了亚太地区新生的合作型战略文化,特别是东亚安全共同体的构建。亚太共同体的构建需要一种合作型的战略文化。然而,作为亚太共同体倡导者和推动者的澳大利亚,却以自相矛盾的逻辑加强对抗型战略文化,进一步加深了亚太地区安全战略文化困境。

印度"东向"政策演变加剧了中国与之在东南亚地区的博弈,同时也增加了中国解决南海问题的难度。

中国提出的"一带一路"倡议,是一个与沿线国家共享发展成果的重大倡议,受到各方普遍关注,然而印度对"一带一路"倡议采取消极质疑的态度,国内出现不同的争论声音。[113]随着印度成为一个主要的区域力量,许多印度战略思想家渴望在印度洋建立一个具有影响力防御性区域。[114]中印两国应管控分歧,实现两国海洋战略对接,促进海上安全合作。

印度适时调整对外政策,以东南亚为重点,推出面向东亚国家尤其是东南亚国家的"东向"政策,意图从谋取经济利益转向获取战略空间,以不断提升其外交空间和国际影响力。"东向"政策也有利于东盟实施"大国平衡"战略,改善其战略环境。印度加强与东盟的合作无疑给中国带来一定的挑战,在投资、贸易及战略等方面,给中国带来一定的冲击与分流影响,但并不足以破坏中国与东盟的双边关系。

印度政府视控制印度洋为外交优先考虑,谋求海上优势应对中国的海洋建设,计划在构建地区安全机制方面承担更多责任。[115]"一带一路"倡议本着合作共赢的理念却不被印度所接受,这使得海上安全合作处于初级阶段。针对印度的消极质疑态度,中国在推进两国海上安全合作方面应特别注意战略对接。

首先,明确概念,提升战略互信。"一带一路"倡议与印度"季风计划"等战略不是竞争性概念,一定程度上可以互补和融合。双方必须相互尊重和理解,摒弃猜疑心理,秉持和平友好、开放包容、互学互鉴、互利共赢的精神,可将两者置于亚洲和平发展的新思路之下,为亚洲的和平与繁荣做出贡献;同时加强双边沟通对话,加强民间交流,提高相互认知度。

其次,实现利益对接。中印两国发展不是"零和博弈",要着眼于做大做好合作"蛋糕"。印太地区是两国的利益攸关区,是重要的海上通道,两国在该区域存在共同利益,同时该区域又面临非传统安全挑战,需要双方相互合作,共商共建共享。两国应该更多寻求可合作领域。印度希望通过吸引外资来尽快解决供需严重失衡的基础设施问题,计划在德里和孟买之间建造一条以高速铁路和高速公路为基础的巨型工业走廊,中国承诺投资 200 亿美元。[116]以此,两国可利用自身优势,实现各自利益最大化。

最后,落实具体合作项目。增进战略互信和互利共赢是必要措施,但必须以具体的合作行动予以支撑,两国可合作推进海洋领域基础设施建设,共享发展红利。这不仅可以各取所长,实现资源优化配置,更主要的是在合作过程中建立互信,更好理解对方的海洋战略,以进一步深化合作,扩展至其他领域。针对印度这种复杂而矛盾的心态,我们应进一步加大对"一带一路"倡议的推介力度,从经济、政治、人文和安全等重点领域加强同印度发展战略的有效对接,不断释放合作的巨大红利,逐步化解印度的疑虑与担忧,通过共商共建共享"一带一路",增进中印海上安全合作。[117]

中印两国在东南亚地区应多开展积极的良性互动,推动区域合作。而海洋经济可以助力中印两国推动海上安全合作。海洋经济是涉海国经济新的增长点,中印两国在西太平洋和印度洋地区有众多共同利益,经济领域也有合作,可通过"低政治"影响"高政治",助力两国海上安全合作。两国可合作共建港口基础设施以及与之配套的交通运输系统,利用双方经济优势取长补短,实现资源和市场最优化。虽然面临巨大挑战,但随着中国"两廊"建设的推进以及南亚国家对基础设施建设的需求,中印两国在该区域合作机会的增多,需要共商共建相关基础设施。双方可签订双边或多边渔业协议,共同开发相关海域渔业资源,划定各自捕捞区,加强渔业共同管理,建立合作捕捞平台;合作建设海洋钻井、海洋油气开发平台,共享技术发展成果;与第三国合作投资建立开发设施,共同开发、共同利用海洋油气资源;共同发展海洋旅游业和海洋服务业,建立海上旅游路线图,发展近海观光旅游和远海航行,建设配套服务体系,加强两国人文交流,以此带动其他相关产业发展;通过发展海洋经济健全海洋立法,完善海洋战略和海洋管理,建立强大的海上力量为国家经济、政治、外交总体利益服务。[118]中印双方可借助海洋经济发展平台,提高两国海洋经济依存度,作为政治合作的铺垫,可望成为双边海上对话与互动的先导,进而促进海上安全合作。

经济合作的加强有助于增进中、印两国之间的信任和理解,也有助于消除相互间的猜忌和敌视心理,从而有助于安全合作秩序的建立。通过扩大两国海上经济合作空间,双方可建立互利共赢的经济合作关系,以经济合作带动安全合作。然而,在全球化时代下,经济合作的高度繁荣并不代表战略互信和政治合作的深化,中印两国需要探索政治经济共同发展的新模式。

注释

1. 刘中民、张德民：《海洋领域的非传统安全威胁及其对当代国际关系的影响》，载《中国海洋大学学报（社会科学版）》2004年第4期。

2. 松村劭「海洋国家・日本の军事戦略戦史に照らせば防衛政策の課題は自ずで見えてくる」、『Voice』2006年4月号、96—103頁。

3. 关希：《排他性的"海权论"可以休矣——析日本流行的"海洋国家战略"》，载《日本学刊》2006年第4期。

4. 关希：《排他性的"海权论"可以休矣——析日本流行的"海洋国家战略"》。

5. 马汉本人的日本观经历了一个由赞赏有加到视之为威胁（"黄祸"）的转变过程。1867年至1869年，马汉以向远东派遣的军舰副舰长身份来到日本。他在长崎、神户、大阪、横滨、函馆等地驻扎时期认为："日本加入欧洲文明系统充分显示了它的优秀品质"，为了阻止沙皇俄国南下，应当与日本等海洋国家结成同盟。然而，日本取得日俄战争胜利后，加之当时发生的围绕加利福尼亚土地所有权禁令的人种问题，马汉的日本观急转直下。他站在"黄祸论"的立场上鼓吹"日本威胁论"，声称："如果坐视日本移民的流入，十年内日本人将占据洛基山以西的大半人口，该地区将日本化。"他指出："在美国的三大海岸大西洋、墨西哥湾及太平洋中，太平洋的局势最危险。太平洋上的大海军国非美日莫属，两国直接对立的可能性相当大。"参见关希：《排他性的"海权论"可以休矣——析日本流行的"海洋国家战略"》。

6. 春名幹男『核地政学入門』、東京：日刊工業新聞社、1979年；仓前盛通『恶の論理——地政学とは何か』、東京：角川書店、1980年。太田晃舜『海洋の地政学』、東京：日刊工業新聞社、1981年。河野收『地政学入門』、東京：原書房、1981年。青木栄一『シーパワーの世界史』、東京：出版協同社、1982年。河野收『日本地政学——環太平洋地域の生きる道』、東京：原書房、1983年。曽村保信『地政学入門——外交戦略の政治学』、東京：中公新書、1984年。

7. 初晓波：《身份与权力——冷战后日本的海洋战略》，载《国际政治研究》2007年第4期。

8. 川勝平太『文明の海へ——グローバル日本外史』、東京：ダイヤモンド社、1999年、12—13頁。

9. 伊藤憲一監修『21海洋国家日本の構想——世界秩序と地域秩序』、東京：日本国際ワォラム発行、ワォレスト出版、2001年、165頁。

10. 玉間洋一「日本の選択：海洋地政学入門」、『うみのバイブル第3巻（米国海軍・シレン・海洋地政学入門に？する基礎的な論文）』、東京：日本財団、1998年、60—63頁。

11. ［日］吉田茂：《十年回忆》（第一卷），韩润棠、阎静先、王维平译，北京：世界知识出版社1965年版，第10—11页。

12. ［日］中曽根康弘：《新的保守理论》，金苏城、张和平译，北京：世界知识出版社1984年版，第135页。

13. 参见初晓波：《身份与权力——冷战后日本的海洋战略》。

14. 船橋洋一『日本戦略宣言——シビリアン大国をめざして』、東京：講談社、1991年、28頁。

15. 世界平和研究所『21世紀の日本の国家像』、http://www.iios.org/kokkazouh.pdf、2006年9月5日、3、4頁。

16. 伊藤憲一監修『日本のアイデンティティ——西洋ごも東洋ごもない日本』、東京：日本国際フォラム発行、ワォレスト出版、1999年。伊藤憲一監修『21世紀日本の大戦略——島国から海洋国家へ』、東京：日本国際フォーラム発行、ウォレスト出版、2000年。伊藤憲一監修『21 海洋国家日本の構想——世界秩序と地域秩序』、東京：日本国際フォーラム発行、ウォレスト出版、2001 年。

17. 海洋政策研究財団「海洋と日本——21 世紀の海洋政策への提言」、2006 年 2 月 6 日、http://nippon.zaidaninfo/seikabutsu/2005/00812/pdf/0001.pdf。

18. 小泉純一郎「『海の日』を迎えるに当たっての内閣総理大臣メッセージ」、2006 年 7 月 17 日、http://www.mlit.go.jp/kisha/kisha06/10/100717_.html。

19. 海洋政策研究財団「海洋と日本——21 世紀の海洋政策への提言」、7 頁。

20. 参见 2007 年 4 月 3 日日本众议院第 166 次国会国土交通委员会通过的决议全文，http://www.sangiin.so.jp/japanese/gianjoho/ketsugi/166/f072_041901.pdf。

21. 海宇、田东霖：《从两法案出台看日本海上战略转变》，载《中国海洋报》2007 年 6 月 19 日。

22. 高之国、张海文、贾宇主编：《国际海洋发展趋势研究》，北京：海洋出版社 2007 年版，第 14 页。

23. 日本《海洋基本法》全文参见日本国土交通省网站：http://www.mlit.go.jp/kisha/kisha07/01/010611_3/11.pdf。需要说明的是，2007 年 4 月 27 日众议院又通过了《设定海洋建筑物等安全水域相关法律》，也是海洋相关立法的重要组成部分。

24.《日本政府公布海洋政策方针》，新华社东京 2013 年 4 月 1 日电。

25. 王可佳、姜俏梅：《日本政府通过未来 5 年海洋政策》，新华社东京 2018 年 5 月 15 日电。

26.『産經新聞』、2007 年 4 月 30 日。关于日本国内海洋政策不足的详细分析，参见今井義久『海洋政策と海洋開発・利用技術』、http://www2.scc.u-tokai.ac.jp/www3/kiyou/pdf/2004vol2_1/inmi PDF、49—56 頁。

27. 海军军事学术研究所：《中国钓鱼岛资料选辑》，北京：海洋出版社 2000 年版，第 188 页。

28.「尖閣諸島の国有化を正式決定　野田政権、関係閣僚会議で」、『朝日新聞』、2012 年 9 月 10 日。

29. 王朝彬：《中日关系的现状及其突出问题》，载《学习导报》2004 年第 10 期，第 55—57 页。

30.［美］罗伯特・阿特：《美国大战略》，郭树勇译，北京：北京大学出版社 2005 年版，第 56 页。

31. 朝雲新聞社編集局編『防衛ハンドブック2005』、57 頁。

32. 防衛庁防衛研究所編『東アヅア戦略概観 2006』、東京：防衛研究所、2006 年、237 頁。

33. 朝雲新聞社編集局編『防衛ハンドブック2005』、東京：朝雲新聞社、2005 年、48 頁。

34. 防衛庁防衛研究所編『東アヅア戦略概観 2004』、東京：防衛研究所、2004 年、28 頁。

35. 白石隆『海の帝国——アヅアをどぅ考えるか』、東京：中央公論新社、2000 年、178—198 頁。

36. 安倍晋三『美しい国へ』、東京：文藝春秋、2006 年、160 頁。

37. 鈴木美勝「新外交戦略『自由と繁栄の弧』」、『世界週報』、2006 年 12 月 26 日、18 頁。

38. 古本陽荘「野田政権：外交のパイプ細く日米同盟傾斜、対中けん制」、『毎日新聞』、2011 年 10 月 31 日。

39. 大貫智子「野田首相：アキノ比大統領と会談　中国の海洋進出をけん制」、『毎日新聞』、2011 年 9 月 27 日。

40. 半沢尚久「ASEAN 首脳会議　海洋安全保障で協力強化　共同宣言を採択」、『產経新聞』、2011 年 11 月 18 日。

41. 半沢尚久「日・ASEAN、海洋安保強化『普天間』進展が鍵」、『產経新聞』、2011 年 11 月 19 日。

42. 防衛省防衛研究所編「中国安全保障レポート 2011」、www.nids.go.jp/.../pdf/china_report_JP_web_2011_A01.pdf、2011 年 3 月。

43. 半沢尚久「日・ASEAN、海洋安保強化『普天間』進展が鍵」。

44. 「東シナ海で中国『強硬姿勢の可能性』防衛省分析」、『読売新聞』、2012 年 2 月 10 日。

45. 张冠楠：《以史为鉴　面向未来——在纪念中推动中日关系行稳致远》，载《光明日报》2018 年 8 月 26 日。

46. Michael Evans, *The Third Way: Towards an Australian Maritime Strategy for the Twenty-first Century*, Army Research Paper, No.1, The Australia Army, May 2014, p.25.

47. 国内专门关于澳大利亚海洋安全战略的文章比较有代表性的有以下几篇。刘新华：《澳大利亚的海洋安全战略研究》，载《国际安全研究》2015 年第 2 期；甘振军、李家山：《简析澳大利亚海洋安全战略》，载《世界经济与政治论坛》2011 年第 4 期。还有一些文章单独研究澳大利亚海军发展状况，任道南、何静、魏青：《蓝色计划——澳大利亚海军发展战略》，载《现代舰船》2002 年第 10 期。以及《当代海军》杂志在 2008 年 3 月到 12 月连载了十期关于澳大利亚海军装备的构成及其性能分析的文章。

48. Roger W.Barnett, "Strategic Culture and Its Relationship to Naval Strategy", *Naval War College Review*, Winter 2007, p.26.

49. John C.Mitcham, "Navalism and Greater Britain, 1897—1914", in Duncan Redford, ed., *Maritime History and Identity: The Sea and Culture in the Modern World*, London: I.B. Taurus, 2014, pp.93—271.

50. David Stevens and John Reeve, "Introduction: The Navy and the Birth of the Nation", in David Stevens and John Reeve, eds., *The Navy and the Nation: The Influence of the Navy on Modern Australia*, Sydney: Allen & Unwin, 2005, p.7.

51. Michael Evans, *The Third Way: Towards an Australian Maritime Strategy for the Twenty-first Century*, Army Research Paper, No.1, The Australia Army, May 2014, p.10.

52. 这里"新加坡战略"是指第一次世界大战之后英国在新加坡建立军事基地，使新加坡成为其舰艇停靠和力量投射的战略要地，以此来保障包括澳大利亚在内各国在西太平洋海域的海上秩序。

53. Warren G.Osmond, Frederick Eggleston, *An Intellectual in Australian Politics*, Sydney: Allen & Unwin, 1985, p.139.

54. Michael McKernan, *All In! Australia during the Second World War*, Melbourne: Nelson, 1983, p.187.

55. 根据澳大利亚学者邓肯的解释，"海洋盲点"（sea-blindness）是指"无论在个人层面还是政府层面都不能同海洋事务联系起来"。参见 Duncan Redford, "The Royal Navy, Sea Blindness and British National Identity", in Redford, *Maritime History and Identity*, p.62。

56. HC Allen, *Bush and Backwoods: A Comparison of the Frontier in Australia*

and the United States，Sydney：Angus & Roberson，1959，p.4.

57. Paul Dibb，*Review of Australia's Defence Capability*，Report to the Minister for Defence，Canberra：Australian Government Publishing Service，March 1986.

58. Parliament of Australia，*The Defence of Australia*，*1987*，http://www.aph. gov.au/About_Parliament/Parliamentary_Departments/Parliamentary_Library/pubs/rp/ rp1516/DefendAust/1987，访问日期：2016 年 2 月 5 日。

59. Hugh White，"Four Decades of the Defence of Australia：Reflections on Austral-ian Defence Policy over the Past 40 Years"，in Ron Huisken and Meredith Thatcher，eds.，*History as Policy：Framing the Debate on the Future of Australia's Defence Poli-cy*，Canberra：ANU Press，2007，p.87.

60. *Australia's Strategic Policy*，Canberra：Australia Department of Defence，1997，p.36. http://catalogue.nla.gov.au/Record/1699161，访问日期：2016 年 12 月 15 日。

61. Michael Evans，*Developing Australia's Maritime Concept of Strategy：Lessons from the Ambon Disaster of 1942*，Study Paper No.303，Land Warfare Studies Center，2000，p.73.

62. Australia Department of Defence，*Defence Review 2000：Our Future Defence Force*，2000，p.47，http://www.aph.gov.au/About_Parliament/Parliamentary_Depart-ments/Parliamentary_Library/pubs/rp/rp1516/DefendAust/2000，访问日期：2016 年 12 月 15 日。

63. Joint Standing Committee on Foreign Affairs，Defence and Trade，The Parlia-ment of Commonwealth of Australia，*Australia's Maritime Strategy in the 21st Century*，June 2004，http://www.aph.gov.au/parliamentary_business/committees/ house_of_representatives_committees?url=jfadt/maritime/report/report.pdf，访问日期：2016 年 12 月 15 日。

64. Australia Department of Defence，*Defending Australia in the Asia-Pacific Cen-tury：Force 2030*，2009，p.13，http://www.defence.gov.au/whitepaper/2009/docs/de-fence_white_paper_2009.pdf，访问日期：2016 年 12 月 15 日。

65. Australia Department of Defence，*Defence White Paper 2013*，May 2013. http://www.defence.gov.au/whitepaper/2013/，访问日期：2016 年 12 月 15 日。

66. "Defence White Paper 2016：The Strategists Decide"，*Strategic Insight*，APSI，April 2016. https://www.aspi.org.au/publications/defence-white-paper-2016-the-strate-gist-decides/SI105_DWP2016_anthology.pdf，访问日期：2016 年 12 月 15 日。

67. *Australia's Maritime Strategy in the 21st Century*，June 2004，pp.22—25.

68. Australia Department of Defence，*Defence White Paper 2016*，February 25，2016，p.40，http://www.defence.gov.au/whitepaper/docs/2016-defence-white-paper. pdf，访问日期：2016 年 12 月 15 日。

69. Sea Power Centre-Australia & Royal Australian Navy，*Australian Maritime Doctrine*，2010，p.41，https://zh.scribd.com/document/285888900/Australian-Maritime-Doctrine-2010，访问日期：2016 年 12 月 15 日。

70. 凌胜利、宁团辉：《冷战后美澳联盟为何依然存在？——基于海上航道安全的理解》，载《东南亚研究》2016 年第 4 期，第 59—69 页。

71. *Defence White Paper 2013*，p.29；James Goldrick，"False Thinking and Aus-tralia Strategy(2)"，*Interpreter*，October 2012，https://www.lowyinstitute.org/the-in-terpreter/false-thinking-and-australian-strategy-2，访问日期：2016 年 2 月 15 日。

72. *Defence White Paper 2016*，p.70.

73. *Defence White Paper 2016*，pp.177—182.

74. Sam Bateman，"Securing Australia's Maritime Approaches"，*Security Challenge*，Volume 3 Number 3，August 2007，pp.112—115.

75. *Australia's Maritime Strategy in the 21st Century*，June 2004，pp.116—120.

76. Donald R.Rothwell and Cameron Moore，"Australia's Traditional Maritime Security Concerns and Post-9/11 Perspectives"，in Joshua Ho and Sam Bateman，eds.，*Maritime Challenges and Priorities in Asia*，New York：Routledge，2013，pp.43—53.

77. *Defence White Paper 2016*，pp.41—42.

78. Jeanne MacKenzie，*Australian Paradox*，London：Macgibbon and Kee，1962，pp.5—6.

79. Australia Department of Defence，*Defence Review 2000：Our Future Defence Force*，2000，p.XI.

80. *Australia's Maritime Strategy in the 21st Century*，June 2004，p.62.

81. 甘振军、李家山:《简析澳大利亚海洋安全战略》,载《世界经济与政治论坛》2011年第4期,第60页。

82. 于镭、[澳]萨姆苏尔·康:《"中等强国"在全球体系中生存策略的理论研究》,载《太平洋学报》2014年第1期,第49—59页。

83. 笔者2015年2月在澳大利亚国防部的访谈。

84. Andrew Shearer，*Australian Defence in the Era of Austerity：Mind the Expectation Gap*，in a Series about the Defense Capabilities of America's Allies and Security Partners，AEI，August 22，2013，https://www.aei.org/publication/australian-defense-in-the-era-of-austerity-mind-the-expectation-gap/,访问日期:2016年12月23日。

85. 笔者2015年2月在澳大利亚国立大学中国中心对任格瑞(Richard Rigby)教授的采访。

86. Michael Wesley，*There Goes the Neighborhood：Australia and the Rise of China*，Sydney：University of New South Wales Press，July 1，2011.

87. Australia Department of Defence，*Defending Australia in the Asia-Pacific Century：Force 2030*，2009.

88. Michael Evans，"*The Third Way：Towards an Australian Maritime Strategy for the Twenty-first Century*"，p.2.

89. 黄正多:《印度多边外交实践的成效与局限》,载《国际问题研究》2013年第6期。

90.《印度继续推进"东向政策",欲加深与东盟经贸关系》,中国新闻网,2011年3月4日,http://www.chinanews.com/cj/2011/03-04/2882790.shtml。

91. 时宏远:《印度对中国进入印度洋的认知与反应》,载《南亚研究》2012年第4期。

92. 王传剑:《印度的南中国海政策:意图及影响》,载《外交评论》2010年第3期。

93. 仲光友:《印度"东方海洋战略"及其影响》,载《东南亚纵横》2006年第9期。

94. 刘中民:《国际海洋形势变革背景下的中国海洋安全战略一种框架性的研究》,载《国际观察》2011年第3期。

95. 胡潇文:《2007年以来的越南与印度关系:发展及特点》,载《东南亚南亚研究》2012年第3期。

96. 王传剑:《印度的南中国海政策:意图及影响》,载《外交评论》2010年第3期。

97.《印度不顾中国反对寻求在南海开采资源,越南全力支持》,环球网,2011年9月18日,http://world.huanqiu.com/roll/2011-09/2012924.html?agt=15417。

98. Viet Nam President，"Arrives in India，Aims to Strengthen Bilateral Ties"，*The*

Hindustan Times，October 12，2011.

99. 邵建平：《"东进"遇上"西看"：印越海洋合作新态势及前景》，载《国际问题研究》2019 年第 4 期。

100. 吴兆礼：《印度"东向"与越南"西看"：战略互动背后的驱动力量》，载《世界知识》2016 年第 6 期。

101.《印度欲在越南建卫星中心 站点选址引人联想》，新华网，2016 年 1 月 26 日，http://www.xinhuanet.com//world/2016-01/26/c_128667312.htm。

102. 印媒：《印度向缅甸表达支持以抗衡"中国影响力"》，环球网，2016 年 8 月 30 日，http://world.huanqiu.com/exclusive/2016-08/9377622.html?agt=15417。

103. 刘稚、黄德凯：《近年印缅关系的新发展及动因和影响》，载《南亚研究季刊》2016 年第 3 期。

104. 贺杰、谢明杰：《印度军力向东走，强化与美日越澳安全合作》，载《解放军报》2015 年 2 月 27 日。

105.［印］K.C.辛格：《印度能在南中国海风暴中领导东盟吗?》，载《亚洲时代》2012 年 12 月 24 日。

106. 李文良：《东盟安全机制及其特点探究》，载《国际安全研究》2013 年第 2 期。

107. 王历荣：《印度"东进"南中国海：方式及影响》，载《东南亚南亚研究》2010 年第 3 期。

108. 陈利君、刘紫娟：《印度—东盟贸易合作潜力分析》，载《南亚研究》2016 年第 4 期。

109. Mohammand Samir Hussain and Janatun Begum，"India-ASEAN Economic and Trade Partnership"，*Turkish Weekly*，October 31，2011.

110.《印度继续推进"东向"政策，欲加深与东盟经贸关系》。

111. 于晓：《印度—东盟加强经贸合作分析》，载《中国财政》2014 年第 14 期。

112. 山本吉宣をど「日本の大戦略——歴史のパワーシフトをどぅ乗り切るか」、東京：PHP 研究所、2012 年、4 頁。

113. 林民旺：《印度对"一带一路"的认知及中国的政策选择》，载《世界经济与政治》2015 年第 5 期。

114. David Brewster，"Silk Roads and Strings of Pearls：The Strategic Geography of China's New Pathways in the Indian Ocean"，*Geopolitics*，Vol.22，No.2，2017，pp.269—291.

115. The International Institute for Strategic Studies(uk)，"India's New Maritime Strategys"，*Strategic Comments*，Vol.21，No.37，December 2015，p.9.

116. 陈菲：《"一带一路"与印度"季风计划"的战略对接研究》，载《国际展望》2015 年第 6 期。

117. 陈水胜、席桂桂：《"一带一路"倡议的战略对接问题：以中国与印度的合作为例》，载《南亚研究季刊》2015 年第 4 期。

118. 奕文：《我国发展海洋经济的重要战略意义》，载《新远见》2012 年第 5 期。

后　记

随着海洋意识的不断提升,世界各国对海洋治理的认知和实践越来越多。如何借鉴和吸收世界其他国家海洋治理的经验？如何推动中国海洋治理向前发展？这些问题成为我们探讨的重要课题。海洋治理对中国"一带一路"倡议深入发展具有一定的推动作用,本书即是围绕世界海洋安全和海洋治理、中国海洋治理的作用与外部影响因素而展开,着重探讨建设海洋强国和构建海洋命运共同体对全球海洋治理的贡献与作用。

本书由胡志勇提出编写思路和研究框架,第七章(第四节除外)由广西民族大学副教授葛红亮撰写,第八章第一节由复旦大学教授高兰、上海社会科学院研究员胡志勇撰写,第八章第二节由外交学院副教授任远喆撰写,其余章节均由胡志勇完成。最后全书由胡志勇统稿并定稿。

特别感谢国家海洋局信息中心主任何广顺研究员、王晓慧副总工,上海海事大学党委书记金永兴教授,上海公共外交协会道书明副会长,厦门大学施宇兵教授,国防科技大学方晓志副教授,上海社科院国际问题研究所王健研究员、王少普研究员、李开盛研究员等的支持和帮助!

本书系国家社科重大招标项目《国家海洋治理体系构建研究》的阶段性成果。

胡志勇

二〇一九年七月修改于美国鲍尔斯顿

二〇一九年十一月定稿于上海

二〇二〇年三月终稿于上海

图书在版编目(CIP)数据

中国海洋治理研究/胡志勇著.—上海：上海人
民出版社,2020
(中国与世界丛书/王健主编)
ISBN 978 - 7 - 208 - 16602 - 8

Ⅰ.①中…　Ⅱ.①胡…　Ⅲ.①海洋学-研究-中国
Ⅳ.①P7

中国版本图书馆 CIP 数据核字(2020)第 133539 号

责任编辑　项仁波　钱　敏
封面设计　王小阳

中国与世界丛书

王　健　主编

中国海洋治理研究

胡志勇　著

出　　版　上海人民出版社
　　　　　(200001　上海福建中路 193 号)
发　　行　上海人民出版社发行中心
印　　刷　常熟市新骅印刷有限公司
开　　本　635×965　1/16
印　　张　15.25
插　　页　2
字　　数　222,000
版　　次　2020 年 9 月第 1 版
印　　次　2020 年 9 月第 1 次印刷
ISBN 978 - 7 - 208 - 16602 - 8/P·3
定　　价　65.00 元

中国与世界丛书

中国跨国行政合作研究	吴泽林	著
中国海洋治理研究	胡志勇	著